ATERRAMENTO EM ATMOSFERAS EXPLOSIVAS

Práticas recomendadas

Blucher

Ricardo Rando

ATERRAMENTO EM ATMOSFERAS EXPLOSIVAS

Práticas recomendadas

Aterramento em Atmosferas Explosivas: Práticas recomendadas

Editora Edgard Blücher Ltda.

Publisher Edgard Blücher

Editor Eduardo Blücher

Coordenação editorial Jonatas Eliakim

Produção editorial Catarina Tolentino

Preparação de texto Beatriz J.F. Acencio

Diagramação Guilherme Henrique

Redesenho de figuras Villa D'artes

Revisão de texto Danilo Villa

Capa Leandro Cunha

Imagem da capa iStockphoto

Blucher

Rua Pedroso Alvarenga, 1245, 4º andar
04531-934 – São Paulo – SP – Brasil
Tel.: 55 11 3078-5366
contato@blucher.com.br
www.blucher.com.br

Segundo Novo Acordo Ortográfico, conforme 5. ed. do *Vocabulário Ortográfico da Língua Portuguesa*, Academia Brasileira de Letras, março de 2009.

Dados Internacionais de Catalogação na Publicação (CIP)
Angélica Ilacqua CRB-8/7057

Rando, Ricardo
Aterramento em atmosferas explosivas : práticas recomendadas / Ricardo Rando. – São Paulo : Blucher, 2021.
302 p. : il

Bibliografia
ISBN 978-65-5506-192-5

1. Sistemas de energia elétrica – Proteção 2. Aterramento elétrico 3. Atmosferas explosivas 4. Linhas elétricas subterrâneas I. Título

21-2468 CDD 621.319233

Índices para catálogo sistemático:
1. Aterramento elétrico

A DEUS, Senhor dos mistérios e dos milagres: de Ti, toda inspiração.

A meus amados e saudosos pais Rubens e Ziza (in memoriam).

À minha mulher Elisete, aos amados filhos Maria Cecilia, Rubens, Samuel, Lívia e Ana Paula, e aos abençoados netos Rafaela, Samuel, Gael, Theo e Maria Luiza.

AGRADECIMENTOS

Aos meus professores (*in memoriam*) Antonio Tadeu Lyrio de Almeida e Manuel Luiz Barreira Martinez.

Aos engenheiros Dácio Miranda Jordão, Roberval Bulgarelli, Estelitto Rangel Junior, Helio Kanji Suzuki, Marcos Alberto Albagli, Oscar Felizzola Souza, Giovani Hummel Borges, Geraldo Kindermann, Wilton Ney do Amaral Pereira, Wilson do Amaral Zaitune, Reis de Miranda (*in memoriam*) e Ademaro Cotrim (*in memoriam*).

Salmo 40.1: "Esperei com paciência no Senhor, e Êle se inclinou para mim, e ouviu o meu clamor".

CONTEÚDO

INTRODUÇÃO

Este trabalho se origina da necessidade de informações que, devido a sua escassez e editoração em diversas literaturas, oneram o processo de pesquisa e estudo do tema aterramento em atmosferas explosivas.

O objetivo deste trabalho é a compilação concentrada de instruções e parâmetros que servirão como suporte técnico aos profissionais de eletricidade e estudantes que necessitem de informação, contribuindo para a ampliação do conhecimento a respeito do tema.

Práticas recomendadas são prescrições que podem ser utilizadas, mas que admitem a possibilidade de alternativas mais adequadas à aplicação específica. São caracterizadas pelos verbos *recomendar*, *poder*, *sugerir* e *aconselhar* (verbos de caráter não impositivo).

O uso das práticas recomendadas aqui citadas parte do aterramento já concluído, do conhecimento do projeto básico, da resistividade do solo, da influência da umidade, influência da temperatura, influência da estratificação, da ligação à terra dos sistemas de aterramento e do seu dimensionamento.

São processos interativos, que partem de uma malha de aterramento inicial cujos potenciais elétricos em sua superfície, quando do máximo defeito à terra, são inferiores ao valor máximo suportável por um ser humano. Caso isso não se verifique, o projeto original deverá ser modificado até estabelecer as condições de segurança exigidas.

A partir de então, a malha de aterramento será compartilhada com os diversos equipamentos elétricos instalados em sua superfície, na presença de gás, vapor e poeiras inflamáveis. Nesses ambientes, o ciclo total de vida da instalação em atmosfera explosiva deverá ser assegurado.

Diferentes escolas se pronunciam sobre segurança, cada qual com o seu mérito. De um lado, é apresentado o *método do navio*, no qual se aplica a equalização dos potenciais; de outro lado, o *método do avião*, no qual é aplicada a blindagem máxima. Em locais com a presença de atmosfera explosiva não se pode afirmar qual o melhor método. É preciso conhecer os métodos antes de aplicá-los, pois cada caso é um caso particular e assim deve ser analisado. A falta de conhecimento, a improvisação ou uma não conformidade poderá levar a explosões, incêndios, poluições e mortes. Logo, não cabe segunda chance para erros ou para o descuido.

Em função dos riscos e das suas consequências devastadoras, existem rigorosos requisitos específicos para certificação dos equipamentos a serem aplicados nesse tipo de instalação industrial que contém atmosferas explosivas.

Nesse cenário, pode ser verificada uma grande carência de informações e de fontes de consulta acerca dos requisitos básicos de segurança em atmosferas explosivas e instalações elétricas, eletrônicas e mecânicas. Existe a necessidade da certificação das competências pessoais dos profissionais que executam ou supervisionam as atividades de projeto, montagem, inspeção, manutenção e reparo de equipamentos e instalações em atmosferas explosivas, bem como da certificação das empresas de prestação de serviços *Ex* nessa área de atividade. É importante ressaltar que este trabalho não tem por objetivo formar especialistas, por isso a parte relativa a cálculos e dimensionamentos específicos foi basicamente substituída pela abordagem direta dos conceitos.

Embora todos os esforços tenham sido efetuados para entregar um produto completo e sem erros, não existem livros sem erratas. Agradeço antecipadamente às sugestões que me forem enviadas para o aprimoramento. Devo muito aos meus professores e orientadores e ao trabalho de muitos profissionais pesquisados, o que tornou possível esta obra.

CAPÍTULO 1
ATMOSFERA EXPLOSIVA

1.1 ATMOSFERA EXPLOSIVA

Figura 1.1 Área Classificada. Fonte: Acervo pessoal do autor.

Conforme o Item 3.1 da NBR IEC 60079-10-1, define-se como atmosfera explosiva a "[...] mistura com ar, sob condições atmosféricas, de substâncias inflamáveis, na forma de gás, vapor, poeira, fibras ou partículas suspensas, na qual, após ignição, permite autossustentação de propagação" (ABNT, 2019). As fontes de ignição podem ser oriundas de:

- Centelhamento na abertura e fechamento de contato elétrico;
- Curto-circuito;
- Sobreaquecimento devido à sobrecarga de equipamento ou sistema elétrico;
- Arco elétrico proveniente da diferença de potencial entre corpos.

Área Classificada *Ex* é uma especificação de uma determinada área dentro de uma planta de processo. Ela é classificada pela formação de uma atmosfera *potencialmente explosiva* na forma de gás, vapor, névoa, poeira ou fibras combustíveis, devido a uma mistura ideal de oxigênio e produto inflamável.

O documento a que a isso se refere, seja na planta industrial ou marítima, é o *desenho da classificação de áreas*. Ele disponibiliza para consulta a base de dados para a correta especificação de equipamentos, dispositivos e acessórios elétricos de instrumentação e telecomunicação, nas atividades de projeto, empreendimentos de implantação de novas unidades e de manutenção. E ainda fornece a base de informações para:

- A inspeção periódica das instalações elétricas de instrumentação e telecomunicação pela equipe de manutenção de acordo com a lista de verificação constante na norma ABNT NBR IEC 60079-17– Inspeção *Ex* (ABNT, 2017c);
- O grupo operacional de Segurança, Meio Ambiente e Saúde (SMS) na elaboração da Análise Preliminar de Risco (APR) e para a emissão de Permissão de Trabalho (PT);
- Compor o *prontuário das instalações elétricas* atendendo os requisitos da NR-10 conforme diretriz do MTE – Ministério do Trabalho e Emprego (BRASIL, 2020).

Devemos ter em mente que a planta de classificação de áreas necessita estar em contínuo processo de atualização, para a implementação de projetos para melhorias operacionais, ampliações de unidades ou novos empreendimentos.

Por força de nossa legislação, utilizamos a norma brasileira (NBR) que está harmonizada com a norma internacional IEC (embora parte da nossa planta industrial tenha terminologia americana). Abordaremos duas filosofias para classificação de área: a norma americana (NEC) e a norma brasileira (ABNT NBR/IEC).

1.2 CLASSIFICAÇÃO DE ÁREA – VISÃO AMERICANA (NEC/API)

O documento que define a forma de aplicação dos equipamentos elétricos em áreas classificadas é o *National Electrical Code* (NEC), que estabelece os requisitos que devem ser obedecidos na ocasião da construção e montagem desses equipamentos.

Temos, no Brasil, um número muito grande de indústrias de processo que ainda adotam a tecnologia americana por força da origem de seus projetos. Os ambientes nesse caso são conceituados como Classe I, Classe II e Classe III. A Classe I (destinada a gases e vapores inflamáveis) é subdividida nos seguintes grupos:

- Grupo A: acetileno;
- Grupo B: hidrogênio, butadieno;
- Grupo C: éter etílico, ciclopropano;
- Grupo D: álcool, gasolina.

A Classe II (destinado a pós combustíveis) é subdividida nos seguintes grupos:

- Grupo E: pós metálicos combustíveis, como alumínio e magnésio;
- Grupo F: pós carbonáceos combustíveis, como carvão, grafite e coque;
- Grupo G: pós combustíveis não enquadrados nos Grupos EeF, como açúcar, farinhas, grãos, plásticos etc.

A Classe III (destinado para algodão, madeira, rayon etc.) *é a de menor risco, pois os materiais inflamáveis estão sob a forma de fibras mais pesadas, que praticamente não ficam suspensas no ar.* Não há subdivisão em grupos e os critérios de instalação são menos rigorosos que os aplicáveis às Classes I e II.

A possibilidade da presença da mistura inflamável é definida por dois níveis de probabilidade. A alta probabilidade é conceituada como Divisão 1 e a baixa probabilidade, como Divisão 2.

Na Divisão 1, a mistura inflamável ocorre:

- Em condições normais de operação do equipamento de processo;
- Frequentemente devido a vazamentos provocados por reparos de manutenção;
- Quando do defeito de um equipamento de processo ou operação incorreta.

Na Divisão 2, a mistura inflamável ocorre:

- Somente em caso de quebra acidental ou operação anormal do equipamento do processo;
- Em áreas adjacentes à Divisão 1;
- Locais onde exista um sistema de ventilação forçada.

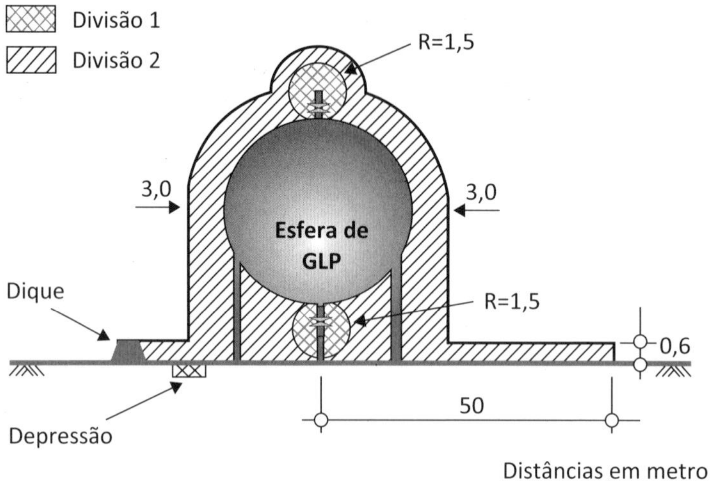

Figura 1.2 Esfera de GLP. Fonte: Jordão (2012, p. 29).

1.3 CLASSIFICAÇÃO DE ÁREA – VISÃO BRASILEIRA E INTERNACIONAL (ABNT/IEC)

A partir do momento em que o Brasil passou a adotar a normalização internacional, assumimos também a parte conceitual e a terminologia praticada internacionalmente. Em vez de classificar ambientes em classes, a norma internacional fala de grupos, porém referidos aos equipamentos elétricos:

- Grupo I – são equipamentos fabricados para operar em mineração subterrânea.
- Grupo II – são equipamentos fabricados para operação em indústrias (indústria de superfície) e é subdividido, conforme as características das substâncias envolvidas, em Grupo IIA, Grupo IIB e Grupo IIC.

A subdivisão em Grupos IIA, IIB e IIC segue o mesmo princípio da normalização americana, isto é, essa ordem também indica uma gradação de periculosidade da substância do ponto de vista do comportamento durante uma explosão. A diferença está no fato de que a ordem é inversa à norma do NEC, além de serem apenas três grupos de substâncias, em vez de quatro.

As substâncias e seus respectivos grupos estão definidos assim:

- Grupo IIA – atmosfera contendo as mesmas substâncias do Grupo D do NEC, exceto pela inclusão de acetaldeído e monóxido de carbono (esses pertencentes ao Grupo C do NEC);
- Grupo IIB – atmosfera contendo as mesmas substâncias do Grupo C do NEC, exceto pela inclusão de acroleína.

Tabela 1.1 Classificação de Área

Gás representativo do Grupo	ANBT/IEC 60079	API/NEC Art.500
Propano	Grupo II A	Grupo D
Eteno	Grupo II B	Grupo C
Hidrogênio	Grupo II C	Grupo B
Acetileno	Grupo II C	Grupo A

- Grupo III – quando se trata de pós ou fibras combustíveis, e é subdividido em:
  - III A – aplicável em ambientes com fibras combustíveis;
  - III B – aplicável em ambientes com pós combustíveis de característica não condutora de eletricidade;
  - III C – aplicável em ambientes com pós combustíveis condutores de eletricidade.

Os ambientes são designados como Zona 0, Zona 1 e Zona 2 para as indústrias que operam com gases e vapores inflamáveis, com o seguinte significado, segundo a NBR IEC 60079-10-1 (ABNT, 2019):

- Zona 0 – área em que uma atmosfera explosiva de gás está presente continuamente ou por longos períodos ou frequentemente;
- Zona 1 – área em que é provável que uma atmosfera explosiva de gás ocorra periodicamente ou eventualmente em condições normais de operação;
- Zona 2 – área em que não é provável que uma atmosfera explosiva de gás ocorra em condições normais de operação, mas, se ocorrer, irá existir somente por um curto período.

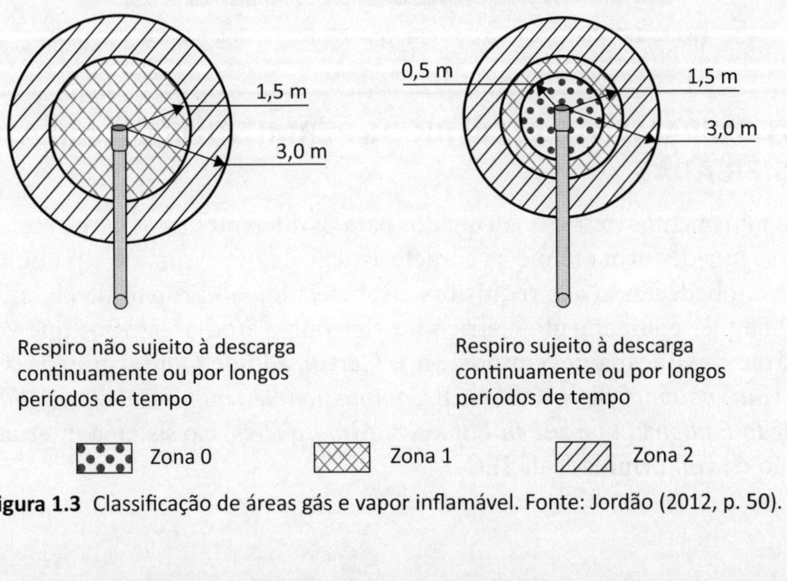

Figura 1.3 Classificação de áreas gás e vapor inflamável. Fonte: Jordão (2012, p. 50).

Os ambientes são designados como Zona 20, Zona 21 e Zona 22 para as indústrias que operam com fibras e pó combustível, com o seguinte significado, segundo a ABNT NBR IEC 60079-10-2 (ABNT, 2016):

- Zona 20 – Local no qual uma atmosfera explosiva de poeira, na forma de nuvem de poeira no ar, está presente continuamente, por longos períodos ou frequentemente.
- Zona 21 – Local no qual uma atmosfera explosiva de poeira, na forma de nuvem de poeira no ar, é provável de ocorrer ocasionalmente em condições normais de operação.
- Zona 22 – Local no qual uma atmosfera explosiva de poeira, na forma de nuvem de poeira no ar, não é provável ocorrer em condições normais de operação, mas, se ocorrer, persistirá somente por um curto período.

Figura 1.4 Classificação de área zona 20. Fonte: Composição do autor.

1.4 EQUIPAMENTOS ELÉTRICOS PERMITIDOS EM ÁREAS CLASSIFICADAS

Os equipamentos elétricos adequados para os diferentes tipos de áreas classificadas devem seguir de forma tênue as características de determinado tipo de atmosfera explosiva, obedecendo aos requisitos estabelecidos no projeto da classificação de área. Qualquer equipamento elétrico ou eletrônico e/ou acessórios que vão operar numa área classificada devem possuir o Certificado de Conformidade. O sistema IECEx (*International Electrotechnical Commission System for Certification Standards Relating to Equipment for use in Explosive Atmospheres*) é o sistema internacional de avaliação da conformidade da IEC.

O objetivo inicial do sistema IECEx foi o de facilitar o comércio internacional de equipamento e serviços para utilização em atmosferas explosivas por meio da redução de custos decorrentes de múltiplas repetições dos mesmos ensaios e certificações para os fabricantes.

O IECEx atua por meio de seus países membros na elaboração de sistemas internacionais de avaliação da conformidade para fins de certificação, pelos organismos de certificação reconhecidos, de empresas prestadoras de serviços "Ex", para a certificação de competências pessoais "Ex" e para certificações de equipamentos elétricos e mecânicos "Ex" (BULGARELLI, 1998, p. 329).

Figura 1.5 IECEx – Sistemas Internacionais de avaliação da conformidade da IEC. Fonte: IECEx (c2021)

1.5 CARACTERÍSTICAS DE PROTEÇÃO DOS EQUIPAMENTOS ELÉTRICOS *EX* E SUAS CLASSIFICAÇÕES

São conhecidos como métodos de proteção e baseiam-se nos seguintes princípios:

1.5.1 CONFINAMENTO DA EXPLOSÃO

Em uma área classificada, dentro do equipamento elétrico de tal característica, caso haja uma ignição provocando uma explosão, essa explosão ficará confinada no equipamento. Dessa forma, o equipamento resiste à pressão interna da explosão, não a propagando para o meio externo.

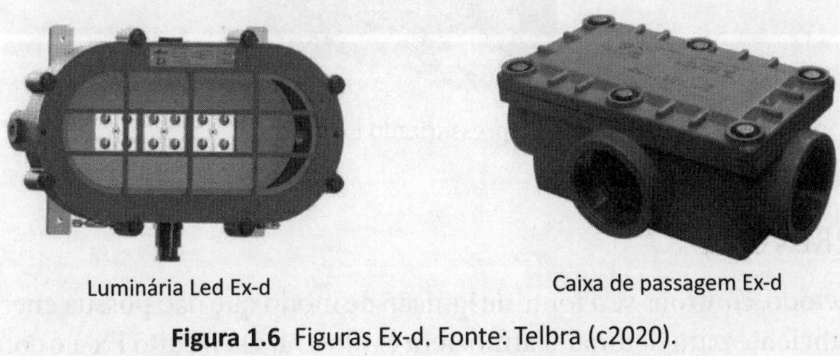

Luminária Led Ex-d

Caixa de passagem Ex-d

Figura 1.6 Figuras Ex-d. Fonte: Telbra (c2020).

Sistema de monitoramento de carga e descarga Ex

Figura 1.6 Figuras Ex-d. Fonte: Telbra (c2020).

1.5.2 SEGREGAÇÃO DE FAÍSCA

Essa característica de proteção busca a separação entre as partes energizadas do equipamento e a atmosfera explosiva, logo, há a separação entre a potencial fonte de ignição e a mistura inflamável presente. Com isso, as partes energizadas podem ser encapsuladas, imersas em produtos isolantes ou pressurizadas.

Figura 1.7 Equipamento pressurizado Ex-p. Fonte: SCEPP (c2016).

1.5.3 PREVENÇÃO

Nesse método, controla-se a fonte de ignição de modo que não possua energia elétrica e térmica suficiente para detonar a atmosfera explosiva. O circuito Ex-i é composto por instrumento de campo, cabos de interligação e componente associado (barreira/isolador galvânico), tipo de proteção aplicável em Zona 0 (Ex ia), Zona 1 (Ex ib) e Zona 2 (Ex ic).

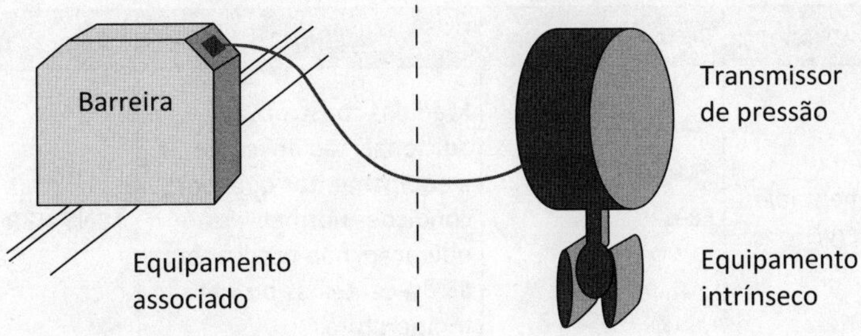

Figura 1.8 Equipamento Ex-i, segurança intrínseca. Fonte: Borges (1997, p. 53).

1.6 TIPOS DE PROTEÇÃO DE EQUIPAMENTOS CONTENDO ATMOSFERAS EXPLOSIVAS DE GASES INFLAMÁVEIS

Os tipos de proteção para equipamentos para uso em ambientes potencialmente explosivos *Ex*, conforme normas, definição e simbologia, estão relacionadas na tabela a seguir:

Tabela 1.2 Tipos de proteção

Tipo e Proteção	Símbolo IEC/ABNT	Definição	Normas ABNT NBR IEC
À prova de explosão *(Flameproof)*	Ex-d	Capaz de suportar explosão interna sem permitir que essa explosão se propague para o meio externo.	ABNT NBR IEC 60079-1
Pressurizado *(Purged ou Pressurized)*	Ex-p	Invólucros com pressão positiva interna, superior à pressão atmosférica, de modo que, se houver presença de mistura inflamável ao redor do equipamento, ele não entre em contato com partes que possam causar uma ignição.	ABNT NBR IEC 60079-2
Imerso em óleo[1] *(Oilfilled)* Imerso em areia [2] *(Sand ou powder filled)* Imerso em resina *(Resin-moulded)*	Ex-o Ex-q Ex-m	As partes que podem causar centelhas ou alta temperatura se situam em um meio isolante.	ABNT NBR IEC 60079-6 ABNT NBR IEC 60079-5 ABNT NBR IEC 60079-18

1 Não é aceito pelas classificadoras em virtude da inflamabilidade do óleo isolante.

2 Não é comumente utilizado – tecnologia antiga.

Tipo e Proteção	Símbolo IEC/ABNT	Definição	Normas ABNT NBR IEC
Segurança aumentada *(Increased safety)*	Ex-e	Medidas construtivas adicionais são aplicadas a equipamentos que, em condições normais de operação, não produzem arcos, centelhas ou alta temperatura.	ABNT NBR IEC 60079-7
Segurança intrínseca *(Intrinsically safety)*	Ex-ia Ex-ib	Dispositivo ou circuito que, em condições normais ou anormais (curto-circuito etc.) de operação, são incapazes de liberar energia suficiente, através de meios térmicos ou elétricos, para causar ignição em materiais inflamáveis (gases ou partículas de poeiras).	ABNT NBR IEC 60079-11
Especial	Ex-s	Usado para casos ainda não previstos em norma.	ABNT NBR IEC 60079-33

Os equipamentos *Ex* construídos e certificados para uso em Zona 1, como os de tipo à prova de explosão Ex-d, podem ser utilizados em Zona 2, porém o contrário não é válido, ou seja, equipamentos certificados para Zona 2, como os do tipo não acendível Ex-n, não podem ser utilizados em Zona 1, tampouco em Zona 0, pois são de concepção mais simples e seus requisitos construtivos são menos rigorosos para a aplicabilidade, respeitando as normas, em Zona 0 e Zona 1.

Tabela 1.3 Temperaturas máximas de superfície dos equipamentos

Classes de Temperatura	Máxima Temperatura de Superfície dos Equipamentos	Temperatura de Ignição do Material Combustível
T1	450 °C	> 450 °C
T2	300 °C	> 300 °C
T3	200 °C	> 200 °C
T4	135 °C	> 135 °C
T5	100 °C	> 100 °C
T6	85 °C	> 85 °C

1.7 CONCLUSÃO

A segurança das instalações elétricas em atmosferas explosivas pode ser prevista quando se obtêm informações específicas das substâncias inflamáveis, da probabilidade com que essas substâncias podem se propagar devido às condições existentes da planta industrial e dos processos diferentes para cada caso, cada tipo de indústria, plataforma marítima etc.

Ao se avaliar o grau de risco, é possível *identificar o tipo de substância inflamável* que pode ser encontrada nesse local, e o estudo da classificação de áreas se propõe a isso, no qual se obtém um conjunto de informações, como:

- O tipo de substância (gás, poeiras, fibras) e suas características (ponto de fulgor, ponto de ignição, limites de inflamabilidade, índice de explosividade, energia de ignição);
- As condições ambientais, como ventilação, altitude, temperatura ambiente, presença, radiação solar e agente corrosivo na atmosfera;
- As características dos equipamentos de processo, ou seja, lugares nos quais essas substâncias se encontram presentes (bombas, compressores, tanques e vasos), bem como as condições operacionais desses equipamentos.

Essas informações dão origem a um documento conhecido como *Planta de Classificação de Áreas*, que detalha os locais classificados nas unidades e permite identificar as zonas (com medidas de suas extensões) em planta e elevação, assim como o *volume de risco*, que identifica as fontes geradoras, os produtos e suas condições de processo.

Com isso, os equipamentos elétricos devem ter incorporados requisitos construtivos especiais que os tornem adequados a operarem nesses ambientes, de forma a eliminar ou isolar a fonte de ignição, evitando, com isso, um encontro fatídico entre mistura inflamável e energia elétrica. Para que uma planta *Ex* seja considerada segura, existe a necessidade de que as seguintes atividades sejam executadas de forma correta:

- Classificação de áreas;
- Projetos elétricos;
- Seleção de equipamentos *Ex*;
- Equipamentos *Ex* devidamente certificados;
- Instalação adequada dos equipamentos, sistemas e instalações *Ex*;
- Comissionamento adequado dos equipamentos, sistemas e instalações *Ex*;
- Inspeção inicial *Ex* detalhada;
- Partida e operação *Ex* adequadas;

- Inspeções periódicas *Ex* adequadas e programadas;
- Serviços de manutenção *Ex* adequados;
- Serviços de reparo e recuperação de equipamentos *Ex* adequados;
- Auditorias periódicas;
- Contratação de empresas de prestação de serviços *Ex* devidamente qualificadas;
- Alocação de pessoal devidamente treinado, qualificado, experiente, competente e certificado de acordo com as Normas Técnicas série ABNT NBR IEC 60079 (ABNT, 2020b);
- Procedimentos adequados.

Somente com a execução de todas essas atividades de forma correta, de acordo com os requisitos normativos das séries ABNT NBR IEC 60079 (ABNT, 2020b) e ABNT NBR ISO/IEC 80079 (ABNT, 2020d), os usuários podem ter a confiança de que as instalações *Ex* estão seguras. A segurança das instalações em atmosferas explosivas pode ser comparada com uma corrente: todos os elos devem estar fortes.

CAPÍTULO 2
ATERRAMENTO

2.1 ATERRAMENTO

Instalações de transmissão em corrente alternada começam a surgir a partir do século XVIII, a princípio nos Estados Unidos e, posteriormente, na Europa. O livro *Teoria e cálculo dos fenômenos de corrente alternada*, lançado em meados de 1897 pelo professor Steinmetz, discorre sobre a teoria da corrente alternada, incluindo sistemas elétricos trifásicos, com informações minuciosas e abrangências extraordinárias, porém sem fazer menção sobre conexão à terra ou mesmo sobre aterramento.

Caso houvesse uma falta à terra, os sistemas elétricos passavam a estar aterrados de forma indesejada. Assim, surge a opção entre os dois sistemas: aterrado e não aterrado. As causas das faltas à terra estão principalmente ligadas à qualidade dos materiais e da montagem e podem ser influenciadas pelo comportamento indevido da rede por meio das sobretensões.

As consequências dessas faltas à terra são as sobrecorrentes e as sobretensões. As sobrecorrentes liberam calor responsável por incêndios, queimaduras de pessoas e destruição de materias e equipamentos. Além disso, as sobrecorrentes causam queda de tensão, que podem conduzir a sobretensões.

As sobretensões podem eletrocutar pessoas ou animais e causar destruição imediata (curto-circuito) ou acelerada dos isolamentos dos componentes da instalação. Não se compreendia ainda o quesito esquema de aterramento, com isso todo o processo industrial era alimentado em três fases distintas, sem o neutro.

A partir do momento em que se verificou que uma massa condutora aterrada em potencial da terra minimizava a tensão de falta a efeitos não tão danosos quanto os de não a possuir, estudos revelaram que a corrente de falta à terra, sendo alternada ou contínua, sempre retornava para a fonte. Com isso, o aterramento surge para assegurar a proteção humana e das instalações. Alguns dos seus benefícios são:

- Facilitar o funcionamento dos dispositivos de proteção como DR, fusíveis, disjuntores, DPS (PRMT – para-raios de média tensão; PRBT – para-raio de baixa tensão), contatores para que sejam sensibilizados e isolem rapidamente as falhas à terra;
- Manter os potenciais produzidos pela corrente de falta dentro de limites de segurança, de modo a não causar fibrilação do coração humano;
- Proteger o usuário do equipamento de descargas atmosféricas e descarregar, para a terra, cargas estáticas acumuladas nas carcaças dos equipamentos.

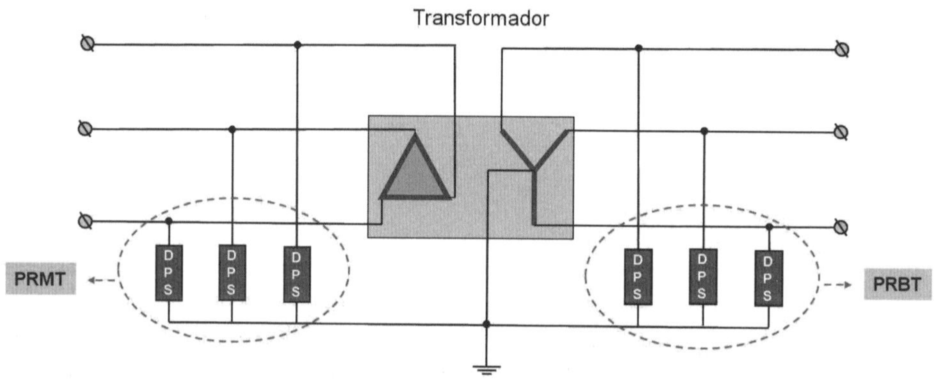

Figura 2.1 Funcionamento de dispositivo de proteção. Fonte: Paulino (2016, p. 208).

Um fato conhecido é que qualquer sistema de corrente alternada apresenta uma vinculação à terra pela capacitância dos condutores à terra. É importante registrar que em corrente alternada ou contínua de falta à terra (curto-circuito) a corrente não é despejada na terra; ela retorna sempre, no mesmo instante, à sua fonte, qualquer que seja ela. A corrente de falta provoca quedas de tensão nos pontos de entrada e de saída da terra, dependente da resistência de aterramento e da parcela da corrente de falta escoada através da terra.

2.2 RAZÕES

A terra, por sua característica eletrolítica, não é isolante e sim condutora, por meio da qual as cargas elétricas podem fluir. Sua resistividade varia entre 50 a 1000 (Ωm).

Um bom condutor elétrico como o cobre (Cu) tem sua resistividade (ρ) em torno de $1{,}67 \times 10^{-8}$ (Ω.m), o que nos leva a concluir que ao compará-los (solo e condutor de cobre), o cobre é aproximadamente um bilhão de vezes menor. Os metais são condutores eletrônicos; neles, as partículas elétricas móveis são os elétrons.

Eletrólitos e gases são condutores iônicos; neles, as partículas elétricas móveis são íons positivos e íons negativos. Considerando o que foi exposto, concluímos que toda parte metálica existente em uma instalação que possa ter contato com partes energizadas deverá ser aterrada.

O solo, como condutor, permite que o fluxo das cargas elétricas fluam através dele, difundindo-se em função da sua resistividade. Para que isso ocorra, há a necessidade de um elemento que realize essa função, denominado *Sistema de Aterramento*, que deve obedecer à capacidade adequada de conduzir a corrente elétrica de falta e manter um baixo valor de resistência de aterramento mesmo diante das variações climáticas. Os materiais utilizados em sua construção não devem sofrer corrosão nem afrouxamento nas conexões de soldas.

O sistema de aterramento – ou malha de aterramento única – é constituído por cabo de cobre nu enterrado sob o solo, interligando todos os pontos que necessitam de aterramento, inclusive malhas de aterramento específicas. Caso existam malhas de aterramento específicas, elas devem ser interligadas à malha geral de aterramento, constituindo parte integrante da malha de aterramento única.

O potencial da malha de aterramento deverá estar disponibilizado por meio de dispositivos exclusivos para esse fim, como a Barra de Equalização de Potencial (BEP) ou o Terminal de Aterramento Principal (TAP), que permitem estabelecer contato entre a malha de aterramento sob o solo e as estruturas em todos os locais, seja na sala de equipamentos, no trajeto entre a sala e as caixas de junção ou nos locais de instalação de instrumentos. Todas as partes metálicas de equipamentos e estruturas deverão estar conectadas intencionalmente à malha de aterramento única da planta. Essas interligações deverão ser pluralizadas ao máximo nas instalações.

São exemplos de estruturas metálicas:

- Infraestrutura elétrica (eletrodutos, eletrocalhas e bandejas);
- Ferragem estrutural das edificações;
- Canos metálicos e abastecimento de água;
- Canos metálicos de esgoto;
- Cabos dos sistema de proteção contra descargas atmosféricas (SPDA).

Toda interligação pela estrutura metálica conectada à malha de aterramento (cabo de cobre nu enterrado no solo) deverá ser realizada com o menor comprimento de cabo possível, buscando sempre rotas que facilitem a diminuição de comprimentos dos cabos, como ilustrado pelas figuras a seguir:

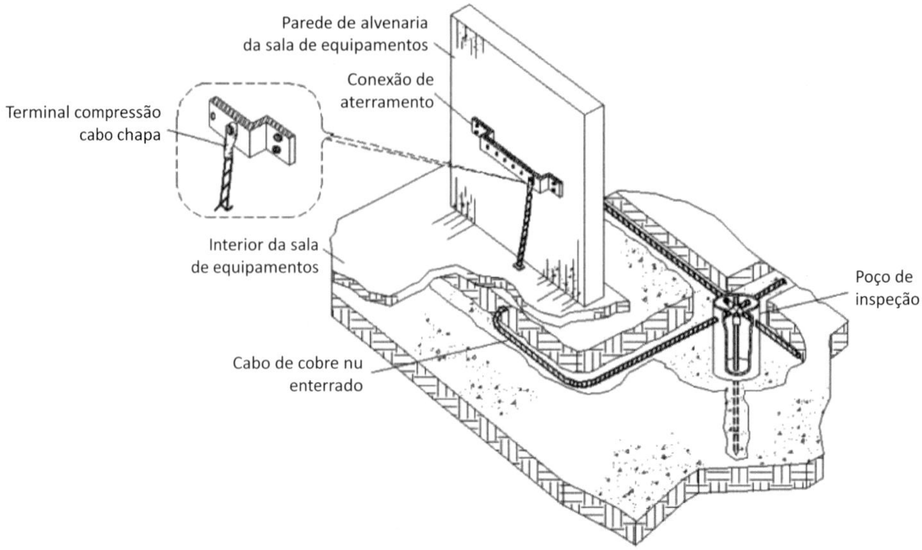

Figura 2.2 Barra de equalização de potencial na sala de equipamentos. Fonte: Ilustração do autor.

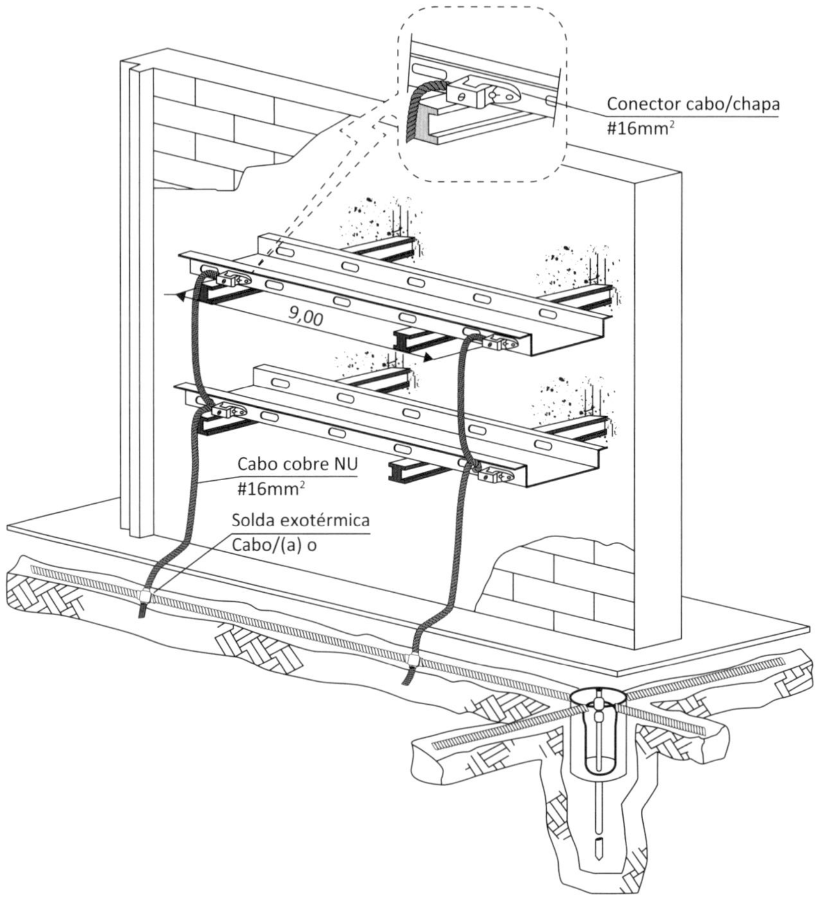

Figura 2.3 Equalização e aterramento de bandejas. Fonte: Ilustração do autor.

Com relação à malha de aterramento específico, a malha de referência de sinal é constituída por *grid*e formada por cabo de cobre nu abaixo de piso falso, geralmente na sala de equipamentos sensíveis, e deverá ser integrada ao sistema de aterramento, ou seja, malha de aterramento única.

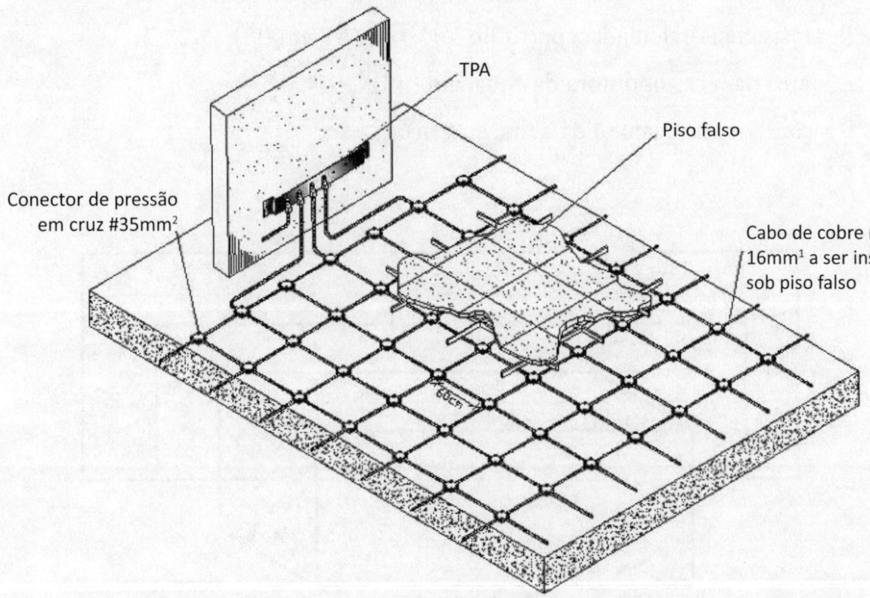

Figura 2.4 Instalação de malha de referência de sinal. Fonte: Ilustração do autor.

A malha de referência de sinal é um sistema constituído por rede *grid*, formado por cabos de cobre nu de 16 mm^2, formando retículos de 0,6 m ligados entre si em todos os cruzamentos abaixo do piso falso na sala de equipamentos, e atua como extensão do TAP ou BEP para conduzir o potencial de terra até às proximidades dos equipamentos.

A utilização da malha de referência de sinal em um ambiente com grande concentração de equipamentos eletrônicos proporciona um meio de baixa impedância de equalização dos equipamentos, aproximando-se a uma chapa metálica no piso, principalmente para equalização, quando a instalação é iluminada por fenômenos de alta frequência, como no caso das descargas atmosféricas.

2.3 RESISTIVIDADE

A resistividade do solo espelha suas características, portanto é um dado fundamental. O conceito físico da resistividade pode ser entendido como a medida da resistência entre duas faces condutoras de uma cuba de dimensões conhecidas, preenchida com a amostra do solo.

As paredes laterais do recipiente devem ser constituídas de materiais isolantes, e o solo deve estar firmemente compactado de encontro às faces dos eletrodos metálicos. A resistividade elétrica do solo pode ser calculada pela equação:

$\rho = (R.A) / L$

Na qual:

- ρ = resistividade calculada do solo, em (Ω.m);
- R = resistência calculada a partir de V (V) e I (A), em (Ω);
- A = área da face condutora da cuba, em (m^2);
- L = comprimento lateral da cuba, em (m).

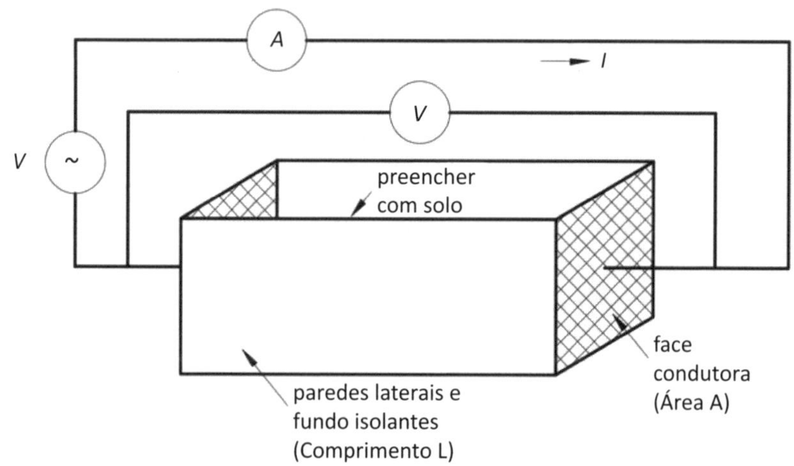

Figura 2.5 Cubo representativo do cálculo da resistividade de solo. Fonte: ABNT (2009, p. 6).

A resistividade do solo (ρ) varia principalmente devido a sua composição geológica, umidade, salinidade, temperatura, compactação e acidez.

Podemos distinguir três tipos de solos:

- Orgânico (5 a 500 Ω.m);
- Arenoso ou argiloso (500 a 5000 Ω.m);
- Rochoso (acima de 5000 Ω.m).

Na faixa de 50 a 100 (Ω.m), permite-se qualificá-lo como um bom condutor, como é o caso de solos alagadiços, lodos, húmus e argilas. Os métodos mais utilizados para medir a resistividade do solo são a medição direta e a medição indireta.

O primeiro método (medição direta) se baseia na extração de amostras do solo em diversas profundidades que serão examinadas em laboratório (processo pouco utilizado e oneroso). O segundo método é baseado na determinação da estrutura do solo por meio de medições utilizando o aparelho terrômetro.

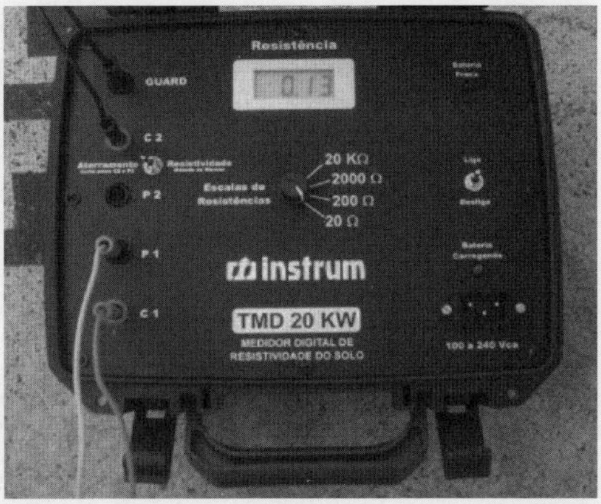

Figura 2.6 Terrômetro digital. Fonte: Acervo pessoal do autor.

Entre os métodos indiretos, temos o método dos quatro pontos às configurações de Wenner e de Schlumberger, com as seguintes características básicas:

- Método de Wenner: próprio para estratificação média-equivalente de uma área de solo (para estratificação de duas camadas).
- Método de Schlumberger: próprio para estratificação localizada (para estratificação de duas ou três camadas).

Ao efetuarmos as medições por um dos métodos descritos, interferências poderão causar erros nos resultados obtidos. Essas interferências podem ser do tipo elétrico ou mecânico. As interferências elétricas são causadas por corrente alternada na frequência de 60 Hz e suas múltiplas ou submúltiplas como:

- Retorno da corrente de falta pela terra, de circuitos de distribuição desequilibrados;
- Fugas da corrente para terra, por meio das isolações de equipamentos elétricos;
- Correntes de frequências diversas, nas proximidades de torres de telecomunicação;
- Por corrente contínua, devido à heterogeneidade na composição dos solos, que podem ser considerados como macropilhas naturais com potenciais próprios variando de 0,78 V a 1,45 V, conforme composição geológica.

Naturalmente esses erros nas medições poderão ser atenuados se o equipamento possuir dispositivo adequado para filtrá-lo (filtro seletivo, filtro de bloqueio às correntes telúricas ou mesmo o uso de frequências distintas reconhecidas apenas pelo dispositivo de medição).

Quanto às interferências mecânicas, a presença de elementos metálicos enterrados podem ocasionar erros dos valores registrados, uma vez que a corrente de medição poderá circular através dos elementos condutores. A ABNT NBR 7117 (ABNT, 2020e) orienta o critério das distâncias mínimas para amenizar o efeito dessas interferências.

Medições relatadas demonstram que a resistividade do solo (ρ) até uma profundidade de 1,5 m sofre variações sazonais da ordem de até 60%, verificando-se o valor máximo no inverno e o mínimo no verão, devido ao coeficiente de temperatura negativo da terra. Em profundidade maior do que 1,5 m, essa variação pode diminuir para até 20%.Em ambos os casos, foi excluída a influência das chuvas.

2.4 RESISTÊNCIA DE TERRA (RA)

Em muitas instalações é necessário medir a resistência à terra (R_A) do sistema de aterramento para determinar se o valor real dessa resistência está dentro dos limites de projeto. Os métodos para a medição da resistência de terra são discutidos resumidamente no IEEE *Standard 142* (IEEE, 1993b) e com mais detalhes no *Standard Handbook for Electrical Engineers* (FINK; BEATY, 1987).

2.5 HASTES DE ATERRAMENTO

As hastes de aterramento constituem um tipo de eletrodo mais simples e mais comum nas instalações de baixa tensão. A ligação de hastes em paralelo pode reduzir a resistência de aterramento. Para isso, é necessário cravá-la fora da zona de dispersão da outra, na região de potencial nulo. Essa distância deve ser na faixa de 36 a 50 m; na prática, a ótima distância está entre 15 a 20 m. Para distâncias inferiores, a eficiência das hastes é bastante reduzida.

Assim, duas hastes que isoladamente dariam 10 Ω, se colocadas a uma distância superior a 15 m, darão uma resistência total de cerca de 5 Ω, e, se a distância for cerca de 10 m, a resistência total será em torno de 7 Ω. Na prática, metade da resistência total do aterramento concentra-se na vizinhança do eletrodo. A tensão mais intensa se concentra em até 15 cm a partir da haste de aterramento, quando solicitada por uma corrente de falta, como no exemplo abaixo, 100 A.

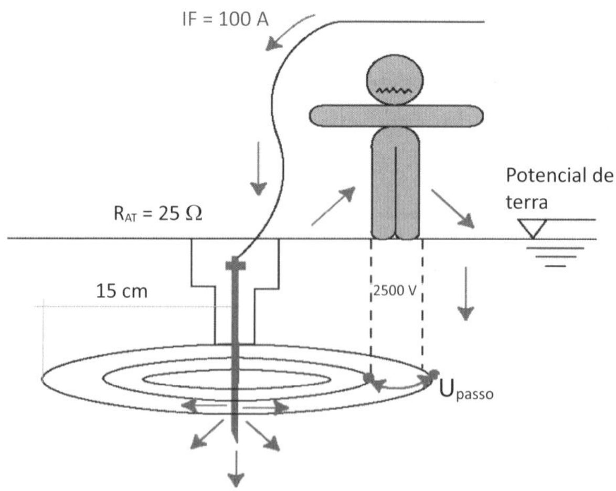

Figura 2.7 Tensão aplicada na haste de aterramento. Fonte: Moreno; Costa (1999, p. 7).

2.6 FUNDAÇÕES

A União Alemã das Centrais Elétricas tem instruções, desde o ano 1965, para utilização das fundações no sistema de aterramento, e, no ano de 1975, essas instruções tornaram-se normas técnicas.

Em 1979, foi emitida uma norma alemã, a *VDE-100*, sobre a inclusão de elementos condutores nas fundações de edifícios para serem utilizados como aterramento geral, inclusive para o sistema de proteção contra descargas atmosféricas – SPDA. Essa iniciativa logo conquistou adeptos por todo o mundo.

A simples lógica foi a favor desse sistema, pelo fato de o concreto, quando em contato com o solo, ser um condutor de resistividade próxima de terrenos de resistividade média a baixa. A experiência tem comprovado outro fato: no caso das armações de ferro do concreto se manterem interligadas eletricamente, a quantidade de condutores de ferro das armações é muitas vezes superior à quantidade usual de condutores de cobre para o mesmo fim. Diversos conceitos deixam, assim, de fazer sentido, como:

- Terras independentes, de proteção e de serviço;
- Ponto de seccionamento para medição da resistência de terra;
- Terra independente para SPDA.

Esses conceitos estão, agora, ultrapassados, sem qualquer possibilidade de retornarem. O aterramento utilizando as fundações proporcionam as seguintes consequências:

- A resistência de aterramento diminui drasticamente;
- Torna-se inviável medir a resistência de terra por meio dos equipamentos convencionais;
- Qualquer terra independente onde se queira construir não será independente se estiver dentro da área de influência dada pelas fundações;
- A comprovação de baixa resistência do aterramento pode ser feita por injeção de corrente na barra geral de terra da estrutura;
- A barra geral de terra da estrutura serve como referência ou de ligação à terra de elementos, a fim de estabelecer a equipotencialização.

Essa barra geral de terra interligada às armações do concreto está derivada da gaiola de Faraday de proteção da estrutura contra descargas atmosféricas. A resistência de terra obtida pelas fundações pode ser estimada segundo a expressão:

$$R = \frac{0{,}55\rho a}{\sqrt{A}}\Omega \qquad (2.1)$$

Sendo:

ρa = Resistividade aparente do terreno (Ω.m);

A = Área da estrutura (m^2).

2.7 CONCRETO

O concreto, com sua propriedade alcalina e higroscópica, quando situado abaixo do solo, absorve umidade, e isso faz com que sua resistividade se mantenha baixa (melhor do que muitos solos encontrados). Ele possui ainda a propriedade de conservar a temperatura (calor), o que leva a resistência de aterramento do eletrodo da fundação a ter um comportamento mais estável, se comparado a qualquer outro tipo de eletrodo.

O elemento metálico condutor do eletrodo de fundação não se acha em contato direto com a terra (solo), mas por meio de uma camada de concreto que o envolve. Estudos revelam que o valor atribuído à resistência varia entre 1 e 10 Ω, conforme as características do concreto (temperatura e umidade), assim como da resistividade do solo.

A norma ABNT NBR5419 (ABNT, 2015) permite utilizar as armações de aço embutidas nas fundações das estruturas, desde que satisfaçam certas condições quanto à continuidade elétrica, bitola adequada, corrosão e equipotencialização.

A continuidade elétrica poderá ser verificada medindo-se a resistência de contato em vários pontos e o valor recomendado é de no máximo 0,1 Ω. Normalmente os valores encontrados na prática são menores ou igual a 1 Ω e aceitáveis. O limite superior denota uma certa resistência a qual poderá fazer com que haja uma vaporização da água dentro do concreto, com a consequente rachadura ou explosão do mesmo.

A própria norma orienta para que as armações de aço das estacas dos blocos de fundação e das vigas baldrames sejam firmemente amarradas com arame retorcido em cerca de 50% de seus cruzamentos, e para que as barras horizontais sejam soldadas ou sobrepostas por no mínimo vinte vezes o seu diâmetro, firmemente amarradas com arame torcido.

Pode ser acrescentada às armações da fundação, para servir de eletrodo, uma barra de aço de construção com diâmetro mínimo de 10 mm ou fita de aço de 25 x 4 mm disposta com largura na posição vertical, formando um anel em todo o perímetro da estrutura.

A camada de concreto que envolve esses eletrodos deve ter uma espessura mínima de 5 cm, e as armações de aço das fundações devem ser interligadas com as armações de aço dos pilares da estrutura, utilizados como condutores de descida naturais, de modo que seja assegurada a continuidade elétrica (isso pode ser assegurado pelo uso de condutores de descida específicos, embutidos na estrutura, sendo sua continuidade assegurada por solda exotérmica). Eles devem ser interligados à armação de aço para equalização dos potenciais.

Os eletrodos de aterramento de fundação devem ser instalados de maneira a permitir a inspeção durante a sua construção.

No caso de serem utilizados elementos naturais da estrutura, como condutores de descida, as bitolas devem obedecer aos critérios de normas, assim como os ensaios de continuidade elétrica das armaduras devem seguir as recomendações do Anexo F da ABNT NBR 5419 (ABNT, 2015).

Em construções de concreto protendido, as armações de aço não podem ser utilizadas como componentes do sistema de proteção contra descargas atmosféricas.

Estudantes de engenharia civil do Instituto Mauá de tecnologia de São Caetano do Sul/SP estão aperfeiçoando o concreto condutor de eletricidade para aplicações diversas como SPDA e aterramento.

2.8 MALHA DE ATERRAMENTO ÚNICA

Dimensionar uma malha de terra é um processo interativo, que parte de um projeto inicial da malha. É verificar se os potenciais que surgem na superfície (quando da ocorrência do máximo defeito à terra) são inferiores aos máximos potenciais de passo e toque que uma pessoa pode suportar sem a ocorrência da fibrilação ventricular.

A corrente de defeito pode ser estimada com a fórmula:

$$I = 226{,}53 S_{cobre} \sqrt{\frac{1}{t_{defeito}} \left(\frac{\theta_m - \theta_a}{234 + \theta_a} \right) + 1} \qquad (2.2)$$

Na qual:

- S_{cobre} = secção do condutor de cobre da malha em mm^2;
- I = corrente de defeito em ampere através do condutor;
- $t_{defeito}$ = duração do defeito em segundos;
- $Ø_a$ = temperatura ambiente em °C;
- $ø_m$ = temperatura máxima permissível em °C.

Nota: a corrente de falta à terra divide-se teoricamente em 50% para cada lado, mas, para o dimensionamento da malha, a corrente a ser utilizada terá um acréscimo de 10%, isto é:

$$I_{defeito\ condutor\ da\ malha} = 60\%\ I_{curto\ máximo}$$

Um espaçamento típico adotado para elaboração da malha de aterramento única está entre 5% e 10% do comprimento dos respectivos lados da malha.

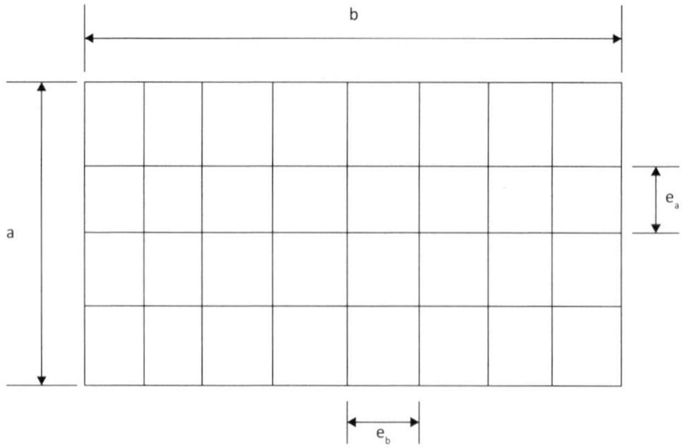

Figura 2.8 Malha de aterramento único. Fonte: Kindermann (1998, p. 140).

Toda a fórmula a ser usada no cálculo de dimensionamento da malha de terra foi deduzida considerando as submalhas quadradas, isto é, $e_a \cong e_b$. Tendo as dimensões da malha, determina-se o número de condutores paralelos ao longo dos lados da malha:

$$N_a = [(a/e_a) + 1] / N_b = [(b/e_b) + 1] \quad (2.3)$$

Escolhe-se o número inteiro adequado ao resultado do cálculo apresentado anteriormente. Já o comprimento total dos condutores que formam a malha é dado pela expressão:

$$L_{cabo} = (a.N_b + b.N_a) \quad (2.4)$$

Se durante o dimensionamento forem introduzidas hastes na malha, o comprimento correspondente à haste deverá aparecer na determinação do comprimento total de condutores da malha conforme:

$$L_{total} = (L_{cabo} + L_{haste}) \quad (2.5)$$

Na qual:

- L_{cabo} = Comprimento total dos condutores da malha [m];
- L_{haste} = Comprimento total das hastes cravadas na malha [m].

A resistência de aterramento da malha pode ser calculada aproximadamente pela fórmula de Sverak:

$$R_{malha} = \left[\rho a \, \frac{1}{L_{total}} + \frac{1}{\sqrt{20A_{malha}}}\left(1 + \frac{1}{1+h\sqrt{\frac{20}{A_{malha}}}}\right)\right] \quad (2.6)$$

Na qual:

$\boldsymbol{A_{malha}} = (a.b)$ área ocupada pela malha (m^2);

$\boldsymbol{h}$ = profundidade da malha [m], com $0{,}25 \leq h \leq 2{,}5\ m$;

$\boldsymbol{L_{total}}$ = comprimento total dos cabos e hastes que formam a malha.

O potencial da malha poderá ser estimado pela expressão a seguir, considerando a corrente de falta escoando pelas bordas da malha. Tensão da malha (V_{malha}):

$$V_{malha} = \frac{\rho a K_m K_i I_{malha}}{L_{total}} \tag{2.7}$$

Na qual:

$$K_m = \frac{1}{2\pi}\left\{ln\left[\frac{e^2}{16hd} + \frac{(e+2h)^2}{8ed} - \frac{h}{4d}\right] + \frac{K_{ii}}{K_h}\, ln \cdot \frac{8}{\pi\,(2N-1)}\right\} \tag{2.8}$$

- K_m = É definido como coeficiente da malha, que condensa a influência da profundidade da malha, diâmetro do condutor e o espaçamento entre condutores;
- $(N_a \,.\, N_b) = N$, condutores paralelos em cada lado numa malha;
- e = Espaçamento entre condutores paralelos ao longo do lado da malha [m];
- h = Profundidade da malha [m];
- d = Diâmetro do condutor da malha [m];
- $N = \sqrt{N_a N_b}$ = A malha retangular é transformada em uma malha quadrada com $\boldsymbol{N}$ condutores paralelos em cada lado;
- $K_{ii} = 1$ = Para malha com hastes cravadas ao longo do perímetro ou nos cantos da malha ou ambos;
- $K_{ii} \neq 1$ = Para malha sem hastes cravadas na malha ou com poucas hastes não localizadas nos cantos e perímetros da malha;
- K_h = Correção de profundidade, calculada por:
- $K_h = \sqrt{\left[1 + \left(\frac{h}{h_0}\right)\right]}$, em que $h_0 = 1$.

Potencial de passo da malha (V_{psM}), ocorre na periferia da malha e pode ser calculado pela expressão:

$$V_{psM} = \frac{\rho a\ K_m K_i I_{malha}}{L_{total}} \tag{2.9}$$

- K_p = Coeficiente que introduz no cálculo a maior diferença de potencial entre dois pontos distanciados de 1 m;
- $K_i = 0{,}656 + 0{,}172\ N$;
- ρa = Resistividade aparente vista pela malha.

2.9 GRADIENTES DE POTENCIAL ASSOCIADOS À MALHA DE TERRA

Uma malha de terra visa proporcionar uma condição de *equipotencialidade* satisfatória na superfície do solo.

Na prática, sempre ocorrerão gradientes de potencial quando passarem pelo solo as correntes de falta. Mas, desde que a malha de terra tenha sido dimensionada apropriadamente, os valores máximos de gradiente para os níveis da corrente de falta não serão excedidos. A distribuição de potencial no interior e no entorno de uma malha é dada a seguir.

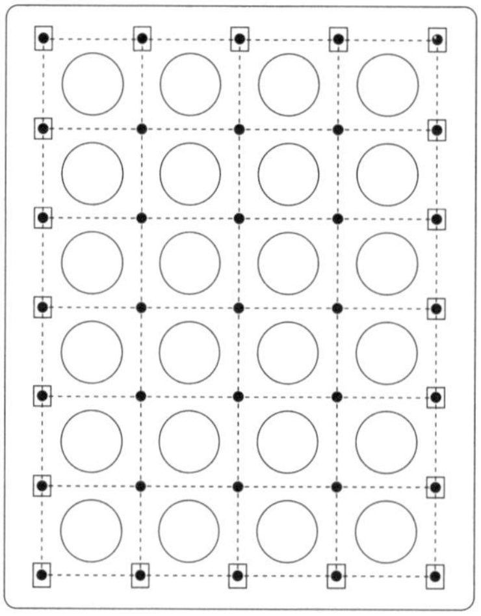

Figura 2.9 Linhas de equipotencial em uma malha de aterramento. Fonte: Acervo pessoal do autor.

No interior da malha de aterramento em que estão os equipamentos e as pessoas, os valores de elevação de potencial deverão permanecer dentro de limites aceitáveis. Um parâmetro importante no projeto das malhas de terra única, para que os máximos valores de gradientes para os níveis de corrente de falta não sejam excedidos, é a dimensão das malhas básicas. Quanto maior for a malha básica, maior será a elevação de potencial no interior da malha. A figura a seguir mostra, de forma qualitativa, a variação de potencial em relação à dimensão da malha básica.

Figura 2.10 Distribuição de potencial no interior das malhas básicas. Fonte: Acervo pessoal do autor.

CAPÍTULO 3

TENSÕES E CORRENTES ADMISSÍVEIS

3.1 TENSÕES E CORRENTES ADMISSÍVEIS

Para dimensionar corretamente as instalações, precisamos conhecer os limites de tensões e correntes admissíveis sem perigo para pessoas e animais. O grande perigo é dependente da intensidade da corrente que flui através do corpo humano.

Essa intensidade é difícil de medir, pois depende da condição da pele, se está seca ou úmida, ou seja, com a pele seca, a impedância é maior e vice-versa. Isso é definido como a relação da tensão de contato, *touch*, e da impedância do corpo humano. Essa impedância não é linear e depende de um número importante de fatores.

Na 4ª Conferência Internacional sobre Engenharia Elétrica, Eletrônica e Civil (ICEECE'2013), de 6 a 7 de outubro de 2013, Dubai (Emirados Árabes Unidos), apresentou-se o trabalho: *The Electric Impedance of the Human Body*, dos pesquisadores Ouazani Abdellah e Habi Idir, cuja tabela das variações da impedância em função da tensão de toque pode ser observada abaixo:

Tabela 3.1 Valores da impedância no corpo humano

Values of impedande human body			
Touch voltage (v)	5% of the population	50% of the population	95% of the population
25	1750	3250	6100
30	1450	2625	4375
75	1250	2200	3500
100	1200	1875	3200
220	1000	1350	2125
700	750	1100	1550
2000	660	1100	1500

Fonte: Abdellah; Idir (2013).

Nota: A publicação número 479-1 da IEC apresenta uma tabela semelhante dos valores da impedância total do corpo humano. A discordância entre as tabelas está na tensão de toque para 50 V, cuja impedância considerada pela IEC é de 4375 Ω.

Correntes através do corpo humano de até 30 mA, em curto espaço de tempo, são consideradas pouco suscetíveis de causar a morte em adultos, embora possam causar dores ou desconforto. Em corrente alternada, segundo a IEC, considera-se como tempo limite admissível para tensões de contato de 110 V e 220 V, respectivamente, o tempo de até 0,36s e 0,17s. A máxima corrente admissível pelo corpo humano em função do tempo de exposição, de acordo com o *Institute of Electrical and Electronics Engineers – IEEE/80* (IEEE, 2000), é expressa pela seguinte fórmula:

$$I_{choque} = \frac{0{,}116}{\sqrt{t_{choque}}} \tag{3.1}$$

Na qual:

- I_{choque} = Máxima corrente elétrica (A) de choque que não causa fibrilação ventricular no coração humano (em uma pessoa de 50 kg ou mais);
- t_{choque} = Tempo (s) do choque, limitado pela expressão:

$$0{,}03_s \le t_{choque} \le 3_s \tag{3.2}$$

3.2 POTENCIAIS DE TOQUE E DE PASSO

No solo, são criados gradientes de potencial em que fluem as correntes drenadas por eletrodos de terra. A configuração do aterramento deve ser tal que os gradientes de potencial não gerem um risco para as pessoas que estejam em pé ou andando no solo ou nas vizinhanças de um eletrodo de aterramento ou mesmo tocando uma estrutura aterrada que transporte corrente para a terra. Essas referências estão indicadas no *IEEE Standard 80* (IEEE, 2000).

3.2.1 TENSÃO DE TOQUE

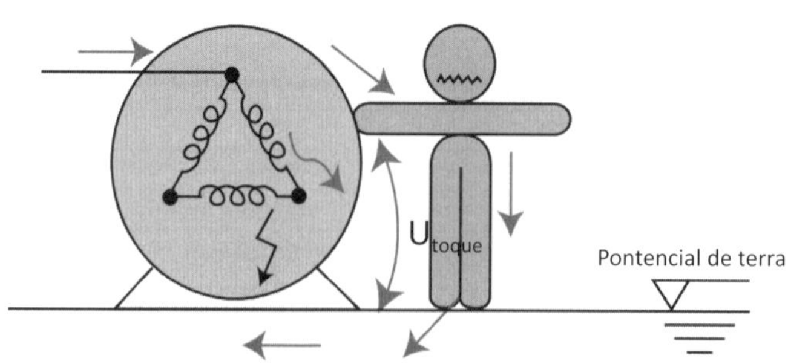

Figura 3.1 Tensão do toque. Fonte: Moreno e Costa (1999).

A resistência do corpo humano ($R_{corpo\ humano}$), para corrente alternada de 50 ou 60 Hz, pele suada e para tensão de toque maior que 250 V, fica saturada em 1 kΩ. Cada pé de contato com o solo terá uma resistência de contato ($R_{contato}$). A tensão de toque poderá ser expressa por:

$$V_{toque} = \left(R_{corpo\ humano} + \frac{R_{contato}}{2}\right) I_{choque} \tag{3.3}$$

Segundo recomendações da IEEE80 (2000), podemos considerar que:

$$R_{contato} = 3\rho_s$$

Na qual:

- ρ_s = Resistividade superficial da primeira camada da estratificação do solo.

Desse modo, a expressão fica:

$$V_{toque} = (1000 + 3\rho_s/2).\, I_{choque}$$

$$V_{toque} = (1000 + 1{,}5\rho_s).\, I_{choque} \tag{3.4}$$

EXEMPLO 1

Vejamos o cálculo da tensão de toque máxima para um recobrimento com brita seca e molhada. Adotando o tempo médio de interrupção dos curtos-circuitos em 0,5 s, a tensão de toque máxima admissível será:

$$V_{toque} = (1000 + 1{,}5\rho s \text{ da brita}).\, I_{choque} \tag{3.5}$$

- R = Resistência do corpo humano 1000 Ω;
- ρ_s = Resistência de brita seca de 6cm de altura: 9000 Ω.m;
- V_{toque} = (1000 + 1,5.9000).0,164 = 2378 V;
- ρ_m = Resistência de brita molhada de 6cm de altura: 6000 Ω.m;
- V_{toque} = (1000 + 1,5.6000).0,164 = 1640 V.

Esses são os potenciais de toque máximo (V_{toque}) para não causar fibrilação ventricular num recobrimento com brita seca e molhada.

3.2.2 TENSÃO DE PASSO

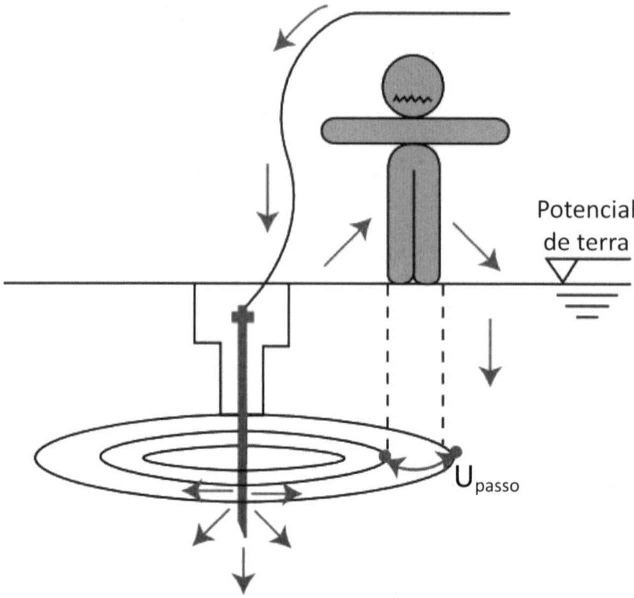

Figura 3.2 Tensão de passo. Fonte: Moreno e Costa (1999).

Em projetos de aterramento de acordo com as normas, podemos considerar a distância de um metro entre os dois pés.

$$V_{passo} = (R_{corpo\ humano} + 2.R_{resistência\ brita}).I_{choque} \tag{3.6}$$

Fazendo $R_{resistência\ brita} = 3\rho s$

- $V_{passo} = (1000 + 2.3\rho_s).I_{choque}$
- $V_{passo} = (1000 + 6\rho_s).I_{choque}$

O aterramento só estará bom se a pior tensão de passo for menor do que o limite de tensão de passo para não causar danos ao ser humano – fibrilação.

A tensão de passo é menos perigosa do que a tensão de toque pelo fato de o coração não estar no percurso da corrente elétrica causada pelo choque elétrico. As tensões de passo e de toque são uma preocupação que se deve ter na elaboração do projeto do aterramento, com relação aos seus potenciais máximos.

Esses potenciais são utilizados como limites dos potenciais que surgem na superfície do solo sobre a malha quando da ocorrência do maior defeito, curto-circuito fase à terra. A malha de terra só pode ser aceita se os potenciais estiverem abaixo dos limites calculados pelas equações apresentadas no cálculo de V_{toque} e V_{passo}.

EXEMPLO 2

Vejamos agora o cálculo da tensão de passo máxima para um recobrimento com brita seca e molhada. Adotando o tempo médio de interrupção dos curtos-circuitos em 0,5 s, a tensão de passo máxima admissível será:

$$V_{passo} = (1000 + 6\rho_s).I_{choque} \quad (3.7)$$

- R_{ch}= Resistência do corpo humano 1000 Ω;
- ρ_s= Resistência de brita seca de 6cm de altura: 9000 Ω.m;
- V_{passo} = (1000 + 6.9000).0,164 = 9020 V;
- ρ_m= Resistência de brita molhada de 6cm de altura: 6000 Ω.m;
- V_{passo} = (1000 + 6.6000).0,164 = 6068 V.

São esses os potenciais de passo máximo (V_{passo}) para não causar fibrilação ventricular num recobrimento com brita seca e molhada.

A tensão que ficaria entre os pés seria:

$$V = I_{choque}.R_{ch} = 0,164.1000 = 164\ V \quad (3.8)$$

3.3 FIBRILAÇÃO

A fibrilação ventricular é irreversível se não forem tomadas providências em tempo hábil. Ela ocorre no coração devido à superposição de correntes, prevalecendo aquela de maior intensidade, no caso, a da fonte de energia. O desfibrilador é o aparelho destinado a recuperar o ritmo cardíaco.

Compõe-se de capacitores, cuja capacitância varia entre 10 e 50 μF, que armazenam a tensão na ordem de 2 a 9 kV. A corrente de descarga no tórax humano é na ordem de 1 a 30 A no tempo de 10 ms.

3.4 CHOQUE ELÉTRICO

É o efeito patofisiológico que resulta da passagem de uma corrente elétrica através do organismo humano e pode ter consequências fatais. O efeito da corrente elétrica depende da intensidade da corrente, tempo de exposição, percurso e condições orgânicas. O choque pode ser por meio do contato direto ou contato indireto, conforme as figuras a seguir:

Figura 3.3 Contato direto.
Fonte: Paulino (2016).

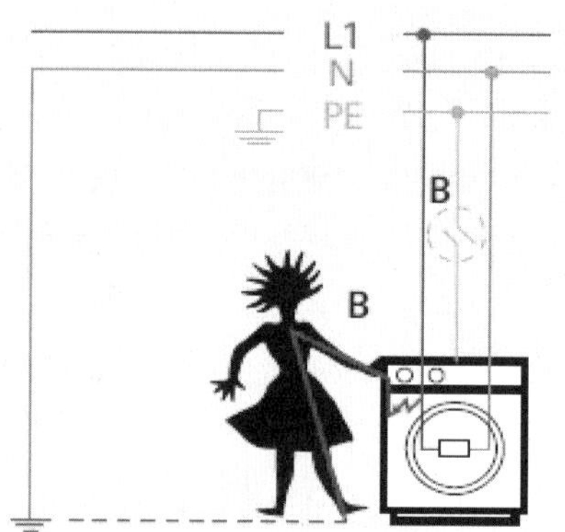

Figura 3.4 Contato indireto.
Fonte: Paulino (2016).

Percurso da corrente elétrica através do corpo humano:

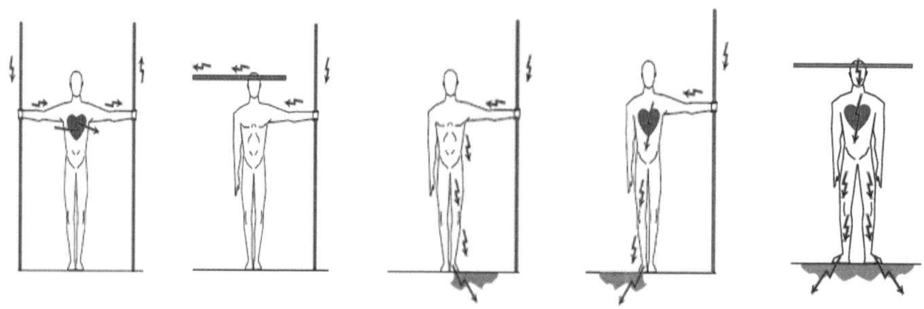

Figura 3.5 Choque elétrico. Fonte: Paulino (2016).

INTENSIDADE	EFEITO	CAUSAS	
1 a 3 mA	Percepção	A passagem da corrente provoca formigamento. Não existe perigo.	
3 a 10 mA	Eletrização	A passagem da corrente provoca movimentos.	
10 mA	Tetanização	A passagem da corrente provoca contrações musculares, agarramento ou repulsão.	
25 mA	Parada Respiratória	A corrente atravessa o cérebro.	
25 a 30 mA	Asfixia	A corrente atravessa o tórax.	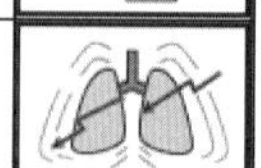
60 a 75 mA	Fibrilação Ventricular	A corrente atravessa o coração.	

Figura 3.6 Efeitos fisiológicos da eletricidade no corpo humano. Fonte: Paulino (2016).

Gráficos com zonas tempo x corrente e os efeitos sobre as pessoas

IEC 479-1

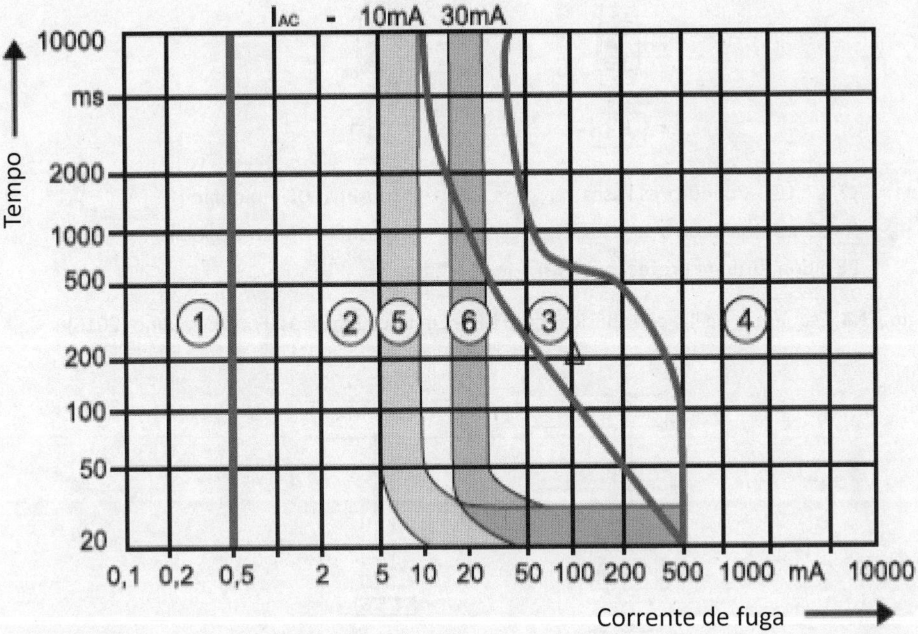

Zona 1: Nenhum efeito perceptível.

Zona 2: Efeitos fisiológicos geranlmente não danoso.

Zona 3: Efeitos fisiológicos notáveis (parada cardíaca, contrações musculares), geralmente reversíveis.

Zona 4: Elevada probabilidade de efeitos fisiológicos graves e irreversíveis (fribilação cardíaca, parada respiratória).

Zona 5 e 6: Faixas de atuação dos Dispositivos DR ou Disjuntores DR.

Figura 3.7 Tempo *versus* corrente e os efeitos da eletricidade. Fonte: Paulino (2016).

3.5 DISPOSITIVO DIFERENCIAL RESIDUAL – DR

Esse dispositivo constitui-se um dos meios mais eficazes de proteção de pessoas contra choques elétricos e é largamente utilizado em quase todos os países do mundo. Ele detecta a soma fasorial das correntes que percorrem os condutores vivos de um circuito em um determinado ponto, e, quando a corrente diferencial residual (I_{DR}) ultrapassa um valor preestabelecido, ele provoca a interrupção. Veja, a seguir, esquemas de ligações básicas com DR – Monopolar em circuitos monofásico e bifásico:

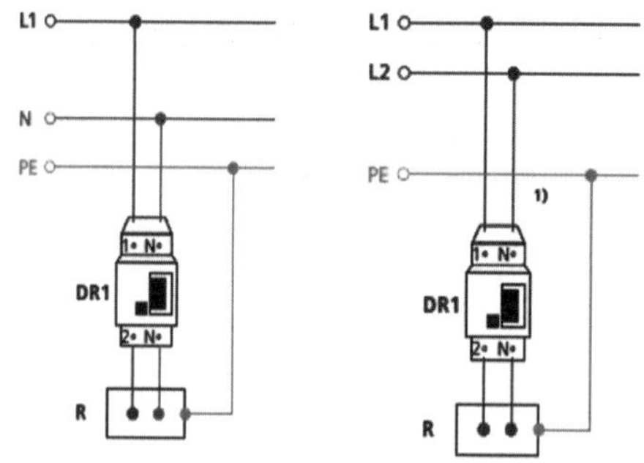

L1, L2. L3 – Condutores Fases	DR1 – Dispositivo DR – bipolar
N – Condutor Neutro	DR2 – Dispositivo DR – tetrapolar
PE – Condutor de proteção (terra)	R – Carga

Figura 3.8 Esquemas de ligações básicas com DR – Circuitos Bifásicos. Fonte: Paulino (2016).

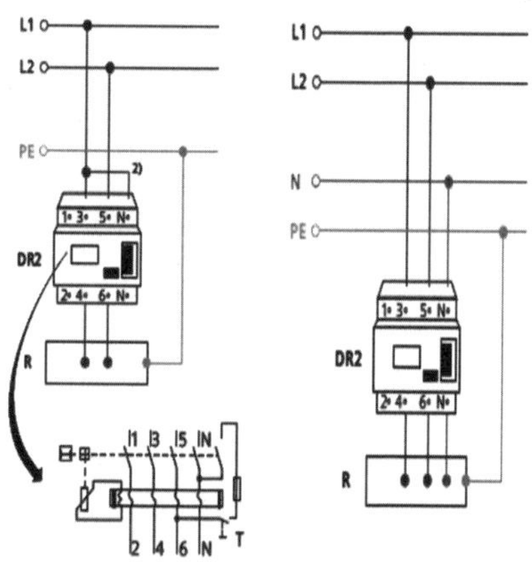

Figura 3.9 Esquemas de ligações básicas com DR – Tetrapolar em circuitos bifásicos. Fonte: Paulino (2016).

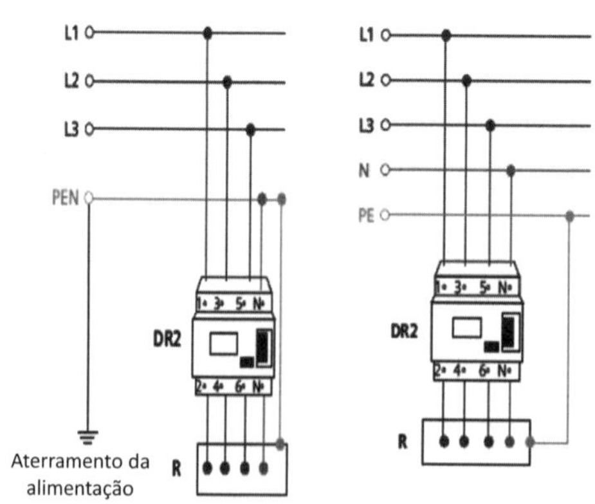

Figura 3.10 Esquemas de ligações básicas com DR – Tetrapolar em circuitos trifásicos. Fonte: Paulino (2016).

3.5.1 DR AC APENAS CORRENTE ALTERNADA

Dispositivos DR ou disjuntores DR do tipo AC são aplicados em circuitos de corrente alternada e são resistentes a sobretensões transitórias. São normalmente utilizados em instalações elétricas prediais, assim como em instalações elétricas industriais de características similares. Os tipos de dispositivo DR são os seguintes:

- Tipo A: Detecta as correntes residuais alternadas e contínuas pulsante. Esse tipo de dispositivo é aplicável em circuitos que contenham recursos eletrônicos que alterem a forma de onda senoidal.
- Tipo B: Detecta correntes residuais alternadas, contínua pulsante e contínua pura. Esse tipo de dispositivo é aplicável em circuitos de corrente alternada, normalmente trifásicos, que possuam, em sua forma de onda, partes senoidais, meia-onda ou, ainda, formas de ondas de corrente contínua, geradas por cargas como equipamentos eletrônicos, entre outros exemplos.

3.6 DISPOSITIVO DE PROTEÇÃO DE SURTOS – DPS

A ABNT 5419-4 (ABNT, 2015) define DPS como *dispositivo destinado a limitar as sobretensões e desviar correntes de surto*. Uma das medidas de proteção contra surtos (MPS) mais eficientes é a instalação coordenada de dispositivos de proteção contra surtos (DPS).

A figura adiante mostra um DPS destinado à instalação em rede elétrica de baixa tensão, instalado normalmente no quadro de força. É importante observar que, além do varistor, ele contém um desconector térmico para o caso de sobreaquecimento, contatos para sinalização remota – normalmente aberto e normalmente fechado –, uma bandeirola frontal para sinalização local, conectores para instalação dos condutores e sistema de fixação no painel – padrões DIN e NEMA. Além disso, seu desenho mecânico é similar ao de um disjuntor termomagnético, o que facilita a sua instalação em quadros de força.

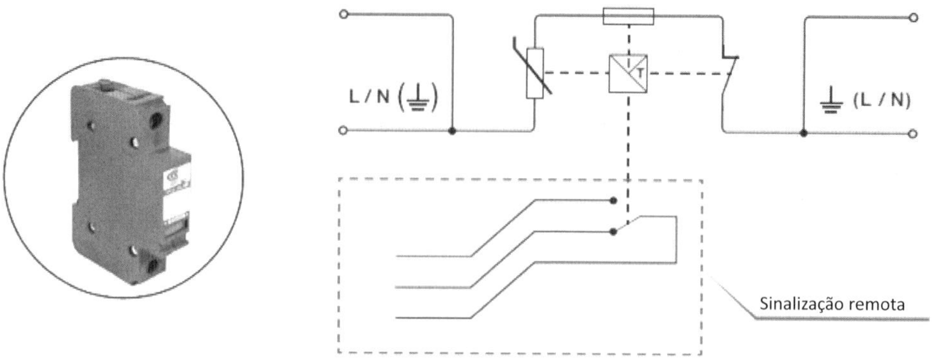

Figura 3.11 Exemplo de DPS utilizado em rede elétrica de baixa tensão e seu diagrama elétrico.
Fonte: Paulino (2016).

Um DPS deve ser instalado sempre que existir a possibilidade de um surto atingir um equipamento ou instalação, e a intensidade estimada do surto for superior ao valor suportável pelo equipamento ou instalação.

Os DPS devem ser instalados nas fronteiras entre ambientes, por exemplo, entre a área externa e interna de uma edificação e na transição entre uma linha aérea e uma subterrânea.

Pode também ser necessário instalar DPS nas entradas de equipamentos sensíveis. A imagem a seguir mostra a instalação de DPS nas transições de áreas de exposição e junto a equipamento.

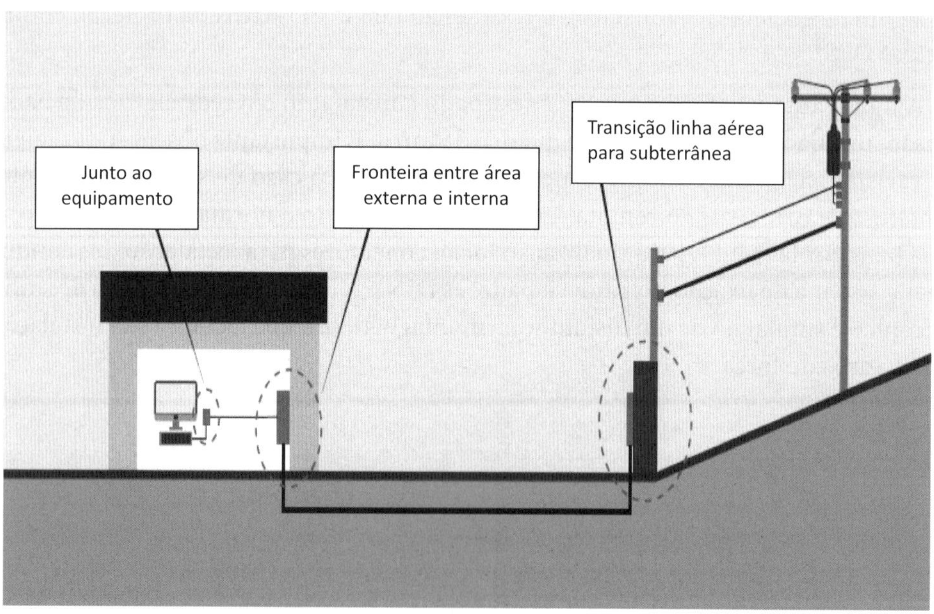

Figura 3.12 Instalação de DPS nas fronteiras entre áreas de exposição e junto a equipamento sensível.
Fonte: Paulino (2016).

Tensões elevadas são transferidas para o lado secundário do transformador, podendo provocar sua queima. As concessionárias de distribuição de energia elétrica adotam, como procedimento padrão, a instalação de para-raios de média tensão (PRMT) no primário do transformador, mas isso não é suficiente para garantir a sua proteção. A instalação de DPS no secundário, denominado para-raios de baixa tensão (PRBT), reduz significativamente os valores das sobretensões e protege o transformador.

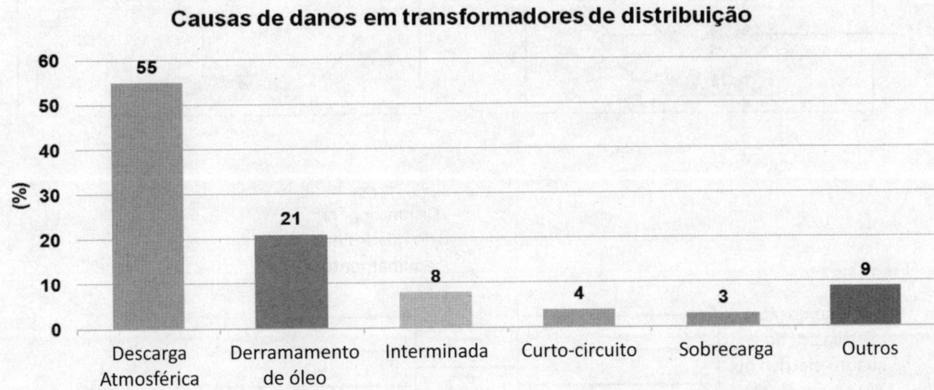

Figura 3.13 Causas de danos em Transformadores de Distribuição. Fonte: Paulino (2016).

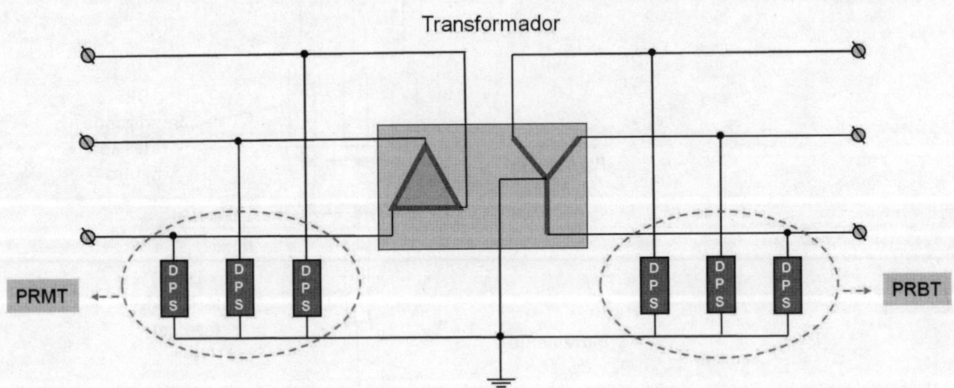

Figura 3.14 Diagrama esquemático de proteção de transformador de distribuição. Fonte: Paulino (2016).

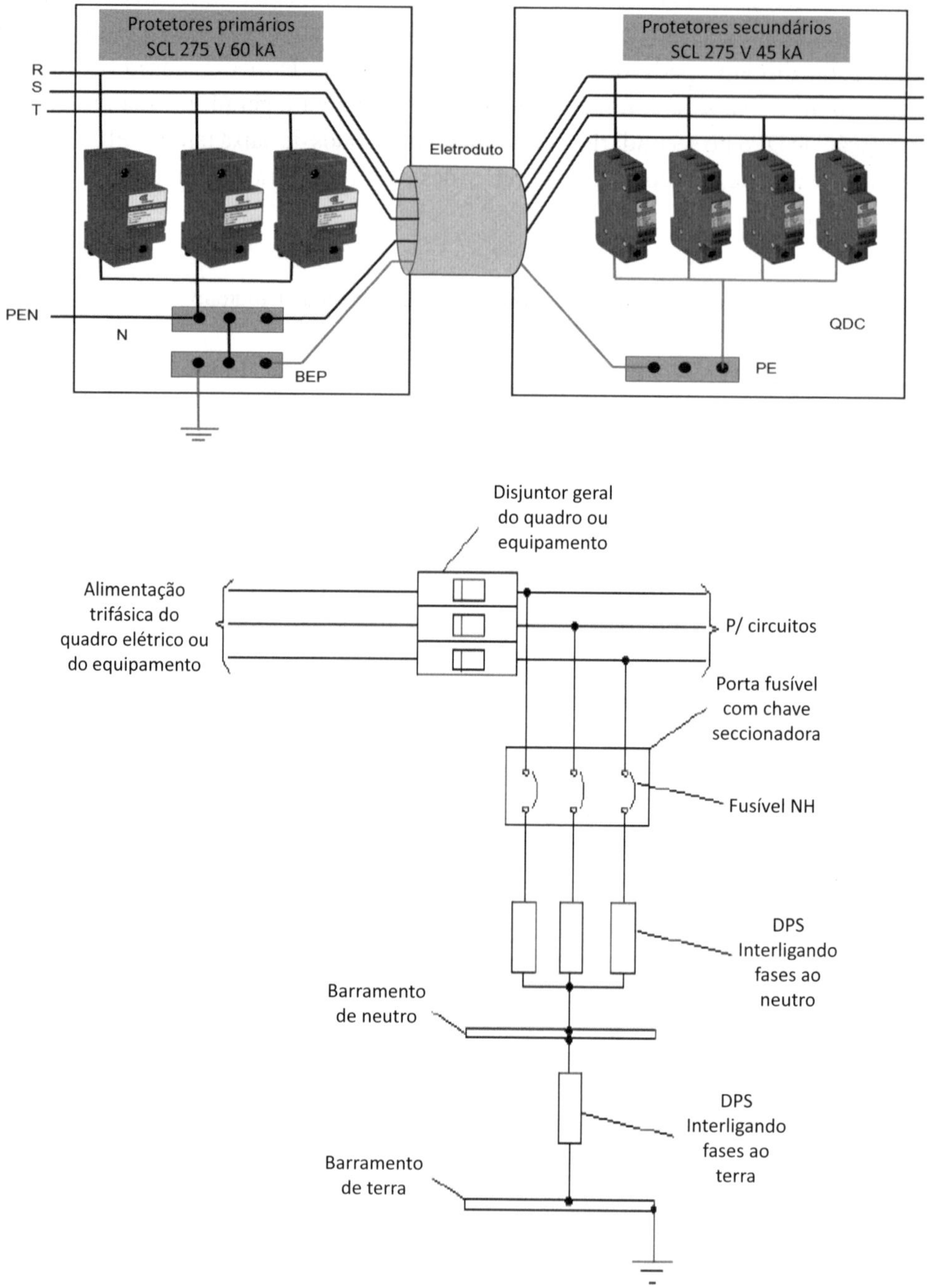

Figura 3.15 Exemplos de aplicação de DPS na entrada trifásica de energia.
Fonte: Paulino (2016) e autor.

Os DPS devem ser instalados em todos os cabos e serviços metálicos que não são diretamente aterrados, incluindo a entrada da edificação. Esse princípio vale para fases, neutro, cabos de telecomunicação e blindagens de cabos.

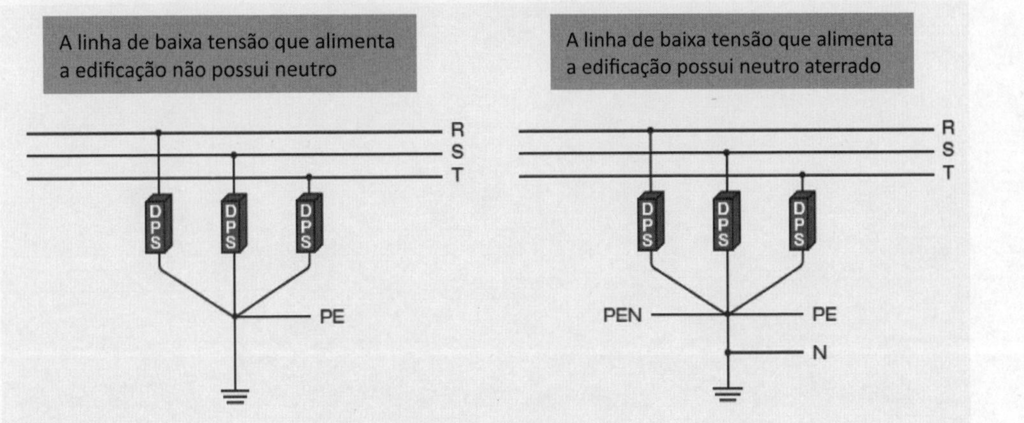

Figura 3.16 Esquemas de ligação dos DPS em linha elétrica sem neutro e com neutro aterrado.
Fonte: Paulino (2016).

3.6.1 LOCAIS DE INSTALAÇÃO DE DPS

DPS nas linhas de alimentação elétrica devem ser fornecidos com os fusíveis, indicadores de falha e atuação fornecidos pelos fabricantes e devem ser instalados em local apropriado ou em painéis separados nos seguintes locais:

- Entrada CA dos *no-breaks*;
- Entrada CA dos retificadores;
- Saída CA de distribuição dos *no-breaks*;
- Saída CC dos retificadores;
- Na entrada de energia elétrica de quadro de disjuntores;
- Na entrada de energia elétrica do EES.

A instalação do DPS deve privilegiar a manutenção do fornecimento de energia elétrica mesmo na ocorrência de falta do DPS, conforme critérios prescritos na NBR-5410 (ABNT, 2018b). Os DPS utilizados deverão ser do tipo redundante; essa é a prática recomendada.

CAPÍTULO 4

EQUACIONANDO O ATERRAMENTO

4.1 EQUACIONANDO O SISTEMA DE ATERRAMENTO

Aterramentos independentes devem ser repensados, uma vez que a terra não é isolante e o solo pode ser considerado um condutor pelo qual a corrente elétrica pode fluir. Nas instalações elétricas, são considerados dois tipos de aterramento:

O *aterramento funcional* (AF), que consiste na ligação à terra do neutro (N), porque seu potencial elétrico é teoricamente nulo em relação ao potencial da terra e está relacionado com o funcionamento correto, seguro e confiável da instalação. O solo é utilizado como condutor de retorno quando corrente alternada ou contínua são injetadas no aterramento.

O sistema MRT (monofásico com retorno pela terra), utilizado em redes de distribuição rural, possui um único condutor que alimenta os equipamentos (o outro terminal do transformador de distribuição é firmemente conectado à terra), pois o retorno da corrente se dá pelo contato com a superfície da terra.

O *aterramento de proteção* (AP), que consiste na ligação à terra das massas e dos elementos condutores, estranhos à instalação, visando à proteção contra choques elétricos. O condutor de proteção é representado pela letra PE (*Protection to Earth*), e, em condutores isolados, deve-se usar a cor verde ou verde-amarela, conforme recomendação da ABNT NBR 5410 (ABNT, 2018b).

Em uma instalação é possível ter um aterramento combinado, Aterramento Funcional e Aterramento de Proteção. Nesse rearranjo de inter-relação dos aterramentos, consideramos a hipótese de admitir o surgimento de subsistemas, cujo objetivo é proporcionar a uniformidade entre eles. Isso poderá ser obtido mediante integração dos subsistemas em um único corpo condutor, o Aterramento Único. Façamos, agora as seguintes considerações:

Supondo a consoante (S) como área de inter-relação desses aterramentos destinada aos subsistemas ($S_1/S_2/S_3/S_4/S_5$), seja o Aterramento Funcional (AF) interagindo com Aterramento de Proteção (AP) e admitindo-se a hipótese da formulação:

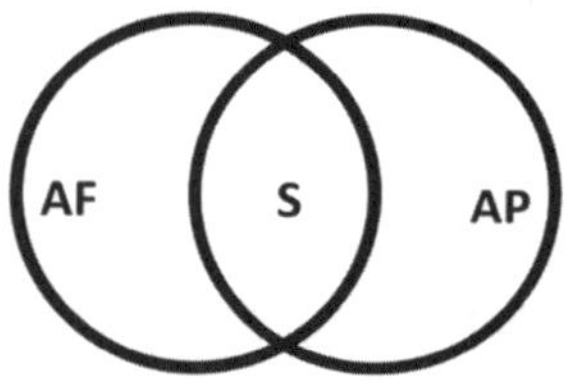

Figura 4.1 Inter-relação dos Aterramentos. Fonte: Ilustração do autor.

Supondo como variáveis:

- Aterramento = x
- Funcional = y
- Proteção = z

Na qual:

- *AF* = Aterramento (x) de Força (y);
- *AP* = Aterramento (x) de Proteção (z);
- *S* = Aterramento Único (S);
- $S_1/S_2/S_3/S_4/S_5$ = Subsistemas.

Portanto, equacionando:

$$S = (AF) + (AP) = (xy + xz) \tag{4.1}$$

Supondo os subsistemas:

$$A.\ (F + P) = x.\ (y + z) = S_1$$

$$y.\left[x + \frac{(x.\ z)}{y}\right] = S_2$$

$$z.\left[x + \frac{(x.\ y)}{z}\right] = S_3$$

$$(x.\ y).\left[1 + \frac{(x.\ z)}{x.\ y}\right] = S_4$$

$$(x.\ z).\left[1 + \frac{(x.\ z)}{x.\ z}\right] = S_5$$

Portanto: Considerando que *S* (Aterramento Funcional e Aterramento de Proteção) coexistam de forma que um não interfira no outro, é possível projetar subsistemas de aterramentos desde que $S_1 = S_2 = S_3 = S_4 = S_5$ mantenham-se em um único potencial e assim garantir de que não ocorrerão ruídos transitórios.

Entenda-se como subsistemas as manipulações das variáveis x, y e z, assim:

- Subsistema S_1 = Aterramento de Força;
- Subsistema S_2 = Aterramento para Descarga Atmosférica;
- Subsistema S_3 = Aterramento para Tecnologia da Informação;
- Subsistema S_4 = Aterramento para Energia Estática;
- Subsistema S_5 = Aterramento para Atmosferas Explosivas.

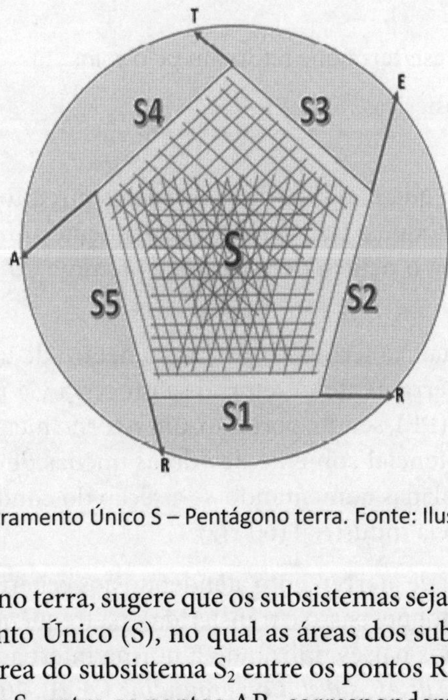

Figura 4.2 Aterramento Único S – Pentágono terra. Fonte: Ilustração do autor.

A figura do Pentágono terra, sugere que os subsistemas sejam integrados, formando o sistema de Aterramento Único (S), no qual as áreas dos subsistemas S_1 estabelecida entre os pontos RR, a área do subsistema S_2 entre os pontos RE, S_3 entre os pontos ET, S_4 entre os pontos TA e S_5 entre os pontos AR, correspondem às áreas de influências, de forma a evitar interação umas com as outras e de se evitar as áreas mútuas, o que ocorreria caso fossem subsistemas independentes.

4.2 SUBSISTEMA DE ATERRAMENTO DE FORÇA S1

Subsistema de aterramento de força é aquele projetado para áreas onde são instalados os equipamentos elétricos que trabalham com tensões e correntes que podem de alguma forma vitimar seres humanos, causar danos aos equipamentos, ou iniciar incêndios. São equipamentos que trabalham com tensões acima de 50 V até 1000 V.

Nessa categoria, enquadram-se motores, capacitores, reatores, resistores etc. A principal preocupação do aterramento de força é com as pessoas. O sistema de aterramento não deve, em nenhuma hipótese, permitir que as pessoas sejam vitimadas:

- Por tensões desenvolvidas no solo (tensões de passo);
- Por tensões desenvolvidas das estruturas para o solo (tensões de toque);
- Por tensões desenvolvidas para o solo em um objeto metálico distante do sistema de aterramento, porém a ele conectado (tensão transferida);
- Por tensões desenvolvidas entre partes metálicas e o solo ou entre partes metálicas dos equipamentos elétricos;
- Por ocasião de uma falha na isolação dos mesmos (contatos indiretos).

Essas tensões são desenvolvidas principalmente por duas fontes:

- Curto-circuito fase/terra que retornam pelo solo;
- Descargas atmosféricas.

Deve ser esclarecido que não são todos os curtos-circuitos fase/terra que causam os potenciais de passo, toque e transferido, mas somente aqueles que escoam através do solo, retornando para o neutro de uma fonte próxima ou distante, porém fora do sistema de aterramento.

Em geral, quando a falta à terra retorna para o neutro de um equipamento situado dentro do sistema de aterramento, o retorno se processa via malha de terramento ou condutores de proteção (PE), sendo, portanto, um retorno metálico. Nesse caso, podem surgir diferenças de potencial somente devido às quedas de tensão nos condutores. Essas quedas são controladas aumentando-se a seção do condutor, o que tem sentido somente para a frequência industrial (60 Hz).

O projeto do sistema de aterramento atendendo aos critérios de segurança pessoal (controle de tensões de toque, passo e transferida), na frequência industrial (60 Hz, 50 Hz) é realizado em vários países utilizando a norma internacional *IEEE standard 80 (1986) - Guide for safety in AC substation grounding* (IEEE, 2000).

Essa norma, bastante utilizada por concessionárias e projetistas brasileiros, apresenta uma metodologia compreensível e relativamente fácil de ser implementada. No entanto, vem sendo questionada nos últimos anos pelas seguintes razões:

- Não otimiza a topologia da rede, produzindo malhas antieconômicas (com condutores lançados desnecessariamente);
- Utiliza premissas muito conservativas (maior valor de falta à terra e pior caso de estratificação do solo, por exemplo);

- Leva em conta somente o comportamento da malha de aterramento em baixas frequências, sendo completamente inadequada para correntes de altas frequências, como aquelas produzidas por descargas atmosféricas. Isso torna as malhas de aterramento projetadas para os sistemas de força também inadequadas para aterramento de componentes eletrônicos (equipamentos da tecnologia da informação).

Atualmente existem pacotes computacionais que superam as dificuldades apontadas, considerando um modelamento de solo mais refinado e o comportamento em alta frequência, no qual fenômenos condutivos, indutivos e capacitivos que ocorrem entre os condutores da *malha de aterramento* são levados em conta. Também a dependência da frequência dos parâmetros do solo (permeabilidade, condutividade e permissividade) começam a ser considerados.

Os pacotes computacionais disponíveis são caros e a tecnologia, pouco acessível e pouco difundida. É uma área ainda dominada por pequenos grupos de profissionais, em geral localizados em universidades ou associados a grupos de pesquisa em empresas.

4.3 SUBSISTEMA DE ATERRAMENTO PARA DESCARGAS ATMOSFÉRICAS S2

As descargas atmosféricas constituem a maior causa de queima de componentes eletrônicos e de força, incêndios e outros fenômenos de risco para os seres vivos. Ao analisar o subsistema de aterramento para descargas atmosféricas, não devemos negligenciar os outros aspectos do SPDA, que são o sistema de captação, de condução das descargas e dos eletrodos de aterramento. Portanto um SPDA completo é composto de:

- Sistema de captação das descargas;
- Sistema de condução das descargas dos captores, até os eletrodos de aterramento;
- Sistema de eletrodos de aterramento que escoam as descargas elétricas para a terra.

Existem muitas divergências e muitas teorias sobre como executar cada uma dessas três partes. O melhor sistema de aterramento é aquele que oferece menor impedância impulsiva para as correntes de descargas atmosféricas.

4.4 SUBSISTEMA DE ATERRAMENTO PARA EQUIPAMENTOS SENSÍVEIS S3

Esse subsistema é de extrema importância, devido à vasta e crescente aplicação dos equipamentos da tecnologia da informação. O sistema de aterramento de força é inadequado para equipamentos sensíveis, principalmente por causa da sua topologia e porque seu propósito é o de controlar tensões desenvolvidas por correntes de curtos-circuitos fase/terra na frequência industrial.

Além disso, a resistência final de aterramento não tem muita importância para os equipamentos sensíveis, importantes são a geometria da malha de aterramento e a equipotencialização. Conclui-se que a melhor solução para o aterramento de equipamentos sensíveis é a utilização de uma malha de aterramento denominada malha de terra de referência.

Existem várias filosofias construtivas para o aterramento de equipamentos sensíveis, como a de terra flutuante, terra isolado, terra de ponto único e malha de terra de referência. O uso dos dois primeiros casos (terra flutuante e terra isolado) não é aconselhável, por não atenderem aos critérios de segurança pessoal e de desempenho em altas frequências, embora ainda sejam utilizados.

O "terra" de ponto único apresenta um bom desempenho quando os cabos de aterramento são curtos, e um desempenho deficiente, em altas frequências, quando os cabos são longos. O caso da malha de terra de referência atende aos requisitos exigidos pelos equipamentos sensíveis. Isso pode ser compreendido observando-se que é praticamente impossível isolar um sistema de aterramento contra todas as fontes de interferências externas. Existe sempre a possibilidade de acoplamentos capacitivos e indutivos, contatos não intencionais e outros.

É mais prudente assumir que a interferência atingirá o sistema de aterramento e que este seja projetado de tal forma que a influência perturbadora seja dissipada e controlada, não influenciando, portanto, o funcionamento do equipamento.

A única forma de se obter tal controle é projetar um *sistema de aterramento* que minimize o aparecimento de diferenças de potencial em toda faixa de frequência de trabalho desejada. A malha de terra de referência atende a tal critério. Não havendo diferenças de potencial entre dois pontos quaisquer da malha, o "terra" dos equipamentos a ela conectados, eles trabalharão sempre no mesmo potencial, portanto, não haverá perturbações na operação, em qualquer regime de funcionamento.

Sabe-se, da teoria de comunicação de ondas conduzidas, que, se o comprimento físico do condutor é da ordem de grandeza do comprimento de onda da própria onda, então existirão diferenças de potencial ao longo do condutor. Por outro lado, se o comprimento físico é muito menor (10 a 20 vezes menor) do que o comprimento de onda, então as diferenças de potencial ao longo do condutor são mínimas – esse, aliás, é o critério para se definir, em estudos de transitórios, quando se modela uma linha por meio de parâmetros distribuídos ou concentrados. Portanto, se construirmos uma malha de aterramento cuja malha *(Mesh)* seja muito menor que o comprimento de onda da maior frequência interferente, não existirão diferenças de potencial apreciáveis entre dois pontos quaisquer da malha. Logo, é necessário estabelecer um valor de projeto para a frequência.

Até pouco tempo, a *frequência de clock* dos computadores era tomada como referência, imaginando-se que os computadores poderiam irradiar para o ambiente frequências interferentes da ordem do seu *clock*.

Atualmente abandonou-se esse critério, baseando-se no fato de que os computadores modernos estão atendendo aos critérios de CEM (compatibilidade eletromagnética), então não podem interferir no seu meio de instalação. Por outro lado, o *clock* é uma velocidade de comunicação que está presente apenas no próprio hardware do computador; não aparece na comunicação externa, com os periféricos.

Os cabos que conduzem sinais de alta frequência são, em geral, blindados e torcidos ou coaxiais, ou ainda, modernamente, de fibra óptica, em alguns casos. Logo, a emissão de altas frequências é minimizada. Além disso, com o constante aumento da frequência do *clock* (atualmente no faixa de 300 MHz), o *Mesh* da malha caminharia para valores muito pequenos, próximos de zero (placa metálica).

O projeto para 60 MHz é ainda aceitável, sendo conservativo. O critério atual é adotar uma frequência no espectro de rádiofrequência (30 MHz), que atende à maioria das interferências presentes nos meios industriais e comerciais mais frequentes, incluindo as descargas atmosféricas. Casos especiais devem ser analisados à parte.

Portanto a malha de terra de referência projetada segundo esse critério será um plano de referência, sem perturbações, tanto para frequência baixas (60 Hz), como para radiofrequência da ordem de 30-60 MHz.

4.5 SUBSISTEMA DE ATERRAMENTO PARA ENERGIA ESTÁTICA S4

Com o aumento da sensibilidade dos equipamentos, a preocupação com as cargas elétricas estáticas tem aumentado significativamente. Dentre os aspectos a serem considerados, no tocante aos cuidados de instalação para o controle dessas cargas, o aterramento é muito importante.

Estudos demonstram que o excesso de cargas elétricas estáticas depositadas em um meio condutor, a seu tempo (relaxação), tendem a se uniformizar. Um fator importante nessa distribuição é a constante de tempo que mede a sua velocidade.

Utilizando a equação de continuidade do vetor densidade de corrente (J), podemos verificar que o comportamento no tempo da carga (q_o), depositada em um meio qualquer, tem por expressão:

$$Q_{(t)} = q_0 \, . \, e^{\frac{-\sigma . t}{\epsilon}} \tag{4.2}$$

Nessa equação, que representa uma exponencial decrescente, temos:

- (q_0) = Carga inicial;
- Q(t) = Carga em um tempo (t) decorrido após o depósito da carga inicial (q_0);
- (t) = Constante de tempo do fenômeno, isto é, o tempo para a carga decrescer ao valor de cerca de 37% do seu valor inicial;
- (ε, σ) = Representam a permissividade e condutividade do meio, respectivamente.

A conclusão importante dessa análise é que a velocidade de dissipação da carga (ou decréscimo da carga inicial) é diretamente proporcional à resistividade do meio, e diretamente proporcional à permissividade do meio (a resistividade é o inverso da condutividade).

Para baixas frequências, podemos considerar a permissividade do solo igual à do ar. Portanto o fator mais importante é a resistência do meio, que é diretamente proporcional à resistividade.

Podemos afirmar, então, que, para dissipação das cargas estáticas, a resistência de aterramento deve ser necessariamente baixa. Em sistema com eletrodos de elevado valor ôhmico, pode ocorrer que a velocidade de captação das cargas estáticas seja maior do que a velocidade de escoamento para o solo.

Se o meio de captação for metal, a velocidade de dissipação para o solo deverá ser elevada. Logo, podemos concluir que o sistema de dissipação para cargas estáticas para o solo deve ser constituído da maior quantidade de massa metálica possível, aterrada com resistência de valor baixo, idealmente menor que 5 Ω.

Isso nos leva a afirmar que, para cargas estáticas, toda massa metálica deverá estar ligada entre si (equalizada) e conectada ao sistema de eletrodos com baixo valor de resistência ôhmica.

4.6 SUBSISTEMA DE ATERRAMENTO PARA ATMOSFERAS EXPLOSIVAS S5

A análise individual efetuada anteriormente para os quatro subsistemas de aterramento mostra que cada um deles deve atender requisitos próprios de projeto. No entanto, devem também atender a requisitos comuns.

O principal requisito comum é que nenhum subsistema deve ser inseguro para as pessoas e os equipamentos. Em uma planta industrial, esses subsistemas estão fisicamente próximos ou mesmo superpostos e inter-relacionados do ponto de vista elétrico. Portanto, em ambientes com atmosferas explosivas, podemos afirmar que é praticamente impossível atender a critérios de segurança construindo os subsistemas de aterramento isolados uns dos outros.

Embora a construção de um subsistema de aterramento isolado possa ser tentadora (principalmente para equipamentos de tecnologia da informação) e possa circunstancialmente melhorar o desempenho dos equipamentos para os quais o subsistema foi construído, ela viola o grande princípio da segurança pessoal, norteador de todo projeto de sistemas de aterramento.

A razão da impossibilidade de construção de sistemas isolados seguros é que sempre haverá algum tipo de acoplamento capacitivo (por meio das capacitâncias parasitas, necessariamente existentes entre sistemas isolados), indutivo (acoplamento eletromagnético, via indutâncias mútuas), resistivo (via solo comum aos subsistemas de aterramento) ou não intencional (modificações executadas em ampliações e revisões da instalação).

Os acoplamentos entre subsistemas isolados ocorrem principalmente para altas frequências, que são exatamente as frequências mais prejudiciais, principalmente para equipamentos sensíveis. Essa análise nos mostra que a melhor forma de compatibilizar os subsistemas de aterramento é interligá-los intencionalmente, por caminhos e locais conhecidos, inclusive com possibilidade de inspeção dos pontos de interligação.

Existe uma consciência clara de que, sem dúvida, a equalização de potencial constitui a medida mais efetiva para reduzir os riscos de choques elétricos, de incêndios, de explosões e de queima de componentes eletrônicos. No entanto, a interligação deve ser realizada de forma inteligente, nunca aleatória.

Algumas sugestões:

- As malhas de referência para equipamentos de tecnologia da informação devem ser interligadas intencionalmente, em pelo menos dois pontos, ao sistema de aterramento de força. Todos os componentes metálicos presentes no ambiente da malha de referência devem ser ligados metalicamente ao mesmo sistema.
- Todo equipamento de força presente no ambiente da malha de aterramento de referência deve possuir seu próprio condutor de retorno para curto-circuito fase/terra (condutor PE). A malha de referência não deve servir de caminho preferencial para retomo de curto-circuito, ela não é termicamente preparada para isso.
- No aterramento radial de ponto único, deverá existir um único ponto de conexão da barra de terra de equalização ao sistema de aterramento de força. Os condutores radiais e a barra de equalização devem ser isolados da estrutura.
- Sempre que possível, não utilizar o condutor neutro (que conduz correntes de sequência zero e terceiros harmônicos em regime normal) para equalizar os sistemas de aterramento de componentes sensíveis com o sistema de força. Deve ser utilizado condutor independente ligado ao sistema geral de aterramento.
- Os sistemas de captação e descidas para descargas atmosféricas SPDA deverão ser diretamente ligados à estrutura, equalizados com partes metálicas e conectados à malha de aterramento única.
- Para o sistema de aterramento de força em quaisquer circunstâncias (instalações industriais, comerciais, residenciais, cabines de recebimento de energia etc.), deve ser estudado o controle das tensões de passo, toque e transferida, o que em geral não é feito, exceto em malhas de aterramento de subestações de alta tensão e em alguns sistemas industriais de grande porte.
- Para execução de projetos em áreas classificadas com potencial de atmosferas explosivas, procurar profissional competente, experiente e qualificado. Seguir as orientações das normas técnica nacional e internacional.
- Para componentes sensíveis, a IEC publicou as seguintes normas:

1. *IEC 364-4-444*: Proteção Contra Interferências Eletromagnéticas em Instalações Prediais (IEC, 2018).
2. *IEC 364-5-545*: Aterramento e Equipotencialização de Equipamentos de Tecnologia da Informação (IEC, 2021).

Como as normas demoram a incorporar conhecimentos recentes, sempre que possível, devem ser adotadas novas posturas, baseadas em conhecimentos recém-adquiridos e internacionalmente aceitos, os quais certamente serão incorporados em normas futuras. Isso significa antecipar a modernização de projetos.

Conclusão: O Pentágono dos Aterramentos, fruto da inter-relação AF/AP, a partir do qual admitimos os Subsistemas ($S_1/S_2/S_3/S_4/S_5$) integram o Sistema de Aterramento Único para o mesmo potencial dentro de uma esfera fictícia e sua área de dispersão, como uma forma de mitigar ruídos.

CAPÍTULO 5
ESQUEMAS DE ATERRAMENTO E SISTEMAS DE ATERRAMENTO

5.1 ESQUEMAS DE ATERRAMENTO EM BAIXA TENSÃO

Os esquemas caracterizam o método de aterramento do condutor neutro relacionado ao secundário do transformador "N_s", que alimenta o sistema elétrico nas tensões abaixo de 1000 Vac. Considerando o primário do transformador "N_p", na condição de fechamento de suas bobinas, enrolamento padronizado, fechado em $\Delta_{(delta)}$, e o secundário N_s fechado em $\Upsilon_{(estrela\ aterrado)}$.

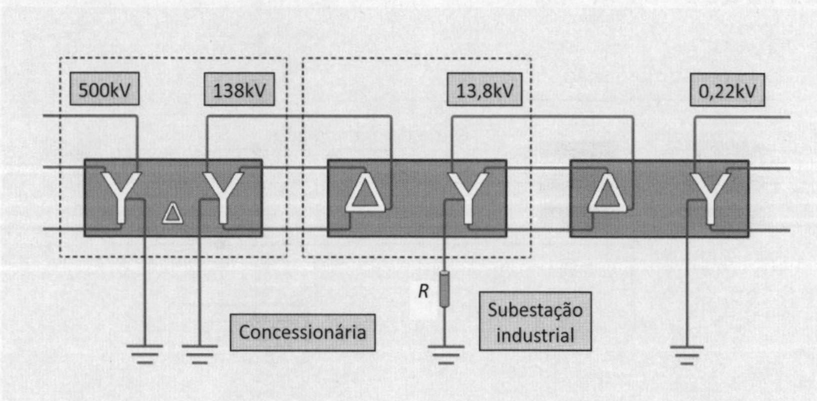

Figura 5.1 Aterramento de transformadores em alta, média e baixa tensão. Fonte: Paulino (2016).

Os esquemas orientam as medidas necessárias para estabelecer a proteção contra os riscos de contatos diretos e indiretos. Vários esquemas podem coexistir em uma instalação industrial, como os esquemas TN, IT e TT. Em locais com atmosferas explosivas, onde há o risco de incêndios e explosões, o esquema TN-C é proibido.

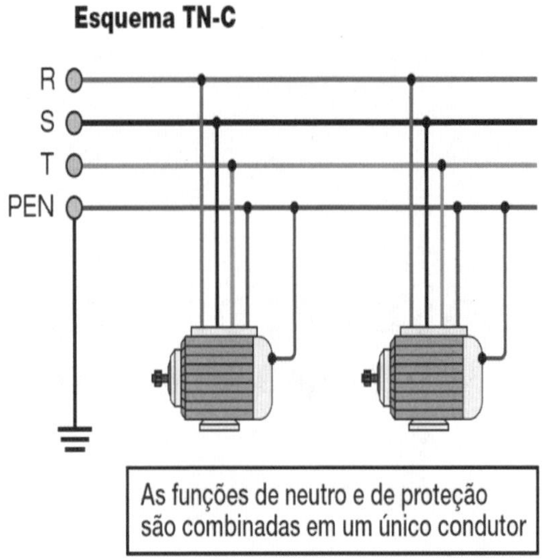

Figura 5.2 Esquema TN-C. Fonte: Paulino (2016).

Considerando o sistema elétrico desequilibrado, a tensão do neutro será sempre diferente de zero, uma vez que a corrente em desequilíbrio retornará pelo neutro. As massas dos equipamentos elétricos não ficarão no mesmo potencial de aterramento da fonte. No caso de ruptura do condutor neutro, o potencial do condutor fase passa para a massa, colocando em risco a segurança humana.

5.1.1 ESQUEMA TT

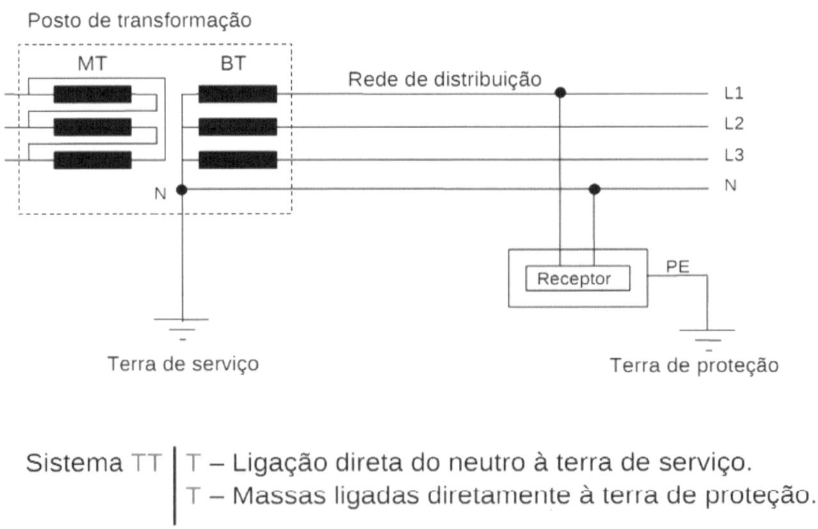

Figura 5.3 Esquema TT. Fonte: Paulino (2016).

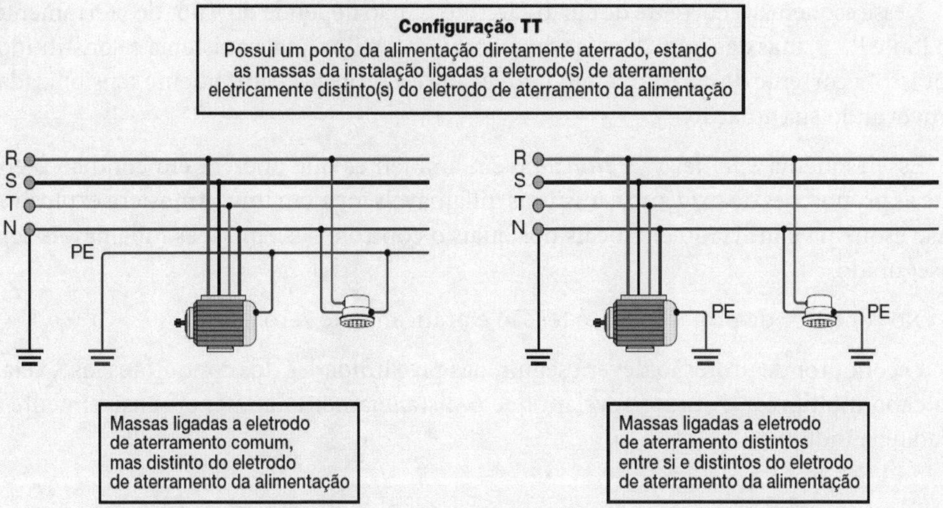

Figura 5.3 Esquema TT. Fonte: Paulino (2016).

Nesse esquema, a corrente de curto-circuito I_{cc} depende da qualidade das resistências de aterramento da fonte R_{fonte} e de aterramento da massa R_{massa}. Se o aterramento não for adequado, as proteções podem não atuar ou demorar para atuar, colocando em risco a segurança humana.

A corrente de curto-circuito I_{cc} pode ser estimada pela expressão:

$$I_{cc} = \frac{V_{fn}}{(R_{fonte}+R_{massa})} \tag{5.1}$$

5.1.2 ESQUEMA TN-S

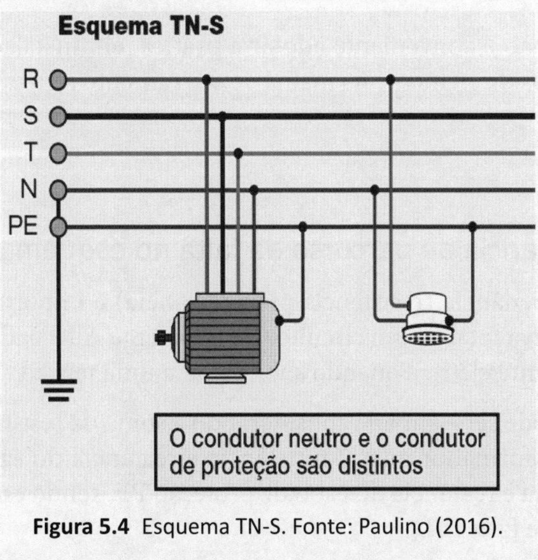

Figura 5.4 Esquema TN-S. Fonte: Paulino (2016).

Nesse esquema, a corrente de curto-circuito I_{cc} não depende do valor do aterramento da fonte R_{fonte}, mas das impedâncias dos condutores pelos quais o sistema é constituído. Por isso, a corrente de curto-circuito I_{cc}é elevada e a proteção é fortemente sensibilizada, provocando sua atuação.

Esse esquema *não deve ser utilizado* em ambientes que operem em condições em que as proporções de oxigênio e misturas inflamáveis formem uma atmosfera explosiva. Esse esquema é utilizado em locais nos quais o controle das emissões inflamáveis seja assegurado.

No condutor de proteção PE, a tensão é praticamente zero.

O condutor de proteção deverá seguir, nas proximidades dos condutores fase, veias do cabo multipolar. Estudos revelam que o distanciamento aumenta sensivelmente a reatância indutiva.

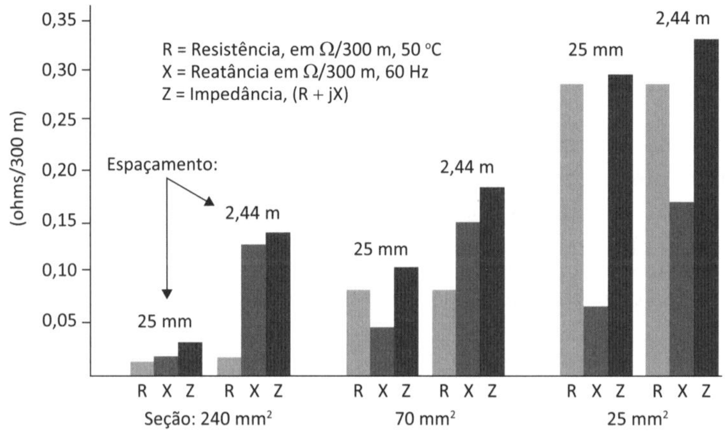

Figura 5.5 Influência do espaçamento sobre a reatância indutiva dos condutores.

Fonte: Cotrim (2006, p. 345).

Por essa razão, não é conveniente adotar a prática, em instalações industriais, de aterrar equipamentos diretamente na malha de aterramento sem utilizar os condutores de proteção PE.

5.1.2.1 Impedância de percurso da falta no esquema TN-S

O estudo da impedância (resistência mais reatância) é importante para estimar o valor da carga resistiva total de um circuito CA (Corrente Alternada), que é a oposição à passagem da corrente elétrica quando submetido a uma tensão.

A impedância pode ser estimada considerando a soma da resistência e reatância do secundário do transformador mais a resistência e reatância do cabo de alimentação, somadas à resistência e reatância do cabo de proteção PE, sendo este o caminho preferido pela corrente de falta I_F/I_{cc}.

Para a impedância do percurso $Z_{percurso}$, pode-se formular:

$$Z_{percurso} = \sqrt{\left(R_{trafo} + R_{cabo} + R_{PE}\right)^2 + \left(X_{trafo} + X_{cabo} + R_{PE}\right)^2} \tag{5.2}$$

Conhecendo a impedância de percurso à tensão da fonte, conheceremos a intensidade de corrente elétrica circulante. Com essa informação, teremos como avaliar as proteções e a segurança da instalação.

5.1.2.2 Esquema TN-S alimentando quadro de distribuição

O quadro de força QD distribui energia para os equipamentos elétricos e eletrônicos sensíveis CPD/TI, cuja malha de terra de referência em aterramento híbrido está fixada em piso isolado e cujo *grid* é função do equipamento de maior frequência de *clock*. Essa malha deverá estar conectada à malha de aterramento por um único ponto.

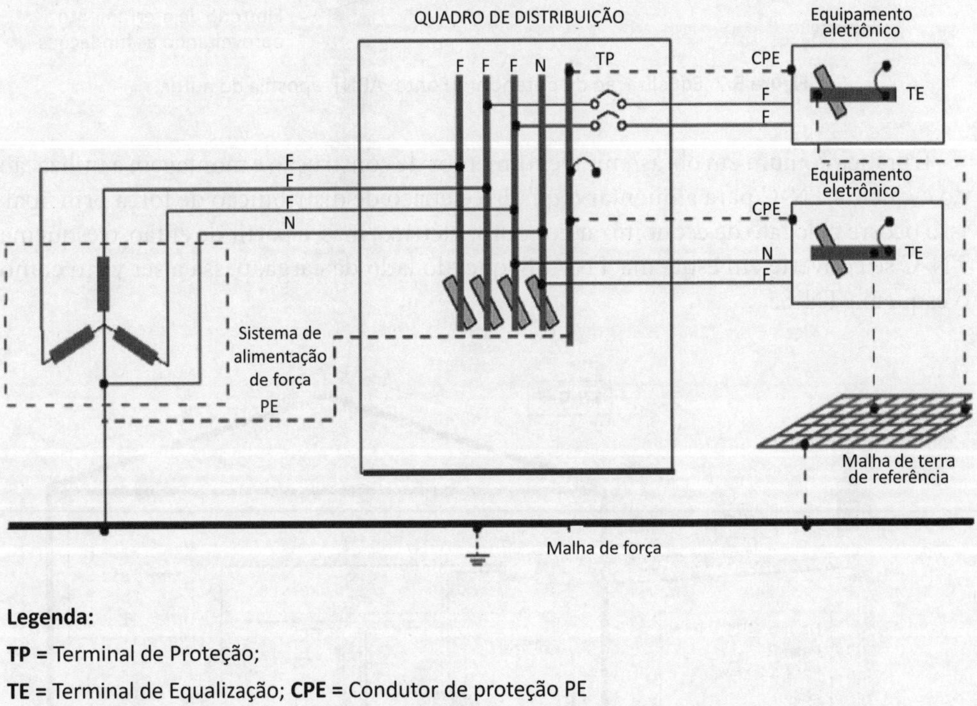

Figura 5.6 Esquema TN-S alimentando QD. Fonte: Moreno; Costa (1999, p. 26).

A seguir, podemos observar a equalização de potenciais em um sistema de distribuição com aplicação de dispositivos de supressão de surtos DPS.

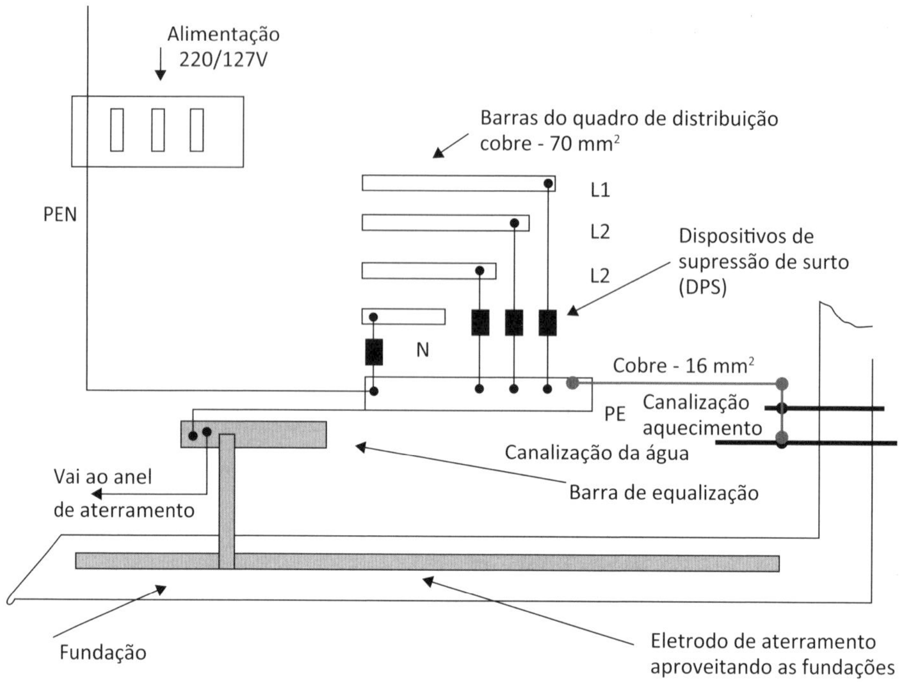

Figura 5.7 Equalização de potenciais. Fonte: ABNT, apostila do autor.

É prática comum em obras/empreendimentos de construção e montagem a utilização do esquema TN-C para alimentar o quadro elétrico de distribuição de força principal. Isso ocorre pelo fato de economizar condutor elétrico, mas, a partir de então, o esquema TN-C se converte em esquema TN-C-S, que, do lado da carga, passa a ser visto como o esquema TN-S.

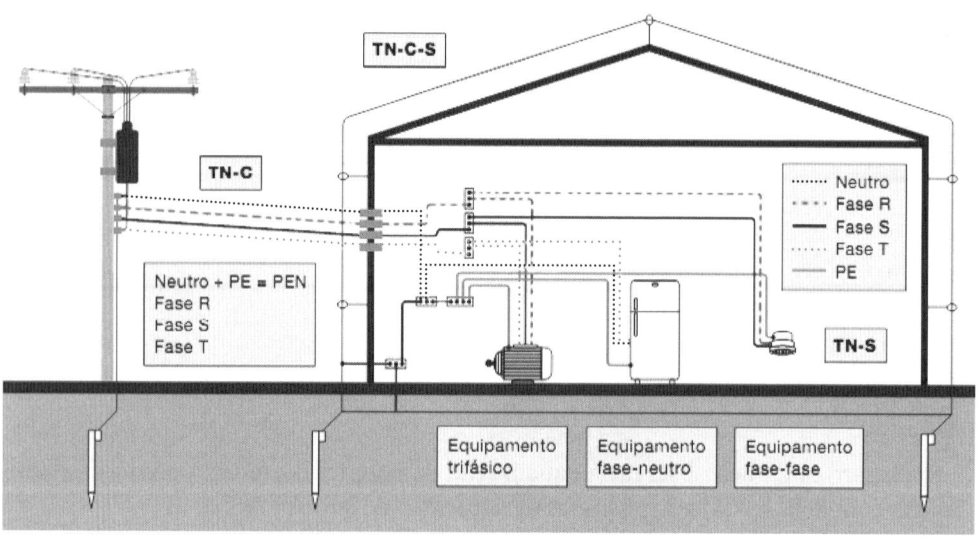

Figura 5.8 Esquemas TN-C, TN-C-S e TN-S. Fonte: Paulino (2016).

5.1.3 ESQUEMA IT

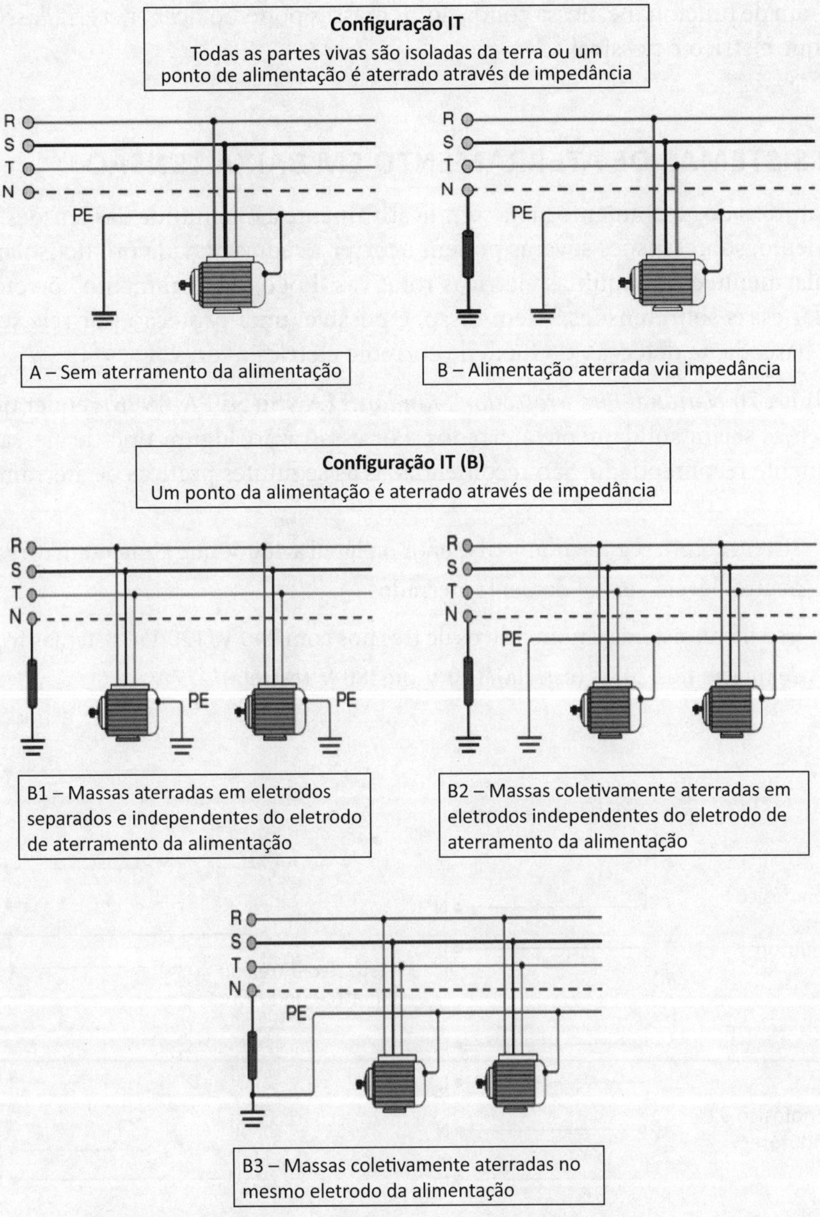

Figura 5.9 Esquema IT. Fonte: Paulino (2016).

Nesse esquema, não existe nenhum ponto da alimentação diretamente aterrado. O condutor neutro é isolado ou aterrado por uma impedância Z de valor elevado. As massas são ligadas à terra por meio de eletrodo ou eletrodos de aterramento próprios.

A característica do tipo IT deve ser provida de um dispositivo supervisor de isolamento, para indicar a primeira falta à terra. Nesse esquema, a corrente de falta IF/I_{cc}

pode ser estimada em valores bem baixos. Com isso, as máquinas elétricas alimentadas por esse esquema de aterramento, mesmo no caso de ocorrer uma primeira falta, não param de funcionar e, nessa condição, as massas poderão ficar energizadas. O risco de choque elétrico é possível.

5.2 SISTEMAS DE ATERRAMENTO EM BAIXA TENSÃO

A natureza do aterramento afeta significativamente a magnitude das tensões. Sem o aterramento, sobretensões severas podem ocorrer e reduzir a vida útil do isolamento, particularmente em máquinas elétricas rotativas. Logo, o aterramento correto pode controlar essas sobretensões. Além disso, é possível uma proteção por relé sensível, rápida, baseada na detecção do fluxo de corrente elétrica à terra.

A NFPA 70 *National Fire Protection Standards* (ANSI/NFPA, 1996) requer que certos sistemas sejam solidamente aterrados. Por essa razão, algum tipo de aterramento é geralmente recomendado. São recomendadas as seguintes práticas de aterramento:

a) Sistemas com regime nominal menor ou igual a 480 V que alimentam cargas fase/neutro devem ser solidamente aterrados.

b) Isso inclui sistemas monofásicos de três fios com 240 V/120 V e sistemas trifásicos de quatro fios 208 V(estrela)/120 V ou 480 V (estrela)/277 V.

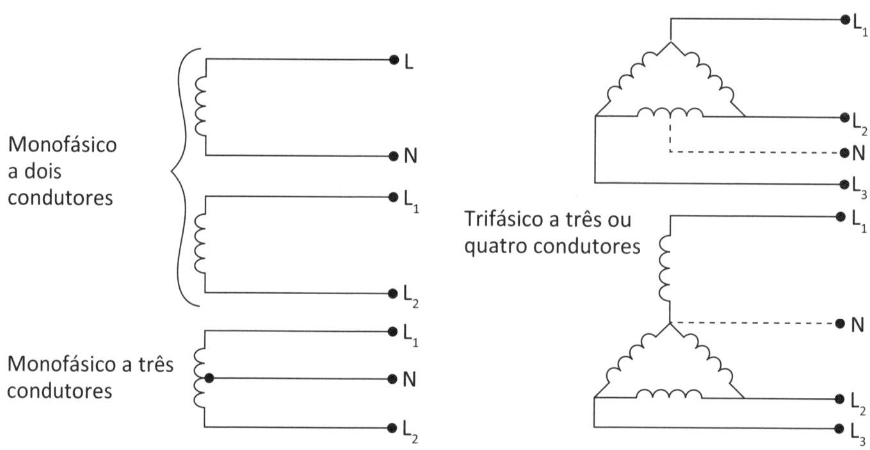

Figura 5.10 Esquema de condutores elétricos. Fonte: Cotrim (2006).

c) Sistema de baixa tensão 480 V/600 V devem ser aterrados com alta impedância ou solidamente.

d) Todos os outros sistemas de distribuição podem ser aterrados com impedância.

e) Uma discussão mais ampla do assunto pode ser encontrada no *IEEE Standard 141* (IEEE, 1993a).

5.2.1 SISTEMA DIRETAMENTE LIGADO À TERRA

O sistema diretamente ligado à terra ou aterrado solidamente, fornece um melhor controle de sobretensões, mas desenvolve as maiores correntes de fuga para a terra. Essas altas correntes podem causar grandes danos ao equipamento e criar outros elementos de riscos de choque para pessoas se o aterramento do sistema for inadequado, entretanto, nos sistemas de baixa tensão, a alta magnitude da corrente de terra pode ser desejável para assegurar operação efetiva dos relés ou disparadores de sobrecorrentes de terra. As blindagens dos cabos devem ser dimensionadas para conduzir as correntes de fuga para a terra.

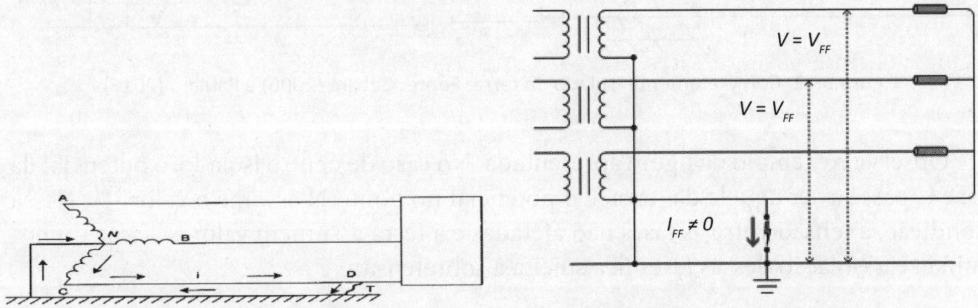

Figura 5.11 Diretamente ligado à terra. Fonte: Cotrim (2006) e Paulino (2016).

No caso de neutro ligado diretamente à terra, uma intensa corrente percorrerá o circuito N→C→D→T, fazendo funcionar as proteções. Durante o período de curto-circuito, o potencial de neutro permanece aquele de terra, e as tensões entre as fases não afetadas e terra continuam a ser iguais a $\frac{V_{ff}}{\sqrt{3}}$. Os sistemas devem ser diretamente aterrados quando cargas forem alimentadas entre fase e neutro. *O aterramento direto ao solo para sistemas acima de 1000 Vac não pode ser utilizado.*

5.2.2 SISTEMA COMPLETAMENTE ISOLADO DA TERRA

Em um sistema não aterrado, não há conexão intencional à terra, mas o sistema está capacitivamente aterrado por causa do acoplamento capacitivo à terra de cada condutor fase energizado. A vantagem operacional desse sistema é que um único defeito fase para terra não resultará em desarme do circuito, porque haverá apenas uma pequena corrente de carga escoando para a terra.

Durante esse defeito, as outras fases estarão sujeitas a tensões fase para a terra igual à tensão plena fase para fase; entretanto, os isolamentos para os equipamentos usados nesse sistema devem ser corretamente especificados para essa condição.

Por causa do acoplamento capacitivo a terra, o sistema não aterrado fica sujeito a sobretensões em torno de aproximadamente $\sqrt{3}$ vezes a tensão nominal ou até maior, como a consequência de um defeito intermitente de contato à terra, centelhamento de terra ou uma alta reatância indutiva conectada de uma fase para terra. Se a primeira falta fase para a terra não for eliminada e ocorrer uma segunda falta fase para a terra, circulará na instalação uma corrente de dupla fase; na verdade, uma corrente de falta entre duas fases. Essa deverá ser prontamente eliminada por seccionamento automático.

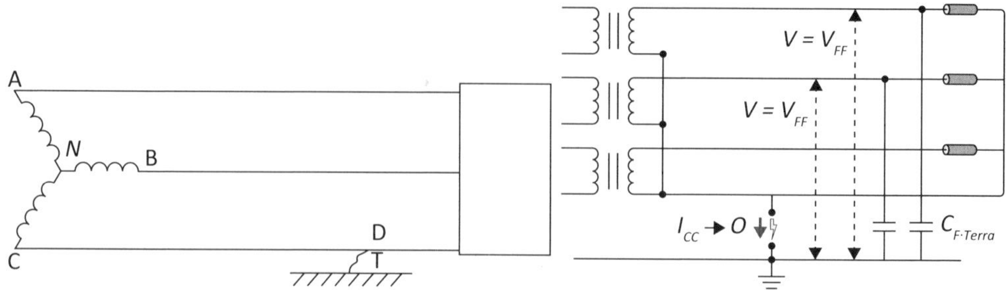

Figura 5.12 Completamente isolado da terra. Fonte: Cotrim (2006) e Paulino (2016).

Observe o exemplo da figura apresentada. No caso de neutro isolado, o potencial da fase C passa a ser aquele da terra, e o potencial no ponto N assume o valor $\frac{V_{ff}}{\sqrt{3}}$. Nessa condição, a tensão entre as fases não afetadas e a terra assumem valores acima do nominal, e a isolação dessas fases fica sujeita à sobretensão.

5.2.3 SISTEMA LIGADO À TERRA ATRAVÉS DE IMPEDÂNCIA

O aterramento com impedância emprega um resistor conectado entre o neutro do sistema e a terra. Esse resistor está em paralelo com a reatância capacitiva total do sistema para a terra.

O sistema aterrado com impedância emprega um valor de resistência igual ou ligeiramente menor que a reatância capacitiva total do sistema para a terra. Isso limitará a corrente de fuga para a terra em alguns ampères e eliminará as altas tensões transientes que podem surgir por uma reatância indutiva conectada de uma fase para a terra ou de fuga de contato intermitente de terra.

O sistema aterrado com impedância também propicia uma maneira conveniente para detecção e alarme de uma fuga de terra e facilita o uso do equipamento que pode determinar o local da fuga sem paralisação do sistema elétrico. Além disso, esse sistema é similar ao sistema não aterrado, uma vez que ele se mantém em operação com uma única fuga fase para a terra se a corrente de fuga for limitada a menos de 10 A.

No caso de corrente de falta à terra ser superior a 5 A, recomenda-se que seja previsto um dispositivo de disparo automático. Quando a corrente de falta à terra não exceder a 5 A, recomenda-se um indicador como alternativa ao dispositivo de disparo automático. Recomenda-se que a corrente de falta esperada corresponda a, no mínimo, três vezes o valor da corrente necessária para operar quaisquer dispositivos de proteção contra faltas à terra.

O sistema aterrado com impedância fornece um valor controlado de corrente de fuga para a terra e elimina os problemas de sobretensão do sistema não aterrado, mas a ação de um dispositivo de proteção de circuito é necessária para remover uma fuga de fase para a terra. A instalação desse sistema requer que os níveis de impulso básico do equipamento, bem como a aplicação de supressores de surtos, sejam revistos cuidadosamente.

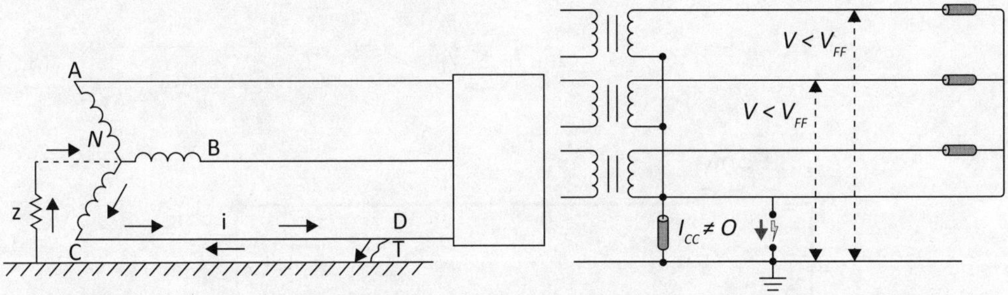

Figura 5.13 Ligado à terra através de impedância. Fonte: Cotrim (2006) e Paulino (2016).

No caso de neutro ligado à terra através de impedância, a corrente que circulará no circuito N→C→D→T é limitada a um valor suficiente para operar o sistema de proteção, reduzindo os danos causados aos componentes dos sistemas envolvidos.

O potencial no ponto N dependerá da queda de tensão na impedância Z, podendo atingir no máximo $\frac{V_{ff}}{\sqrt{3}}$. A tensão entre as fases não afetadas e à terra pode assumir valor entre $\frac{V_{ff}}{\sqrt{3}}$ e V_{ff}.

5.3 OBSERVAÇÕES A SEREM CONSIDERADAS NAS LIGAÇÕES ATRAVÉS DE IMPEDÂNCIAS

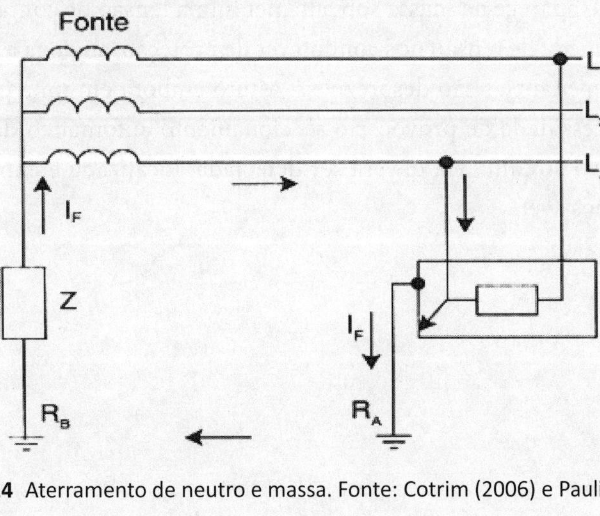

Figura 5.14 Aterramento de neutro e massa. Fonte: Cotrim (2006) e Paulino (2016).

1. No caso do aterramento de neutro e massa separados, é necessário assegurar, quando da ocorrência da primeira falta fase para massa, que a massa não assuma um potencial perigoso, superior à tensão de contato limite V_l (V_l = 50 V - pele úmida / 25 V - pele molhada).

   A condição de proteção nesse caso é análoga ao de um esquema TT, e pode ser escrita:

$$R_A.\, I_F \leq V_l \tag{5.3}$$

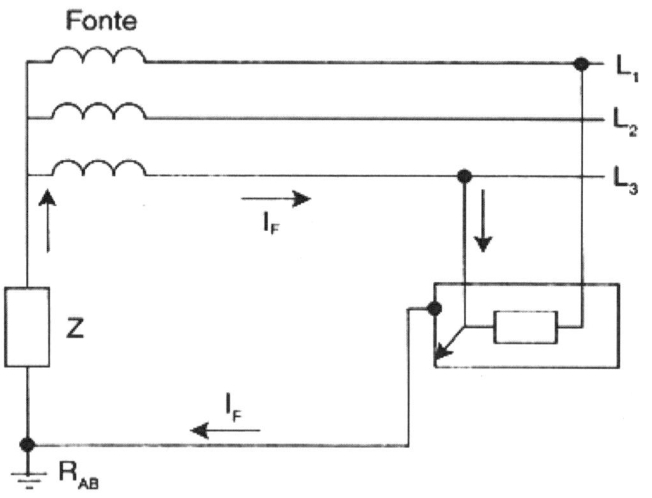

Figura 5.15 Aterramento integrado neutro e massa. Fonte: Cotrim (2006).

2. Quando os eletrodos de aterramento da alimentação e das massas se confundem, não aparece na massa sob falta nenhuma tensão de contato perigosa. Ela é igual à queda de tensão nos condutores de proteção, análoga a um esquema TN, cujas impedâncias são desprezíveis. Muito embora em uma primeira falta não haja necessidade de provocar o seccionamento automático da alimentação do respectivo circuito, ela deverá ser detectada, localizada e eliminada no menor tempo possível.

CAPÍTULO 6

INDÚSTRIAS QUÍMICAS E PETROQUÍMICAS

6.1 INDÚSTRIAS QUÍMICAS E PETROQUÍMICAS

As instalações elétricas em indústrias químicas e petroquímicas, lugares em que existe a possibilidade de formação de ambientes com misturas explosivas, deve receber atenção especial. Essas áreas são as definidas com o código BE3 na norma ABNT NBR 5410 (ABNT, 2018b).

A norma ABNT NBR IEC 60079-14 (ABNT, 2020c) estabelece as condições gerais para instalações de equipamentos elétricos. A prática recomendada para indústrias de superfície com planta química e petroquímica, e que se aplica para as instalações marítimas de plataformas e navios, orienta que o aterramento nesses ambientes tenha como objetivo evitar o surgimento dos níveis de tensão considerados inseguros, uma vez que tratamos com áreas classificadas em função das substâncias explosivas localizadas nesses lugares, na forma de gás, poeiras ou fibras inflamáveis.

Duas situações que devemos considerar com relação a esses ambientes com atmosfera explosiva são: a *atmosfera química* e a *atmosfera salina*. Em ambos os casos devemos estimar as contribuições para as falhas dos isolamentos dos equipamentos elétricos que não podem ter suas partes energizadas expostas.

Nesses ambientes hostis, a função principal do aterramento é propiciar um caminho de baixa impedância para as correntes de curto-circuito I_F/I_{cc}, das descargas atmosféricas e das cargas estáticas.

6.2 ATMOSFERA SALINA

No caso das plataformas ou unidades marítimas, a massa metálica da estrutura é considerada o eletrodo, e a água do mar, o terra (*ground)*. Módulos de perfuração e outras partes que não sejam soldadas à estrutura metálica principal devem ser providos de ligação à malha de aterramento – massa metálica, para torná-los equipotenciais à terra.

Peças galvanizadas ou pintadas devem apresentar revestimento adequado que seja compatível com as condições de agressividade existentes nos pontos de instalação, uma vez que o processo de corrosão altera o valor da resistência do material, comprometendo o aterramento. Eletrodutos (fixos/flexíveis) devem possuir meios que garantam a continuidade elétrica da instalação ao potencial de terra.

Toda essa massa metálica integrada deve ter o propósito de formar um único corpo e um único potencial, mantido entre toda estrutura metálica com a água condutora do mar, por meio de medições permanentes.

Essas medições poderão ser realizadas com o uso de instrumentos para confirmar a continuidade elétrica, o microhmímetro ponte de Kelvin, para a verificação da resistência ôhmica das conexões soldadas e fixas (valor abaixo de 0 Ω em ambientes tidos como Zona 1, e, no caso de Zona 2, valor abaixo de 1 Ω).

As partes metálicas destinadas a não conduzir corrente elétrica, como invólucros e carcaças de motores, de luminárias fixas ou portáteis, painéis, eletrodutos, bandejamentos/calhas de cabos e outros, deverão estar aterrados por meio de um contato metálico com o casco da unidade marítima.

Deve-se garantir uma conexão elétrica efetiva e permanente para evitar o aparecimento de arcos ou centelhas caso o aterramento não seja adequado quando solicitado por uma corrente de falta à terra (massa metálica).

O uso de cabo de aterramento dedicado para equipamentos instalados no casco das unidades marítimas fica dispensado desde que seja assegurada uma conexão por meio de solda, parafusos ou rebite, com a raspagem da pintura ou com uso de arruela dentada.

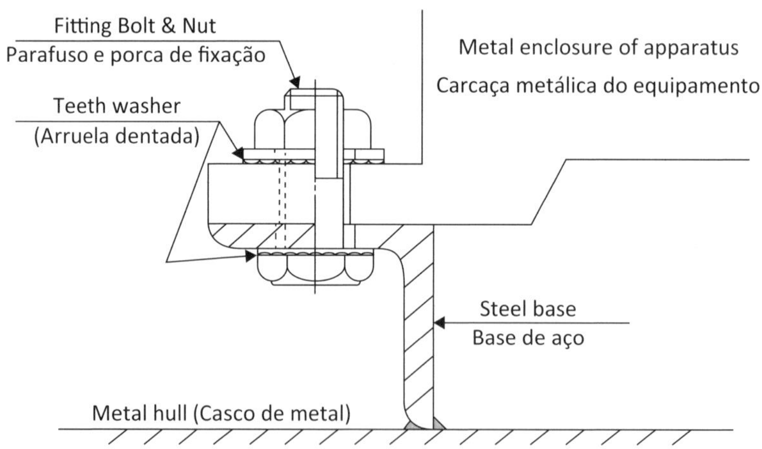

Figura 6.1 Conexão com arruela dentada. Fonte: Composição do autor.

A utilização de arruela dentada torna mais efetivo o contato físico quando o equipamento é aparafusado diretamente na estrutura.

A medição da resistência de contato entre a carcaça dos equipamentos e a estrutura deve ser abaixo de 1 Ω, e o mesmo critério deverá ser adotado para circuitos intrinsecamente seguros e respectivas blindagens de cabos. A resistência de aterramento deve ser tão menor quanto maior seja a corrente de falta para a terra.

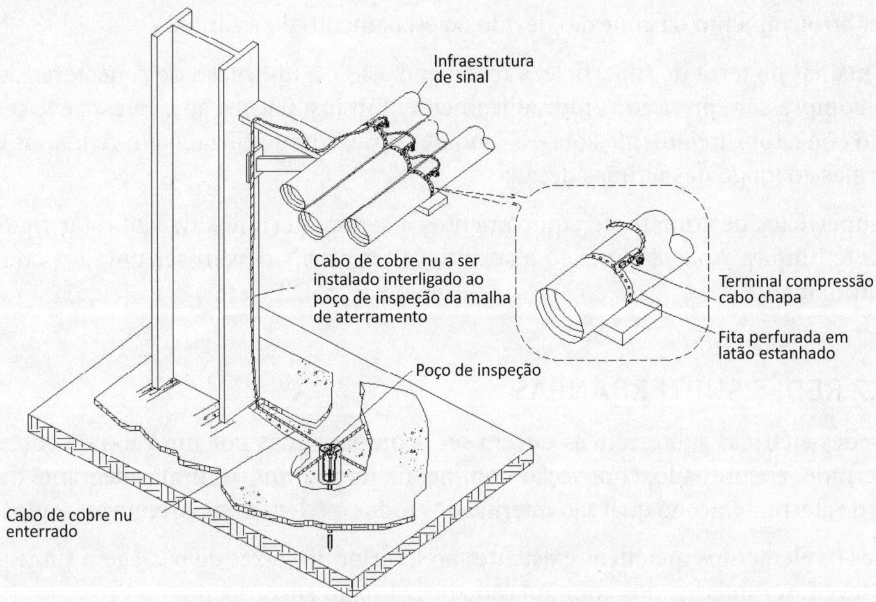

Figura 6.2 Exemplo de aterramento de infraestruturas. Fonte: Composição do autor.

6.3 ATMOSFERA QUÍMICA

Na indústria de superfície, fazendo uma analogia com a unidade marítima, a malha de aterramento é a estrutura metálica da unidade marítima, e a terra é a água do mar. Dessa forma, as emendas de materias condutores e cabos de cobre com as conexões metálicas, sempre que possível, devem ser realizadas com solda exotérmica. Os valores ôhmicos nessas emendas soldadas deverão ser iguais ou inferiores a 1 Ω.

A formação de pilha galvânica deve ser considerada quando se utiliza dois metais dissimilares ligados eletricamente e expostos simultaneamente a um eletrólito na terra ou no mar. O resultante desse contato será o processo corrosivo, cuja intensidade dependerá do potencial eletroquímico de cada material. Elimina-se o eletrólito e certamente elimina-se a formação da pilha.

6.3.1 RECOMENDAÇÕES

Conexões enterradas devem ser realizadas com solda exotérmica. Em áreas industriais, peças a serem aterradas – cuja probabilidade de remoção é remota, como estruturas metálicas para sustentação de equipamentos, passadiços ou escadas – devem ser conectadas ao condutor de aterramento com solda exotérmica.

Todo condutor de aterramento constituído de cabo encordoado, cuja extremidade venha a ser fixada com conector mecânico de alta pressão, *não deve* ter sua extremidade estanhada na extensão coberta pelo conector.

Em áreas classificadas, conexões estanhadas não podem ser feitas, pois o estanho é um material resiliente e não elástico. Com isso, após o aperto do conector, existe o risco de haver afrouxamento da conexão devido ao escoamento do estanho.

Em malhas de terra de superfície, a recomendação é a utilização de conectores do tipo de compressão, prensados hidraulicamente. Em instalações aparentes, deve ser utilizado conector diretamente sobre o cabo de cobre, como utilizado em refinarias e plataformas ao longo das últimas décadas.

As superfícies de contato de equipamentos a serem aterrados devem estar rigorosamente limpas. Após a conexão e aperto, os terminais devem ser untados com pasta antioxidante.

6.3.2 REDES SUBTERRÂNEAS

As redes elétricas subterrâneas devem ser acompanhadas por um cabo de cobre nu, enterrado, encordoado, com seção nominal de no mínimo 70 mm^2 integrante do sistema de aterramento, ao qual são interligados todos os elementos a serem aterrados.

Todos os elementos metálicos existentes no interior de caixas de passagem subterrâneas devem ser interligados com um cabo de cobre nu encordoado.

Eletrodutos metálicos que chegam às caixas de passagem de concreto e/ou alvenaria devem ter suas extremidades interligadas ao cabo de cobre nu por meio de buchas de acabamento dotadas de olhal para aterramento.

Em redes construídas com eletrodutos não metálicos (PVC, PVC corrugado e outros), para sistemas elétricos com neutro aterrado e em que os condutores fase não possuam blindagem ou capa metálica, os eletrodutos devem ser percorridos internamente, em toda sua extensão, por um cabo de aterramento de cobre nu, encordoado com bitola de no mínimo semelhante ao das fases até a bitola de 16 mm^2.

Esse cabo de aterramento, nas caixas de passagem, deve ser interligado ao condutor de aterramento, e seu dimensionamento deve ser conforme indicado:

Tabela 6.1 Condutor x Cabo

Seção do condutor fase (mm^2)	Seção do cabo de aterramento (mm^2)
S 16	S
16 < S 35	16
S > 35	S / 2

Nos pontos de puxamento dos alimentadores (*pull-points*), os afloramentos dos eletrodutos metálicos devem ser interligados por um cabo de cobre nu, de seção nominal de no mínimo 25 mm^2, o qual deve ser conectado ao sistema de aterramento existente.

Quando não indicado em projeto, os eletrodutos metálicos nas caixas de passagens subterrâneas, entradas em subestações e afloramento sobre painéis devem ser aterrados com buchas de aterramento e conectores apropriados ligados à malha de terra.

O ramal de aterramento que atender mais do que um equipamento deve formar uma malha, de modo que o aterramento seja assegurado no mínimo por dois caminhos. No ponto de afloramento, o cabo terra deve ficar protegido contra danos mecânicos por um eletroduto de PVC. A norma IEEE Std81 (IEEE, 1983) orienta que devem ser realizados, no mínimo, os seguintes testes:

- Continuidade entre pontos de conexões com o aterramento;
- Resistência da malha de aterramento.

6.3.3 ENERGIA ESTÁTICA NESSES AMBIENTES

O aterramento deve garantir que a velocidade de escoamento das cargas estáticas para a terra seja maior do que a velocidade de captação. Nessa condição, obteremos equilíbrio das cargas antes que elas atinjam potenciais perigosos. Estudos comprovam que o valor da resistência de aterramento a ser considerado para mitigar o acúmulo de cargas estáticas deve ser:

Tabela 6.2 Resistência aterramento para cargas estáticas.

Excelente	Bom	Regular	Ruim
R < 0.5 Ω	0,5 Ω < R < 1 Ω	1 Ω < R < 2 Ω	R > 2 Ω

6.3.4 PRODUTOS BONS CONDUTORES

São bons geradores de cargas eletrostáticas e apresentam menor tempo de relaxamento, tempo necessário para que uma determinada carga diminua da metade de seu valor original.

6.3.5 PRODUTOS MAUS CONDUTORES

São maus geradores de cargas eletrostáticas e apresentam maior tempo de relaxamento.

No caso do petróleo e seus derivados, os produtos *claros* são considerados acumuladores de eletricidade estática devido à sua baixa condutividade. São eles:

- Querosene de aviação;
- Óleo diesel claro;
- Óleo lubrificante;
- Gasolina natural;
- Solventes.

Os produtos *escuros* não são classificados como acumuladores estáticos devido ao fato de terem suficiente condutividade elétrica, que redistribui rapidamente as cargas elétricas separadas durante manuseio para impedir uma acumulação de eletricidade estática. São eles:

- Óleo cru;
- Óleo combustível.

Medindo, sondando, amostrando ou imergindo equipamentos, todas as cargas em tanques não inertizados, independentemente da classificação de sua volatilidade, devem ter observadas as seguintes precauções, de modo a evitar os riscos associados com a possível acumulação de cargas elétricas nas sondas, como as trenas de metal inseridas no interior do tanque:

- Trenas de metal ou dispositivos de medição/amostragem, que podem atuar como condutor elétrico através de todo seu comprimento, devem ser aterrados antes da introdução no interior do tanque e até a sua retirada;
- Não devem ser utilizados trenas ou cabos de material sintético.

Líquidos diferentes geram quantidades diferentes de eletricidade estática. A precaução que deve ser tomada para evitar um risco de descarga eletrostática é, manter todos os objetos metálicos interligados. A interligação elimina o risco de descargas entre objetos de metal que podem estar muito energizados. A continuidade elétrica e o correto aterramento asseguram que a eletricidade estática não se acumule e cause centelha.

6.3.6 CONTINUIDADE ELÉTRICA

A continuidade elétrica é o ato de conectar eletricamente objetos condutores para equalizar potenciais elétricos e evitar centelhas.

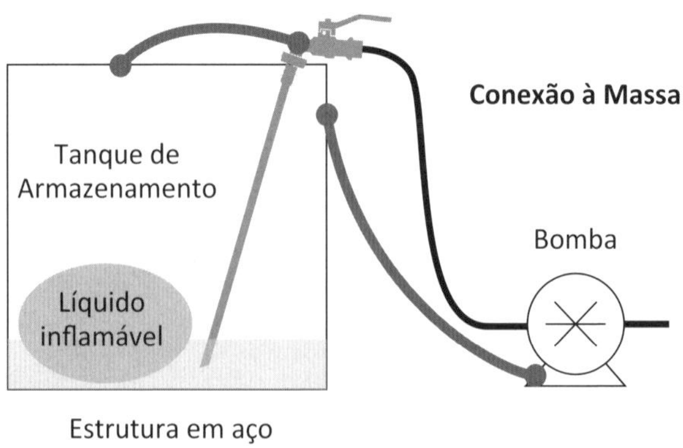

Figura 6.3 Continuidade elétrica. Fonte: Ilustração do autor.

6.3.7 ATERRAMENTO

O aterramento é o ato de conectar um objeto condutor à terra para dissipar a eletricidade da carga estática acumulada ou de outras possíveis fontes.

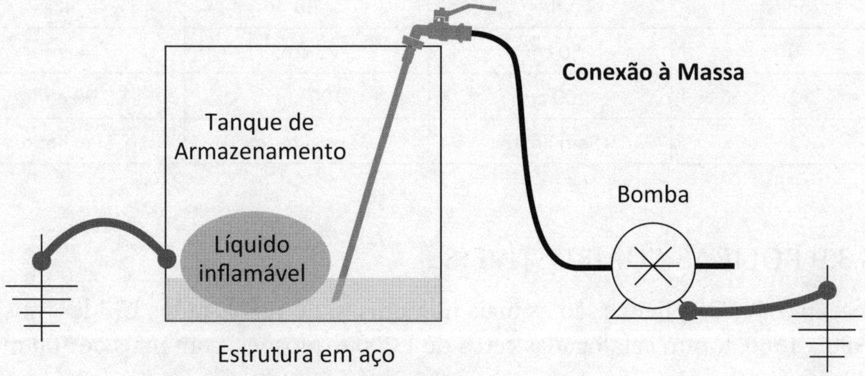

Figura 6.4 Aterramento. Fonte: Ilustração do autor.

6.3.8 EQUALIZAÇÃO DOS POTENCIAIS

A equalização dos potenciais é o ato de unir o aterramento de força mais o aterramento das massas conectadas à malha de aterramento única.

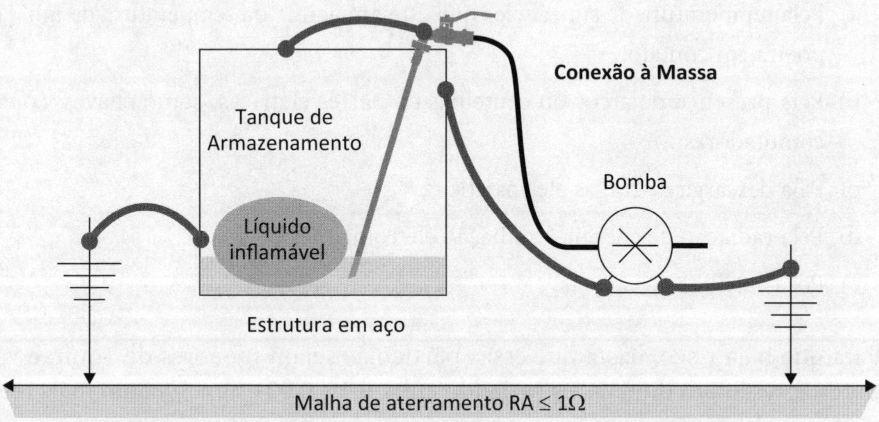

Figura 6.5 Equalização dos potenciais. Fonte: Ilustração do autor.

Em superfície não condutora sujeita a carregamento eletrostático por atrito, não haverá risco de ignição por eletricidade estática se uma das seguintes condições forem atendidas:

- Sua resistência superficial for inferior a 1 GΩ;
- Sua área for menor do que o valor indicado na tabela.

Tabela 6.3 Área máxima de superfície não condutora isenta de risco de ignição por carregamento eletrostático

	Grupos		
Zonas	IIA	IIB	IIC
0	50 cm^2	25 cm^2	4 cm^2
1	100 cm^2	100 cm^2	20 cm^2
2	Sem limite	Sem limite	Sem limite

6.3.9 POEIRAS COMBUSTÍVEIS

As explosões de poeiras são as mais numerosas. Só nos Estados Unidos, nos anos de 1900 a 1960, foram catalogadas cerca de 1.200 explosões, com mais de 700 mortos e milhares de feridos.

Poeira combustível é conceituada como qualquer material sólido, com diâmetro de 420 µm ou menos (ou seja, material que passa através de uma peneira padrão dos Estados Unidos nº 40), que apresenta um risco de incêndio ou explosão quando dispersos, segundo a NFPA 499 (NFPA, 2021).

A ignição dessas poeiras pode se dar:

a) Pela temperatura de superfícies que estejam acima da temperatura de ignição da poeira em contato;
b) Pela presença de arcos ou centelhas de partes elétricas, como chaves, contatos, comutadores;
c) Pela descarga de cargas eletrostáticas;
d) Pela radiação de energia – radiação eletromagnética;
e) Por centelhas mecânicas.

Para que haja risco, basta que essas partículas sejam menores de 1mm, e vários produtos apresentam dimensões variando entre 0,1 e 0,001 mm. Quanto mais fino for o pó, mais violenta será a explosão e menor a energia para causar a ignição.

O pó combustível, conforme prática americana (NEC – *National Electrical Code*), é definido como Classe II e dividido nos grupos E, F e G.

- *Grupo E*: com resistividade inferior a 10^5 Ωcm, incluem-se os pós metálicos combustíveis, alumínio, magnésio e suas ligas comerciais ou outros pós combustíveis cujo tamanho de partículas e condutividade apresentam riscos semelhantes no uso de equipamentos elétricos, devendo ser classificado como Divisão 1, nos quais não é permitido instalar transformador ou capacitor.

- *Grupo F*: com resistividade entre 10^2 a 10^8 Ωcm, incluem-se os pós carbonáceos combustíveis, derivados do carvão de lenha, que têm mais de 8% no total de materiais voláteis ou que tenham sido sensibilizados por outros materiais, de modo que eles apresentam um risco de explosão. Carvão e pós de coque são exemplos de poeiras carbonáceas.
- *Grupo G*: com resistividade superior a 10^5 Ωcm, incluem-se outros pós combustíveis, como farinha, açúcar, grão, farinha de madeira, vitamina C, vitamina B1, plástico e produtos químicos.

A poeira é um mal que pacientemente vai se acumulando e fica aguardando o momento em que haja condições propícias para uma inesperada e indesejada explosão. A consequência de uma explosão pelo pó combustível pode variar de curto prazo à interrupção da produção, da perda da instalação ou de fatalidade de pessoal.

Uma deflagração (explosão com velocidade em m/s) de poeira ocorrerá se a concentração de pó combustível suspenso no ar for suficiente para propagar a chama quando incendiada por uma fonte de ignição (arco elétrico e/ou temperatura superficial de equipamentos).

As fontes de ignição, na maioria das explosões em fábricas de processamento de manuseio de pó, são as que geram chamas e faíscas por fricção mecânica das superfícies quentes de equipamentos, dos arcos elétricos e das descargas eletrostáticas.

O pó na superfície aquecida tende a se desidratar à medida que vai se avolumando, formando camadas em cima dos equipamentos. Assim, é iniciado um processo de combustão passiva, conhecido também como combustão sem chama (*smouldering*).

A poeira pode ser inflamada em suspensão no ar na forma de nuvem, gerando uma mistura poeira-ar. As medidas a serem tomadas para garantir a segurança envolvem:

- Compreender as características de explosão do pó;
- Identificaras áreas da fábrica em que a nuvem de pó combustível pode existir, em condições normais ou condições anormais;
- Identificaras potenciais fontes de ignição que existem em condições normais ou condições anormais;
- Tomar medidas para eliminar e/ou controlar fontes de ignição, controlar a propagação de nuvens de poeiras combustíveis, controlar a alimentação oxidante (aplicação de purga com gás inerte);
- Tomar medidas para proteção contra as consequências de eventuais explosões de uma nuvem de poeira. Essas medidas de proteção incluem respiros de alívio assim como supressão, contenção e isolamento da explosão;
- Inspecionar regularmente e fazer a manutenção de equipamentos e instalações para minimizar fontes de ignição e acúmulo de poeiras.

É de crucial importância reconhecer que uma camada de poeira de 5 mm de espessura – condição de ensaio – é assumidamente o pior caso. Com isso, cuidados devem ser tomados para minimizar os acúmulos em superfícies de equipamentos, a fim de se evitar a ignição espontânea.

A classificação de áreas para poeiras combustíveis é a seguinte:

- *Zona 20* – Áreas em que poeiras combustíveis em forma de nuvens estão presentes continuamente ou frequentemente durante a operação normal.
- *Zona 21* – Áreas em que poeiras combustíveis em forma de nuvens podem estar presentes durante a operação normal em quantidade suficiente para produzirem uma concentração explosiva.
- *Zona 22* – Áreas em que poeiras combustíveis podem ocorrer de forma não frequente, persistindo por um curto intervalo de tempo em condição anormal, podendo formar misturas combustíveis.

Proteções como a segurança intrínseca – que para atmosferas de gases ou vapores inflamáveis exige no mínimo grau de proteção IP-20, no caso de poeiras – devem exigir o grau mínimo de IP-6X.

Com relação à extensão da atmosfera explosiva, ela pode ser muito diferente da que é causada pelos gases e vapores pelas seguintes razões:

- As camadas de poeiras, diferentemente dos gases e vapores, não são diluídas por ventilação ou difusão após o vazamento ter cessado;
- A ventilação pode aumentar o risco, criando nuvem de poeira, o que resulta em um aumento de extensão;
- As camadas de poeira depositadas podem criar um risco cumulativo, enquanto gases e vapores não;
- Camadas de poeira podem ser objeto de turbulência e se espalhar pelo movimento de pessoas, veículos etc.

Poeiras em forma de nuvens podem ter temperaturas de autoignição menores do que 250 °C. A energia mínima – E_{min} – que uma faísca deve ter para provocar a explosão da mistura de pó e ar varia de produto a produto e depende da sua granulometria. As poeiras mais explosivas requerem energia mínima – E_{min} – de aproximadamente 10 mJ. Acima de 50 mJ a poeira é considerada não muito perigosa, e, acima de 1500 mJ, não é considerada explosiva (valores obtidos em laboratório). O risco de ignição proveniente de superfícies quentes é muito maior para poeiras, em comparação com o risco de arcos elétricos. As poeiras possuem uma faixa de concentração com o ar, definindo, assim, os limites inferior e superior de inflamabilidade. Na prática, o que importa é o limite inferior de inflamabilidade que, para pó industrial, situa-se na faixa de 20 a 60 g/m^3. Se a poeira tem característica de isolamento térmico, ela retém o calor e a temperatura de combustão sem chama diminui, aumentando o risco.

O índice de explosividade é determinado a partir da temperatura de ignição, da pressão máxima de explosão e da variação máxima de elevação de pressão. Assim, para índices menores ou iguais a 0,1, as explosões são fracas e, para índices maiores, as explosões são fortes. Acima de 10, são violentas.

Tabela 6.4 Índice de explosividade, temperatura de ignição e energia mínima de ignição

Produto	Índice explosividade	Temperatura de ignição (ºC)		Energia mínima de ignição (nuvem) (Joule)
		Camada	Nuvem	
Açúcar em Pó	9,6	400 (1)	370	0,03
Amido de Milho	9,5	–	400	0,04
Arroz	0,3	450	510	0,10
Cortiça em Pó	>10	210	460	0,035
Farinha de Trigo	4,1	440	440	0,06
Milho	6,9	250	400	0,04
Proteína de Soja	4,0	–	540	0,06
Alumínio em Pó Extralino	>10	326	610	0,01
Carvão Mineral	1,0	170	610	0,06
Magnésio Moído	>10	430	560	0,04
Resina Fernólicas	>10	–	580	0,015

Fonte: NFPA (1983).

Equipamentos elétricos instalados nesses locais devem ser capazes de funcionar em suas condições nominais, sem desenvolver temperatura de superfície alta o bastante para causar excessiva desidratação ou a carbonização gradual de qualquer depósito de poeira orgânica que possa existir.

Eles não devem permitir a penetração de pó em seu interior, e isso é atendido se os seus invólucros apresentarem grau de proteção mínimo de IP65 e forem providos de prensa-cabo Ex. Para dispositivos intrinsecamente seguros, não é necessária essa exigência. É utilizada a definição de invólucro à prova de ignição de poeira, *dust ignition proof*.

O aterramento deve ser considerado Classe II – Divisão 1 (NEC – *National Electrical Code* /API – *American Petroleum Institute*) e atender aos quesitos:

- Possuir esquema de aterramento adequado;
- Apresentar malha de aterramento único;
- Ter resistência de aterramento $R_{AT} < 0,5\ \Omega$;
- Garantir a continuidade elétrica dos equipamentos e acessórios;
- Equalizar os potenciais das massas metálicas;
- Prever o uso de condutor dedicado no percurso dos eletrodutos, calhas e bandejas;
- Assegurar que todos os itens supramencionados estejam conectados a um único potencial de terra (sistema de aterramento).

6.4 CONSIDERAÇÕES SOBRE O ATERRAMENTO DE POEIRAS E GÁS

Poeiras mais pesadas do que o ar tendem a se depositar nas superfícies dos mais diversos materiais e nos equipamentos elétricos.

O aterramento desses equipamentos por meio de cabo de cobre nu conectado à malha do aterramento da planta, ao aumentar o volume de pó na superfície do condutor de aterramento, deve considerar duas questões: a alta temperatura no ambiente e a baixa umidade do ar. Esses fatores restringem a troca térmica no caminho da corrente de falta, se solicitada por uma corrente de curto-circuito. Caso a corrente drenada para o solo através do condutor de aterramento esteja acima da temperatura de ignição da poeira, ela poderá causar danos.

Os gases têm comportamentos que dependem de seu peso específico e tanto ganham altura como escalam a superfície do solo. Os equipamentos elétricos *Ex* instalados nesses ambientes devem ser específicos para o tipo e/ou de gases presentes.

O aterramento deve ser de tal forma que a probabilidade de se obter altas temperaturas nas superfícies de condutores elétricos e a de restringir o escoamento das cargas estáticas para o solo sejam nulas. O critério do dimensionamento dos condutores nesses ambientes deve ser considerado.

6.5 EQUALIZAÇÃO DE POTENCIAL

Em área com atmosfera explosiva, a equalização de potencial é uma das medidas mais eficientes para evitar o risco de incêndio, explosão e choques elétricos. Ela é feita, basicamente, pela interligação de todas as estruturas metálicas que adentram a instalação com a utilização de uma barra de equalização (BEP/TAP) conectada ao sistema de aterramento.

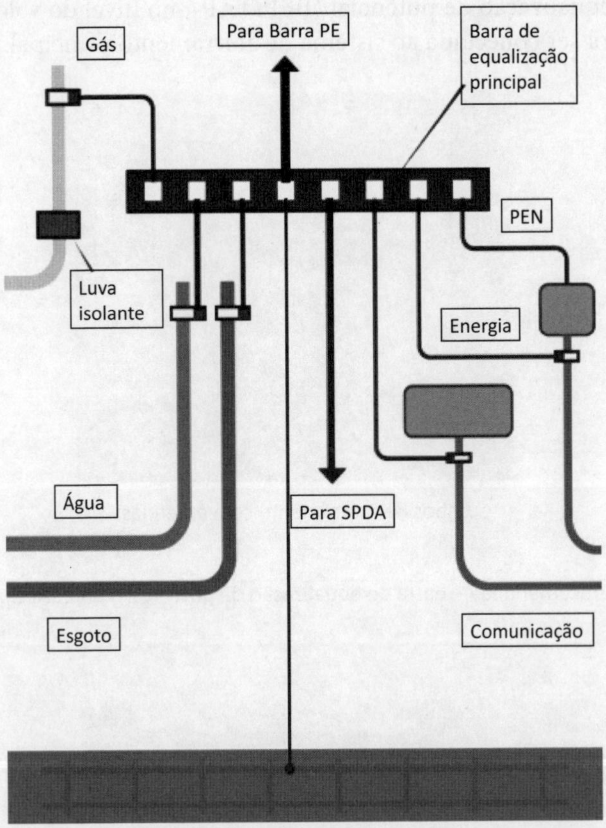

Figura 6.6 Equalização de potencial. Fonte: Paulino (2016).

Assim, todas as partes condutoras usualmente não energizadas e expostas devem ser interligadas. Em sistema de equipotencialização não se deve incluir o condutor neutro. Em estruturas acima do nível do solo, em intervalos verticais não superiores a 20 metros, deverá ser prevista barra de equipotencialização.

Figura 6.7 Prática recomendada – barra de equalização de potencial acima do nível do solo. Fonte: Acervo pessoal do autor.

A barra de equalização de potencial (BEP/TAP), no nível do solo e no interior da estrutura, deverá ser conectada ao sistema de aterramento principal.

Cabos de aterramento sem emendas

Figura 6.8 Prática recomendada – barra de equalização de potencial. Fonte: Acervo pessoal do autor.

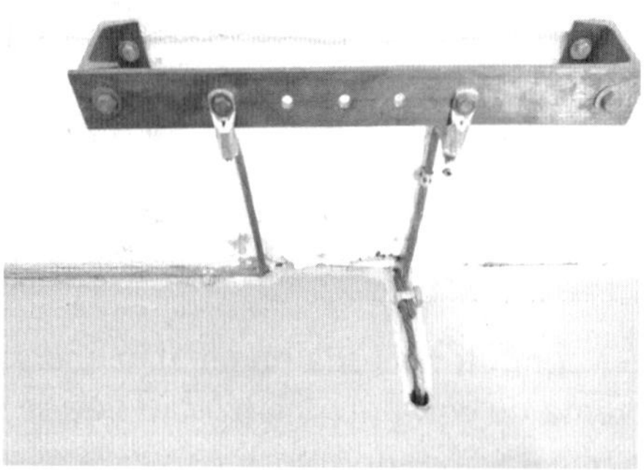

Cabos de aterramento com emendas

Figura 6.9 Prática não recomendada – barra de equalização de potencial. Fonte: Acervo pessoal do autor.

6.6 EQUIPAMENTO ELETRÔNICO SENSÍVEL

Todos os equipamentos eletrônicos sensíveis possuem limites de valores muito baixos de corrente e tensão em efeito de campo, de tal ordem que diversas fontes externas espuriamente podem afetá-los. Tais fontes podem ter várias origens; seja nas instalações, montagens erradas ou inadequadas, até nas proteções mal implementadas.

Se um equipamento eletrônico sensível (EES) for sobressolicitado e os limites característicos ultrapassados, essas sobressolicitações causarão dano ou falha permanente, modificação permanente de características ou mau funcionamento temporário.

Em instalações típicas, são consideradas como fontes primárias de distúrbios as interferências transitórias e as interferências em regime permanente.

As interferências transitórias são causadas por:

- Descargas atmosféricas;
- Manobras e faltas no suprimento de força;
- Descargas eletrostáticas.

As interferências em regime permanente são causadas por:

- Circuitos de suprimento de energia de baixa tensão e altas correntes, acoplando interferências principalmente por meio das indutâncias mútuas com os cabos de sinais;
- Circuitos de suprimento de energia com tensões elevadas e baixas correntes, acoplando interferências principalmente por intermédio das capacitâncias parasitas com os cabos de sinais;
- Circuitos de suprimento de energia com tensões elevadas e altas correntes, acoplando interferências por capacitâncias parasitas e indutâncias mútuas com os cabos de sinais;
- Circuitos de suprimento de energia de baixa ou alta tensão com altas distorções harmônicas de corrente, acoplando interferências principalmente por indutâncias mútuas com os cabos de sinais.

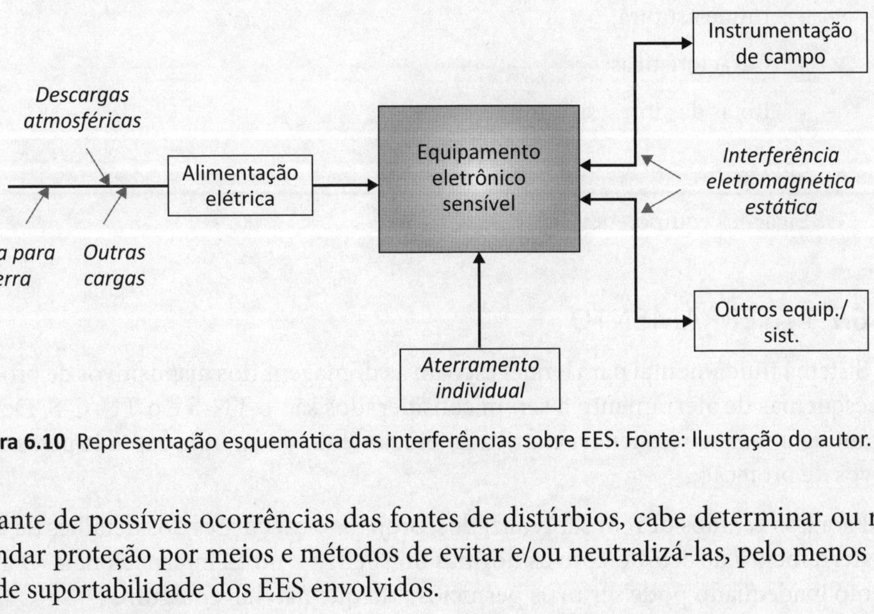

Figura 6.10 Representação esquemática das interferências sobre EES. Fonte: Ilustração do autor.

Diante de possíveis ocorrências das fontes de distúrbios, cabe determinar ou recomendar proteção por meios e métodos de evitar e/ou neutralizá-las, pelo menos ao nível de suportabilidade dos EES envolvidos.

Nas considerações de medidas e práticas protetoras relativamente aos custos de proteção e valor econômico ou segurança, estabelecem-se, pelo menos, três níveis de proteção:

- *Nível 0* - Quando não se aplica qualquer proteção;
- *Nível 1* - Quando se aplicam proteções básicas e generalizadas, como aterramento, SPDA, roteamento de cabos, blindagens e dispositivos protetores;
- *Nível 2* - Quando os recursos do Nível 1 são aplicados segundo estudos e levantamentos específicos para cada aplicação. Neste Nível, devem ser consultadas as normas IEC 61511 (2018), IEC 61508 (2010) e IEC 60300, que versam sobre Emissão e Imunidade, Plano de Testes e Medições Sistemáticas e Estatísticas de Ocorrências de Interferências.

6.7 PROTEÇÃO DE EQUIPAMENTO ELETRÔNICO SENSÍVEL – EES

Sistemas a serem considerados:

- Aterramento;
- Blindagens;
    - Cabos blindados;
    - Blindagem para campos elétricos quase estáticos;
    - Blindagem de campos magnéticos quase estáticos;
    - Blindagem para campos eletromagnéticos;
    - Infraestrutura;
    - Características;
    - Rotas das infraestruturas.
- SPDA;
- Ligações equipotenciais.

6.7.1 ATERRAMENTO

Sistema fundamental para o qual escoam as drenagens dos dispositivos de proteção. Os esquemas de aterramento a serem considerados são o TN-S e o TN-C-S. Deve ser garantida a menor resistência elétrica ao escoamento da energia captada pelos dispositivos de proteção.

Para isso estudos devem ser realizados, projetos e execuções dos detalhes da malha de aterramento de acordo com as normas brasileiras e/ou as internacionais. O aterramento inadequado pode ser mais pernicioso do que não haver algum.

6.7.2 BLINDAGENS

Estratégia mais eficaz e amplamente utilizada na proteção contra interferência eletromagnética (EMI) e para compatibilidade eletromagnética (EMC). A blindagem isola os circuitos a serem protegidos dos sinais espúrios externos e atenua as emanações para não serem interceptadas. É um recurso utilizado para minimizar interferências, necessitando de aterramento para proporcionar um caminho externo para as correntes induzidas.

A principal finalidade da blindagem é confinar o campo elétrico ou magnético com uma camada de material semicondutor ou condutor. Isso mitiga os efeitos da intensidade de campos elétricos estáticos ou quase estáticos da indução magnética. Também anula ou diminui a energia de campos magnéticos, causados por ondas eletromagnéticas e/ou fenômenos transitórios de curta duração, reduzindo a capacitância entre os elementos condutores existentes de um lado e do outro da blindagem.

6.7.2.1 Cabos blindados

A utilização de cabos blindados é um recurso bastante útil na obtenção de uma instalação com alto nível de suportabilidade.

O mercado oferece uma variada gama de opções de cabos e opções de blindagens. Abordaremos esse tipo de cabo e a sua contribuição para a blindagem dos diferentes fenômenos agressores a seguir.

6.7.2.2 Blindagem para campos elétricos quase estáticos

A redução da tensão induzida por um campo elétrico quase estático em um circuito pode ser obtida com o envolvimento total, ou mesmo parcial, do circuito em superfície metálica aterrada.

Se o circuito a ser blindado for totalmente envolvido por uma blindagem de chapas finas de metal, não existirá campo elétrico dentro da blindagem, mas aparecerá uma tensão da superfície de blindagem para a terra devido às capacitâncias entre fonte e blindagem e entre blindagem e terra.

Se a blindagem envolvente for aterrada em apenas um ponto, além da inexistência de campos elétricos dentro do volume determinado pela blindagem, a tensão da blindagem para a terra será zero.

Esse fato independe do valor de resistência de aterramento da instalação. Mesmo que a resistência de aterramento seja elevada, a tensão entre blindagem e a terra será nula desde que a superfície de blindagem seja conectada ao potencial de terra.

Se for utilizado um cabo blindado aterrado, a tensão da blindagem para a terra será desprezível, mesmo no caso de existência de aberturas na superfície de blindagem. Para que a blindagem seja efetiva, as diferentes partes metálicas componentes da instalação devem ser interligadas ao potencial de terra.

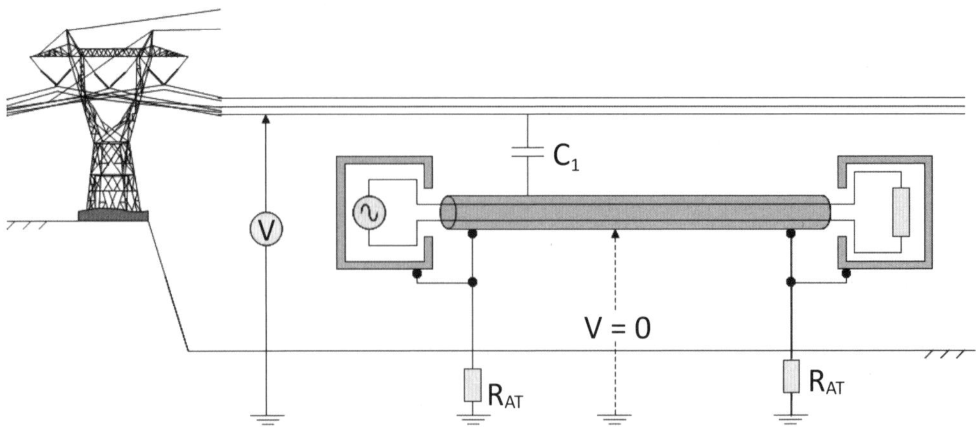

Figura 6.11 Blindagem de campo elétrico quase estático utilizando cabo blindado.

Fonte: Ilustração do autor.

6.7.2.3 Blindagem de campos magnéticos quase estáticos

Quando uma espira é iluminada por um campo magnético quase estático, será induzida uma corrente (caso a espira esteja fechada) ou uma tensão (caso a espira esteja aberta). A intensidade dessa corrente ou tensão induzida será função da área da espira e da intensidade da variação do fluxo magnético na área da espira.

A indução ocorrerá nas situações em que existam espiras e variação de fluxo magnético. Na prática, essa indução ocorre entre os condutores componentes do cabo (modo diferencial ou modo transversal) e entre os condutores e o potencial de terra (modo comum ou modo longitudinal).

Uma forma de se controlar a tensão em modo diferencial induzida é a utilização de pares trançados. Como cada uma das várias espiras formadas pelo par trançado possui polaridade oposta às espiras vizinhas, o somatório da tensão induzida total será bem próximo de zero.

A forma de se controlar a tensão em modo comum é a utilização de blindagem aterrada nos pares trançados. É interessante observar que quando circula uma corrente pela superfície da blindagem do cabo, uma tensão é induzida entre os condutores internos e a superfície da blindagem.

Devido à simetria do cabo coaxial, a corrente que circula na blindagem não cria campo magnético no volume interno da blindagem. A tensão que aparece entre os condutores internos e a blindagem só depende da impedância elétrica da blindagem. A impedância da blindagem é denominada impedância de transferência e deve ser a menor possível. Tecnologias diferentes na confecção da blindagem apresentam diferentes impedâncias de transferência.

6.7.2.4 Blindagem para campos eletromagnéticos

Para cabos sem blindagem, as tensões induzidas serão diretamente proporcionais aos valores dos campos eletromagnéticos incidentes, sendo, portanto, um meio de interface sem mecanismo de controle das tensões induzidas devido a campos eletromagnéticos. Deve ser evitado em instalações que procuram a melhor compatibilidade eletromagnética dos sistemas instalados. Para um cabo blindado, as ondas incidentes provocarão a circulação de corrente pela blindagem do cabo e essa corrente originará tensões de modo comum entre a blindagem e a terra, e, de modo diferencial, entre a blindagem e os fios internos.

Devido à simetria da blindagem, apenas sua impedância será responsável pelo aparecimento da tensão entre a blindagem e o cabo interno. A impedância da blindagem não é constante, sendo um parâmetro que depende da frequência, pois depende da profundidade da penetração. Para os cabos usuais e frequência na faixa de RF, a espessura da blindagem T é muito menor do que a profundidade de penetração e, assim, a impedância de transferência se iguala à resistência de corrente contínua da blindagem. Como a frequência da onda incidente é alta, a abertura na superfície de blindagem deve ser minimizada.

A própria constituição da blindagem dos cabos blindados comerciais é bastante apropriada na porção contínua do cabo blindado, porém, cuidados devem ser tomados nas suas extremidades. É muito comum a não utilização de conectores na chegada de cabos blindados em equipamentos, e é disponibilizada uma régua de bornes para a realização da conexão. Nesses casos, a blindagem é transformada – por remanejo da malha ou inclusão de pequeno trecho de cabo de cobre – em condutor e inserido na régua de bornes. Essa conexão é chamada de *pigtail*, ou seja, "rabo de porco".

Para correntes de baixa frequência (dI/dt de baixo valor) as aberturas na blindagem e os *pigtails* não significam grandes problemas. Entretanto, para correntes de alta frequência (elevados valores de dI/dt), as aberturas e *pigtails* significam um grande problema e devem ser evitados. Nos casos em que sua utilização seja inevitável, o *pigtail* deve ser reduzido para o menor comprimento possível.

A forma de controlar a tensão em modo diferencial induzida devido à incidência de campos eletromagnéticos é a utilização de pares trançados. A forma de controlar a tensão em modo comum induzida devido à incidência de campos eletromagnéticos é a utilização de blindagem aterrada de forma contínua e perimétrica.

6.7.2.5 Infraestrutura

As infraestruturas dos cabos podem contribuir com a melhor compatibilidade eletromagnética da instalação, com o provimento dos seguintes meios:

- Blindagem eletromagnética dos cabos embarcados pelo envolvimento metálico;
- Meio de equalização de pontos distintos da instalação;
- Blindagem passiva dos cabos embarcados pelo aterramento sistemático da infraestrutura.

6.7.2.6 Características

Para que a infraestrutura de cabos colabore com a maior blindagem eletromagnética dos cabos embarcados, as infraestruturas devem atender às seguintes características físicas e as seguintes características de instalação:

- Características físicas:
    - Ser metálica;
    - Apresentar continuidade metálica intencional;
    - Ser a mais envolvente aos cabos embarcados.
- Características de instalação:
    - Ser conectada de forma intencional e sistemática em intervalos por todo o seu percurso ao potencial de referência;
    - Ser conectada de forma intencional aos equipamentos e/ou gabinetes que a infraestrutura atende;
    - Ser conectada de forma intencional e sistemática em intervalos por todo o seu percurso às infraestruturas metálicas adjacentes;
    - Ser conectada de forma intencional e sistemática às estruturas metálicas adjacentes.

6.7.2.7 Rotas das infraestruturas

Uma das consequências de uma descarga atmosférica é a produção de campos eletromagnéticos intensos e com grande variação de amplitude no tempo. Esses campos têm o poder de induzir correntes e tensões espúrias nas diversas redes metálicas existentes na instalação.

Os valores de tensão e corrente espúrios induzidos nos condutores componentes de um *loop* são diretamente proporcionais à área delimitada por esse *loop*.

As rotas das infraestruturas devem ser projetadas de forma a minimizar a existência de *loops* não intencionais, ou minimizar a área dos *loops* compostos pelos cabos e equipamentos existentes nas instalações.

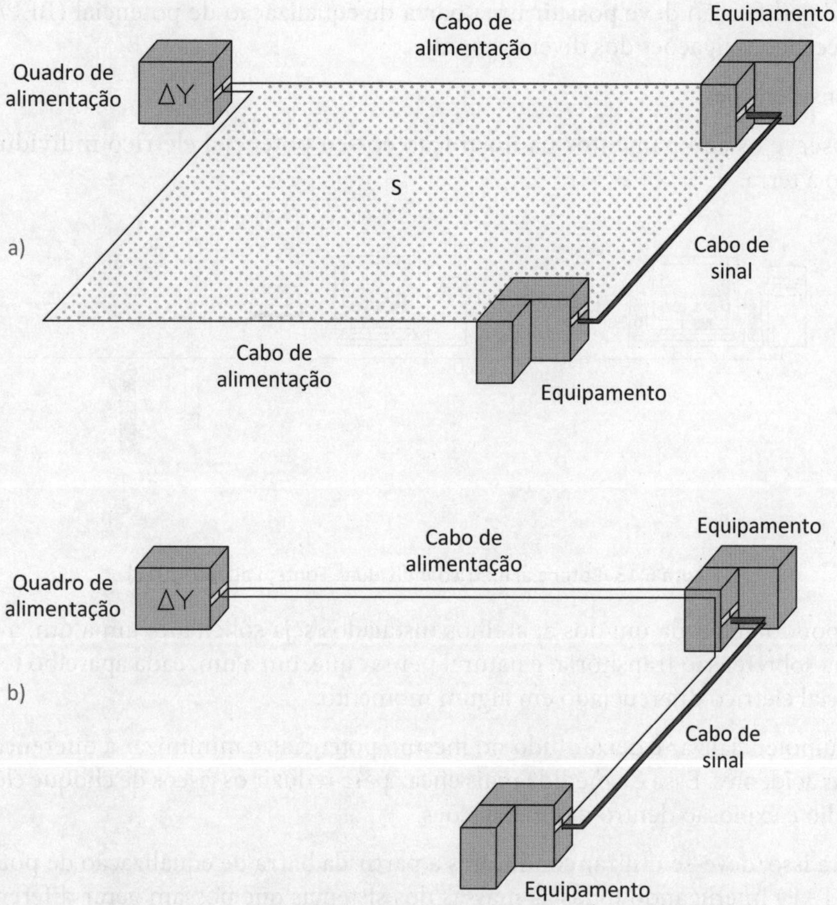

Figura 6.12 (a) Rotas de infraestruturas indesejáveis e (b) Rotas de infraestruturas desejáveis.

Fonte: Ilustração do autor.

6.7.3 SPDA – SISTEMA DE PROTEÇÃO CONTRA DESCARGAS ATMOSFÉRICAS

A função é descarregar a energia eletromagnética do raio para a terra, por meio de condutores de aterramento apropriados e eletrodos de aterramento, de modo que o aumento de potencial não seja perigoso às pessoas nem para os equipamentos nas proximidades.

6.7.4 LIGAÇÕES DOS EQUIPOTENCIAIS

Essas ligações têm como objetivo a manutenção de níveis apropriados de equipotencialidade entre os circuitos dos equipamentos eletrônicos sensíveis (EES) e dos sistemas de proteção adotados, de forma a garantir o adequado desempenho no regime de funcionamento normal dos EES e facilitar o escoamento dos surtos indesejáveis.

Cada edificação deve possuir uma barra de equalização de potencial (BEP/TAP) para receber as ligações dos diversos pontos.

Considerações:

Observe os equipamentos na ilustração eo seu potencial elétrico individual em relação à terra.

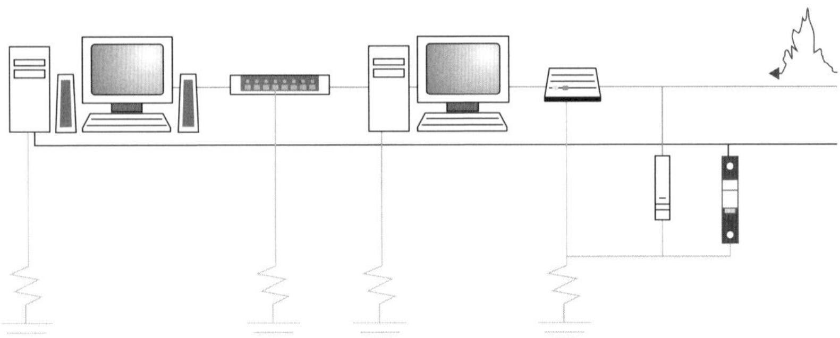

Figura 6.13 Potencial elétrico individual. Fonte: Paulino (2016).

Supondo que cada um dos aparelhos instalados seja solicitado, um a um, a partir de uma sobretensão transitória, é natural pensar que, um a um, cada aparelho terá seu potencial elétrico diferenciado em algum momento.

Equipotencializar é deixar tudo no mesmo potencial, é minimizar a diferença para reduzir acidentes. Essa é a medida mais eficaz para reduzir os riscos de choque elétrico, incêndio e explosão dentro das instalações.

Para isso, deve-se utilizar condutores a partir da barra de equalização de potencial (BEP/TAP) interligando todas as massas dos sistemas que possam gerar diferença de potencial, conforme a ABNT NBR 5410 (ABNT, 2018b).

Nesse caso, a BEP/TAP que faz parte da malha de aterramento específica (híbrida) deverá ser aterrada a partir de um único ponto ao sistema de aterramento.

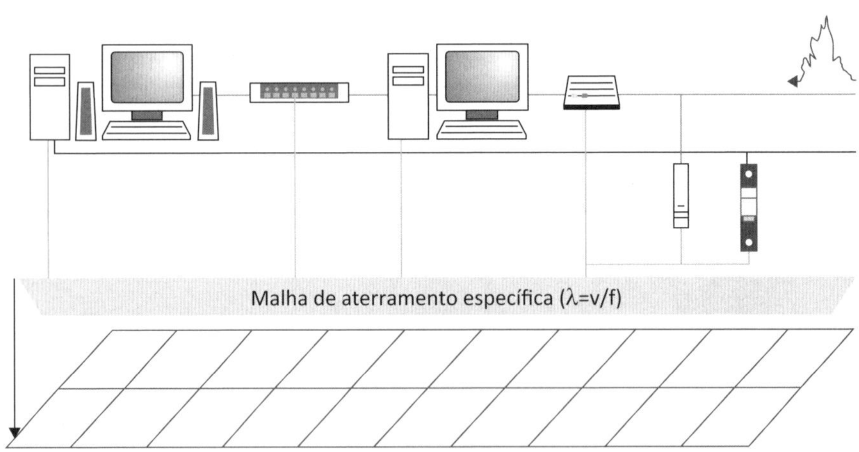

Figura 6.14 Sistema de aterramento. Fonte: Paulino (2016).

As ilustrações a seguir servem como base para um melhor entendimento sobre a equalização dos potenciais por meio da malha de aterramento.

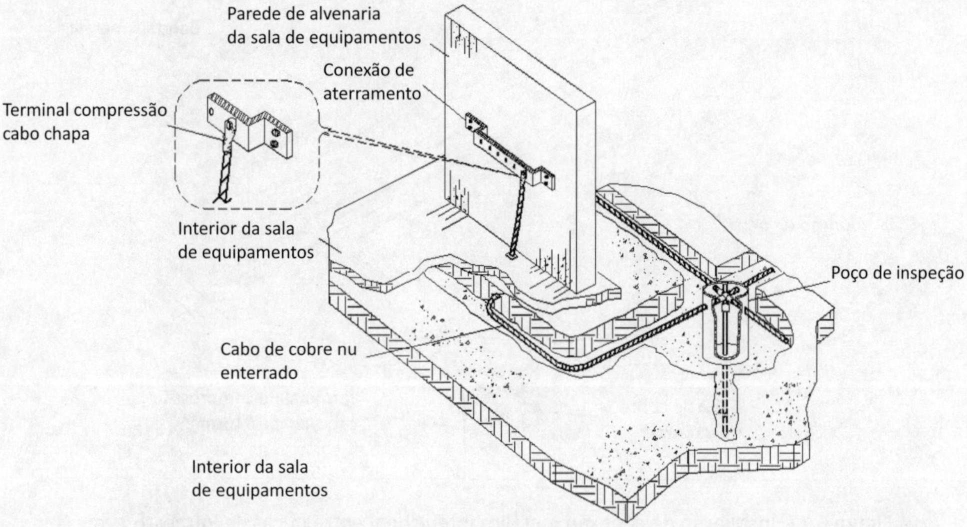

Figura 6.15 Barra de equalização de potencial ligada à malha de aterramento.
Fonte: Ilustração do autor.

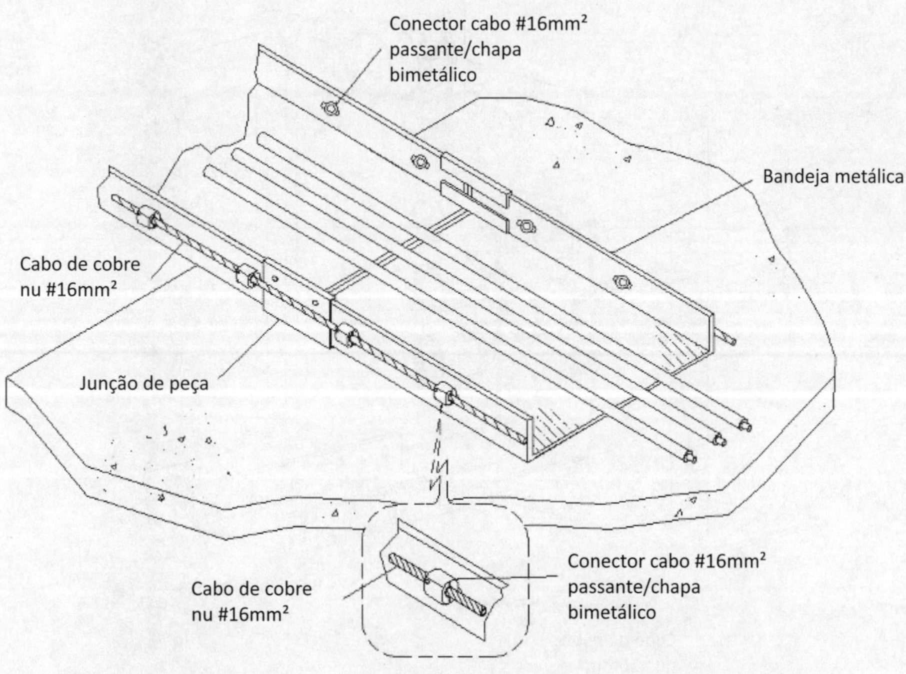

Figura 6.16 Instalação de conexão metálica intencional entre peças de infraestrutura.
Fonte: Ilustração do autor.

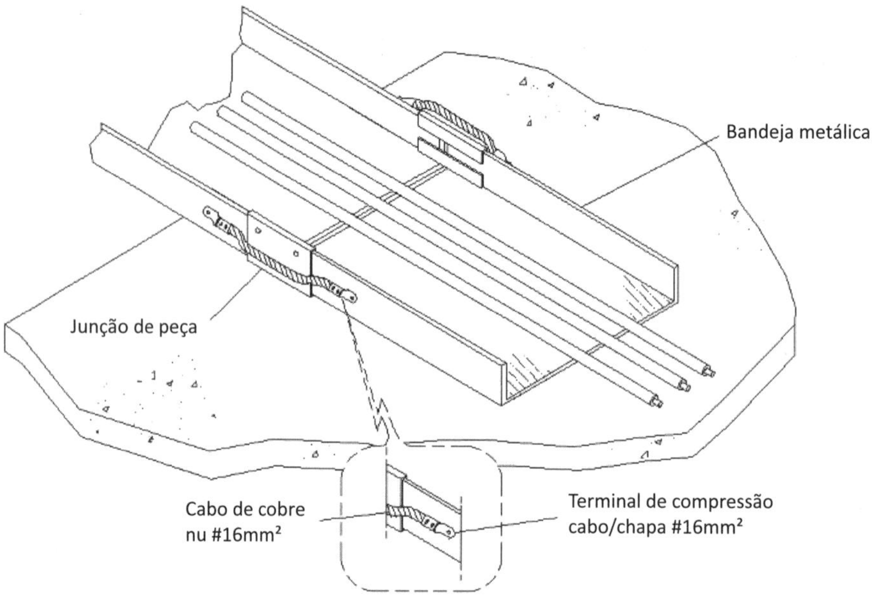

Figura 6.17 Instalação de conexão metálica intencional entre peças de infraestrutura.
Fonte: Ilustração do autor.

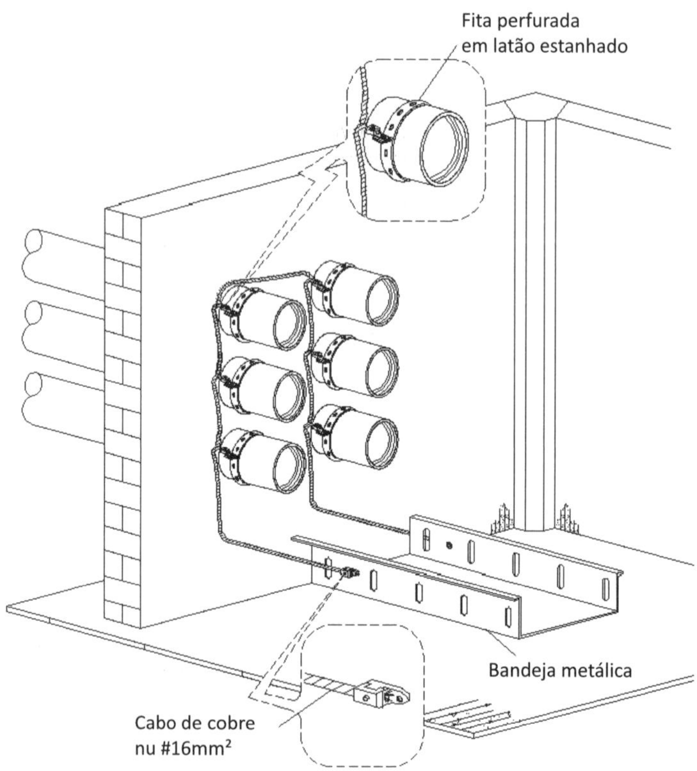

Figura 6.18 Instalação de conexão metálica intencional entre peças de infraestrutura.
Fonte: Ilustração do autor.

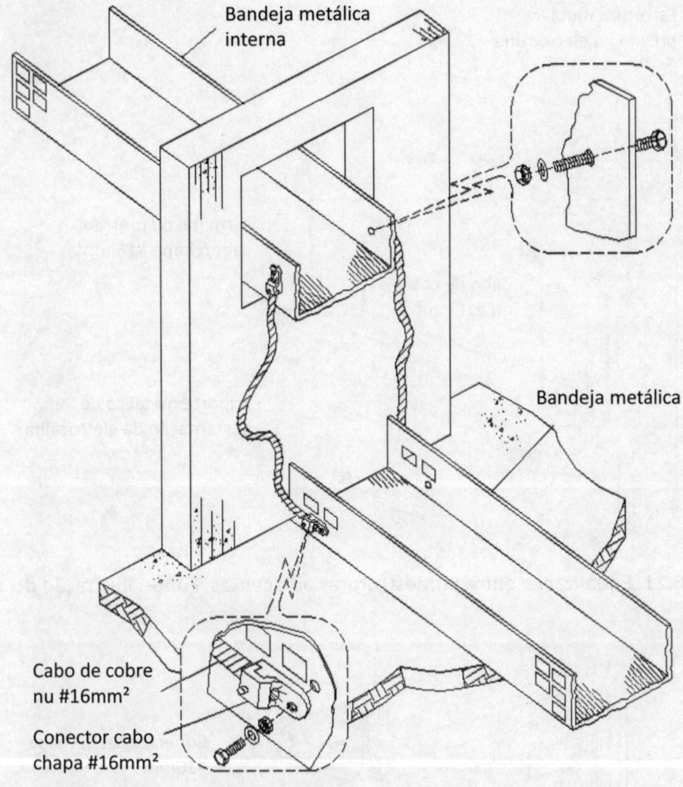

Figura 6.19 Instalação de conexão metálica intencional entre peças de infraestrutura. Fonte: Ilustração do autor.

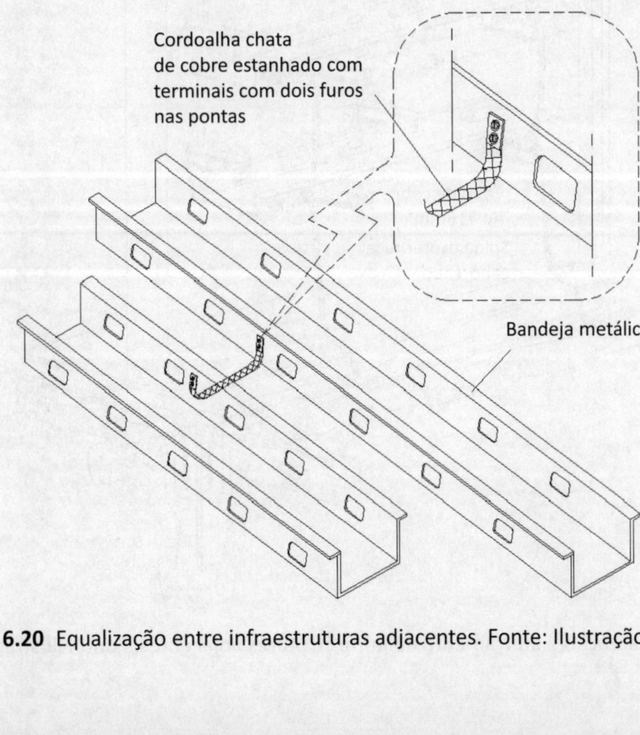

Figura 6.20 Equalização entre infraestruturas adjacentes. Fonte: Ilustração do autor.

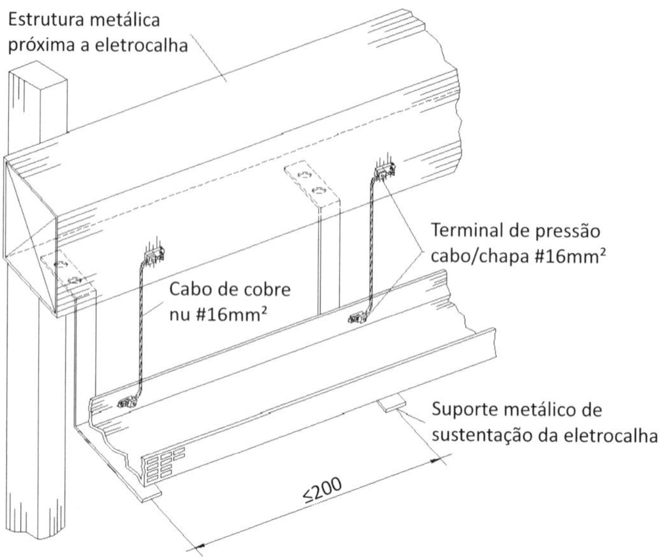

Figura 6.21 Equalização entre infraestruturas adjacentes. Fonte: Ilustração do autor.

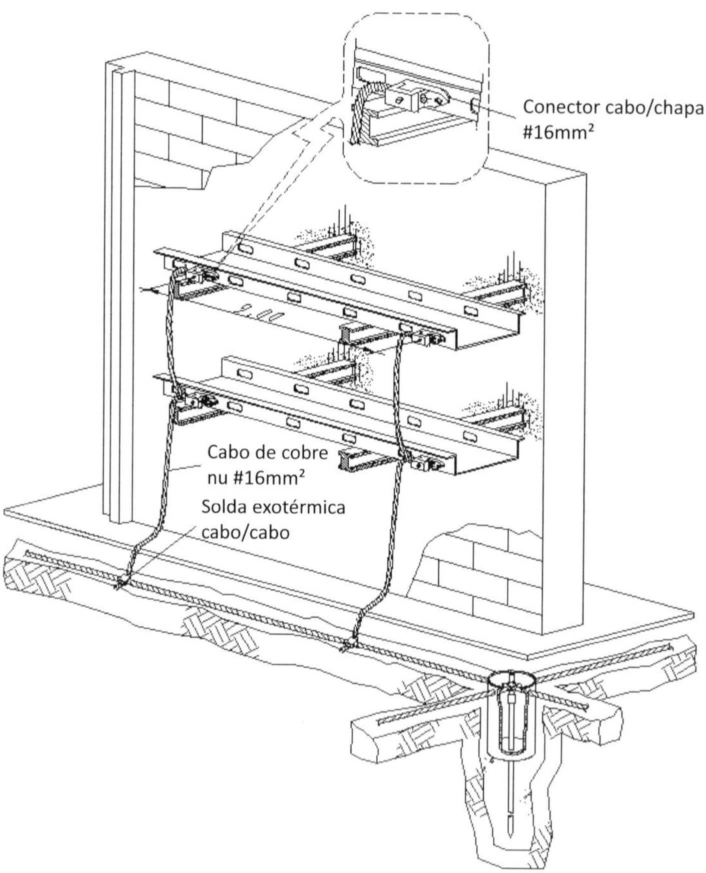

Figura 6.22 Equalização e aterramento de infraestruturas adjacentes. Fonte: Ilustração do autor.

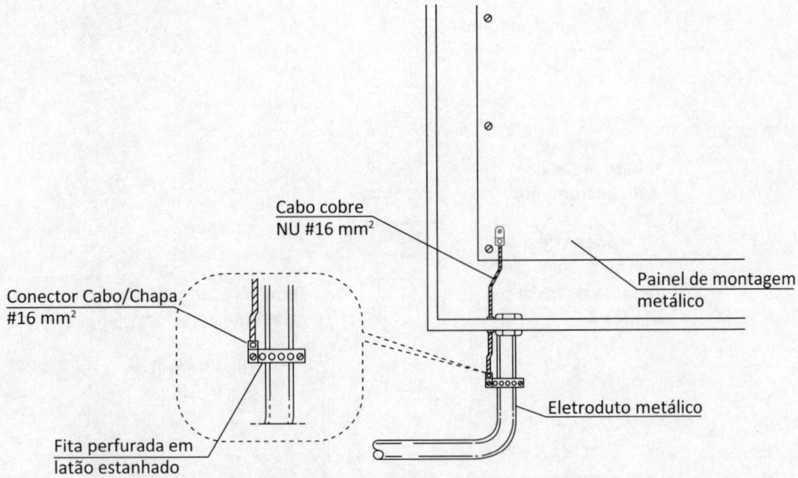

Figura 6.23 Interligação intencional entre infraestrutura e painel. Fonte: Ilustração do autor.

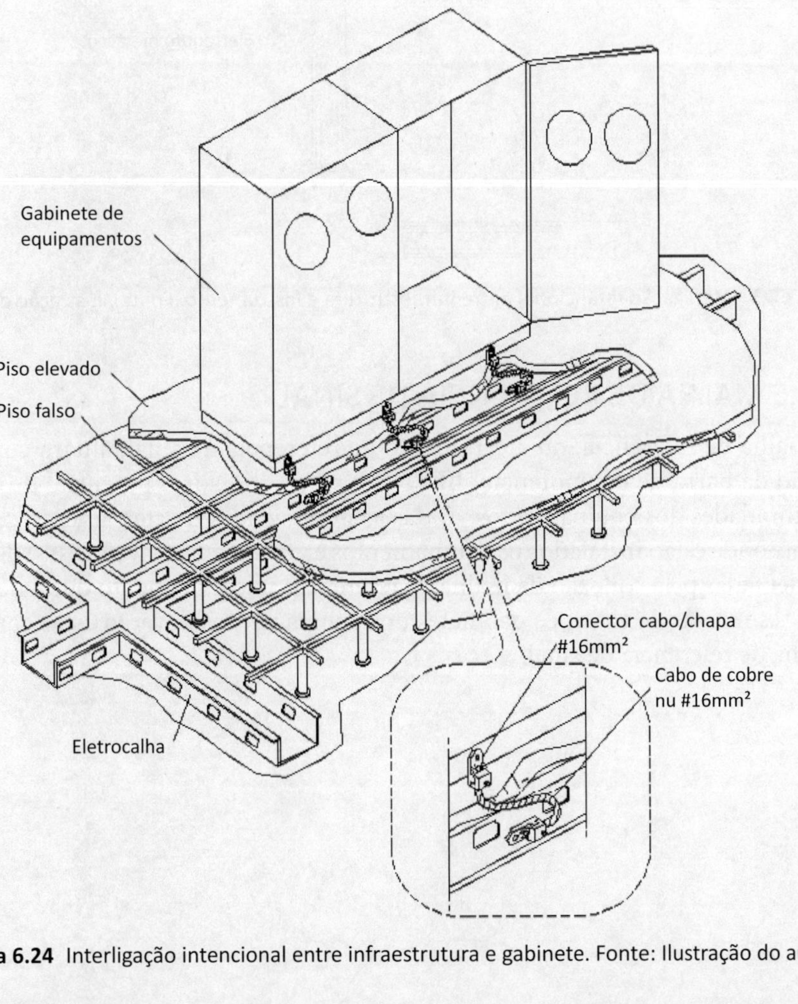

Figura 6.24 Interligação intencional entre infraestrutura e gabinete. Fonte: Ilustração do autor.

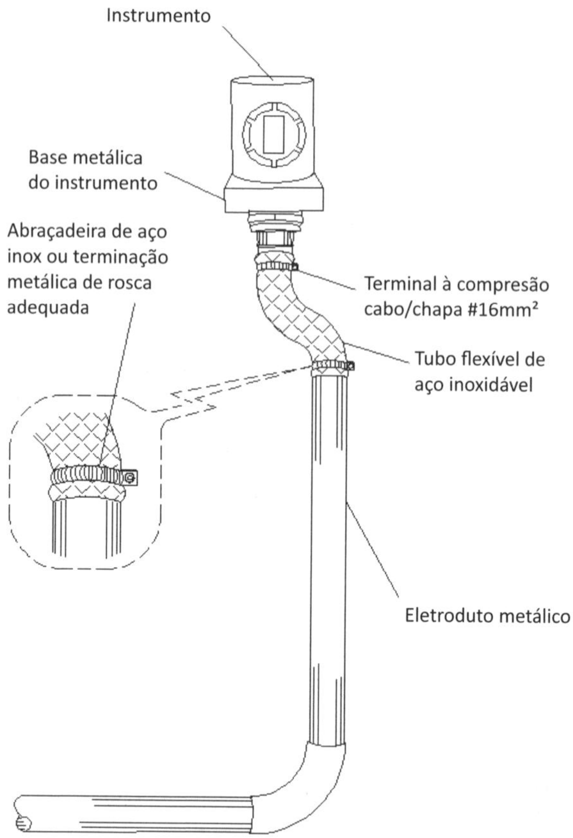

Figura 6.25 Interligação intencional entre infraestrutura e instrumento. Fonte: Ilustração do autor.

6.7.5 MALHA DE REFERÊNCIA DE SINAL

A malha de referência, ou aterramento de referência de sinal, atuará como uma extensão da barra de equipotencial BEP/TAP para conduzir o potencial de terra até as proximidades dos equipamentos. Todas as necessidades de aterramento dentro do ambiente onde estão instalados os equipamentos eletrônicos sensíveis (EES) devem ser implementadas pela conexão da malha de referência ao equipamento que é necessário aterrar. As massas de todos os gabinetes dos equipamentos deverão estar conectadas na malha de referência de sinal.

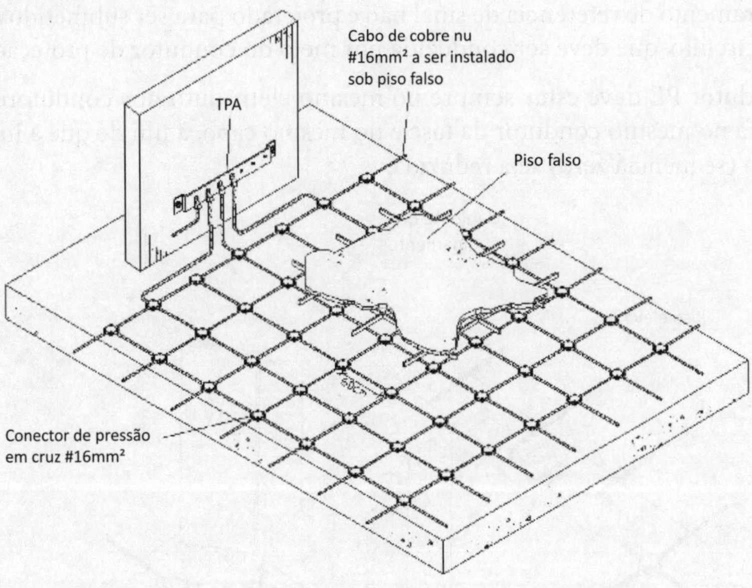

Figura 6.26 Malha de referência sob piso falso. Fonte: Ilustração do autor.

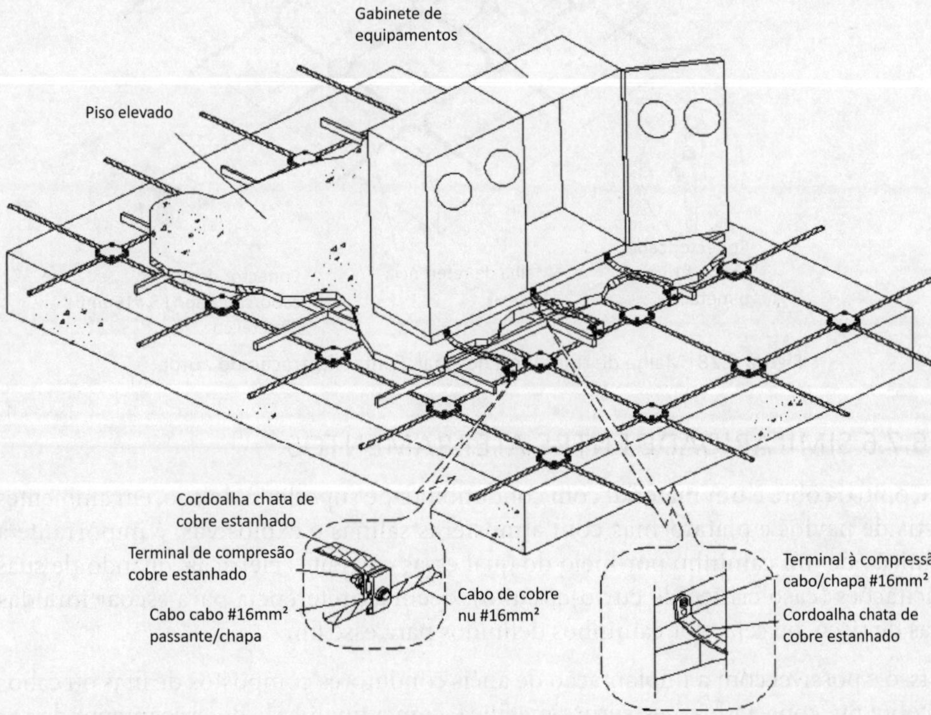

Figura 6.27 Interligação intencional de gabinetes com a malha de referência. Fonte: Ilustração do autor.

O aterramento de referência de sinal não é projetado para ser submetido à corrente de curto-circuito, que deve ser conduzida por meio do condutor de proteção PE.

O condutor PE deve estar sempre no mesmo eletroduto dos condutores fase, de preferência no mesmo condutor da fase e no mesmo cabo, a fim de que a impedância de retorno (sequência zero) seja reduzida.

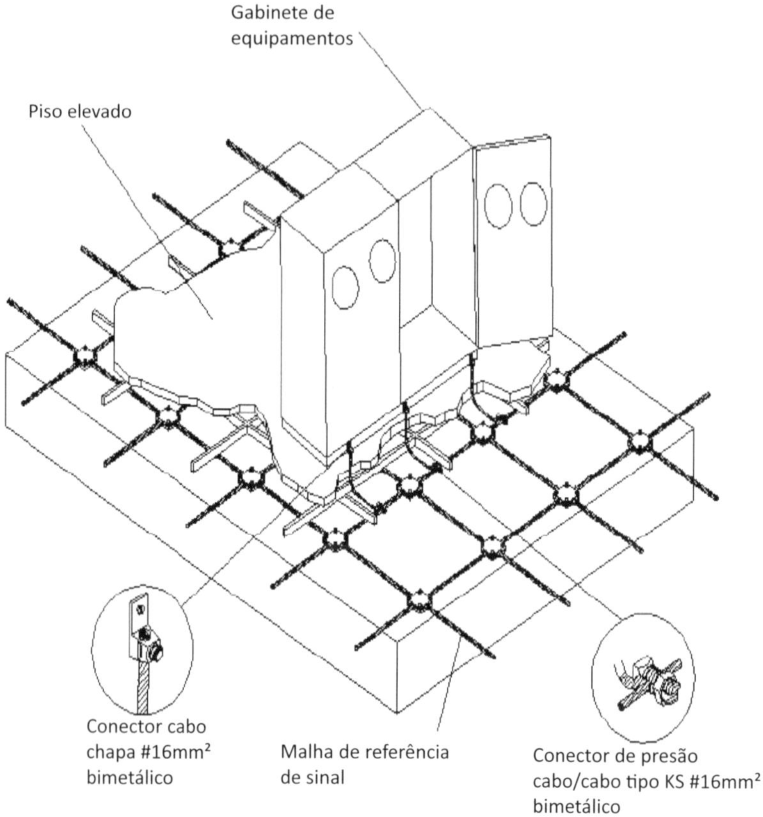

Figura 6.28 Malha de referência de sinal. Fonte: Ilustração do autor.

6.7.6 SIMILARIDADE ENTRE ATERRAMENTOS

Como o cobre é um material com condutibilidade superior à do aço, em ambientes hostis de navios e plataformas com atmosferas salinas e explosivas, é importante a definição de um caminho por meio do qual essas correntes elétricas, quando de suas solicitações (caso crítico de curto-circuito), deem a preferência para escoar fora das áreas de risco, ou seja, por caminhos definidos para esse fim.

Isso é possível com a implantação de anéis condutores compostos de fitas ou cabos de cobre nu, conectados a estrutura metálica, com a finalidade do escoamento dessas cargas elétricas.

Se fizermos uma correlação entre o aterramento praticado nas indústrias de superfícies e nos ambientes marítimos, podemos perceber que a ciência aplicada é a mesma, o que garante a eficiência do sistema de aterramento.

Observe que no aterramento industrial são utilizados eletrodos (horizontal e vertical) com objetivo de drenar as descargas elétricas para a terra. O cuidado é evitar as mútuas (que interferem no valor da resistência do aterramento), para que não prejudiquem o escoamento dessas cargas elétricas e mesmo das cargas estáticas.

Em navios e plataformas, o anel de aterramento é formado por condutores de cobre – cabos ou fitas – de seção circular e retangular, fixados sobre as estruturas de aço.

O que se pretende é criar um caminho livre de obstáculos; logo, não se admite emendas no percurso e nem resistência maior do que 0 Ω, para que o escoamento das cargas elétricas ocorra de forma espontânea através das águas do mar (terra).

Assim, a função do anel de aterramento formado por cabos ou fitas, com relação aos equipamentos elétricos que manuseiam produtos inflamáveis a eles conectados, no caso de falha de isolação, deve garantir um caminho seguro e de baixa impedância para escoar a corrente de falta, suficiente para atuar as proteções e eliminar possíveis fontes de ignição, inclusive as cargas estáticas acumuladas nos equipamentos como compressores, pequenos tanques, vasos e tubulações.

Para isso, todos os alimentadores deverão ser aterrados quando da sua saída e na sua chegada, como ilustrado a seguir.

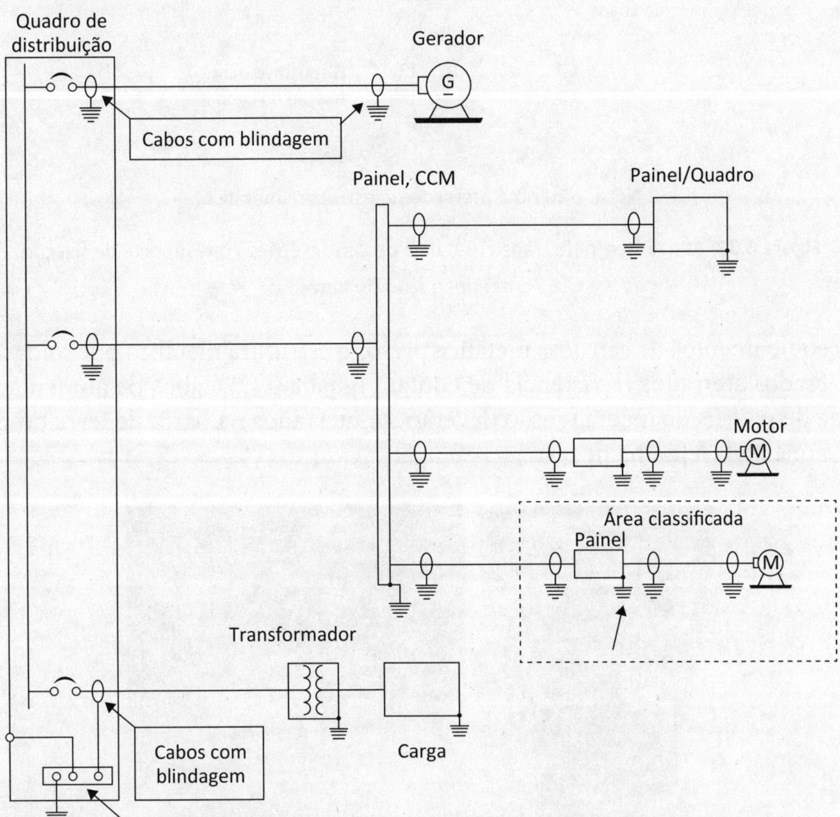

Figura 6.29 Equipotencialização de cabo elétrico. Fonte: Ilustração do autor.

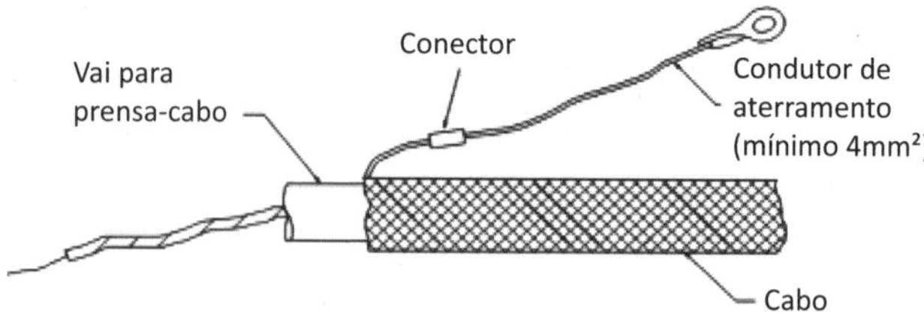

Figura 6.30 Detalhe AA – Aterramento de armadura trança metálica de cabo elétrico.
Fonte: Ilustração do autor.

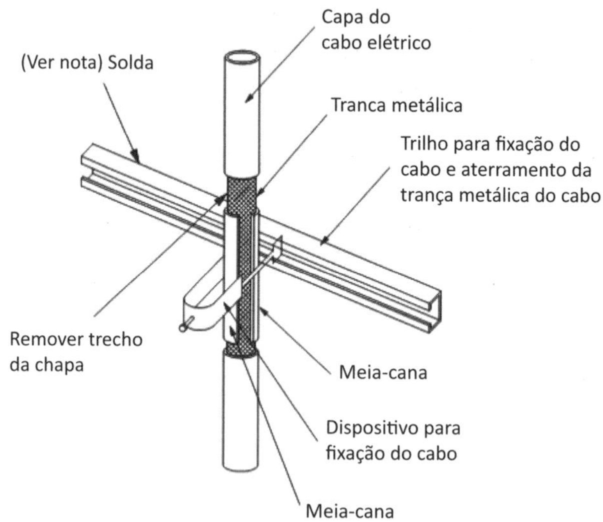

Nota: o trilho é aterrado na estrutura metálica.

Figura 6.31 Aterramento de trança metálica de cabo elétrico com suporte de fixação.
Fonte: Ilustração do autor.

Os equipamentos de carcaças metálica presos à estrutura metálica por soldas já são considerados aterrados (resistência de contato igual a 0 Ω).Cabos de alimentação de entrada de painéis de média tensão deverão ser aterrados na barra de terra do painel, e essa, conectada à malha de terra.

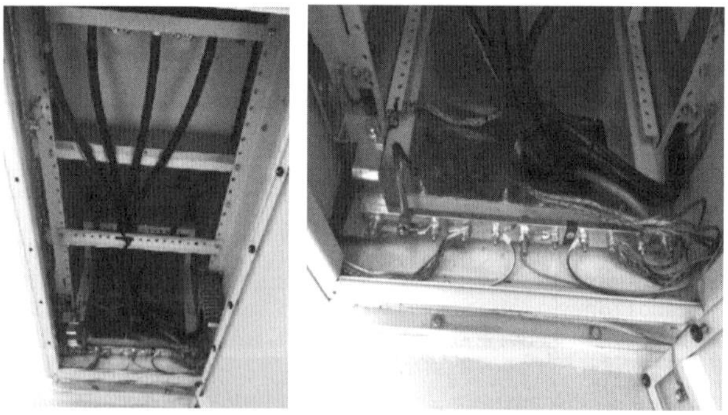

Figura 6.32 Parte traseira de painel de média tensão. Fonte: Acervo pessoal do autor.

6.8 CONSIDERAÇÕES

Deve-se assegurar a continuidade elétrica de todas as coberturas metálicas ao longo de toda a extensão dos cabos, particularmente em emendas e derivações. Os invólucros, tubos e eletrodutos ou canaletas, se metálicos, devem ser efetivamente aterrados.

Os eletrodutos podem ser aterrados por meio de aparafusamento em um invólucro metálico ou por meio de porcas em ambos os lados da parede de um invólucro metálico, desde que as superfícies em contato estejam limpas e livres de ferrugem, incrustação ou tinta e que o invólucro esteja em conformidade com requisitos de aterramento. As conexões devem ser pintadas imediatamente após a montagem, a fim de prevenir a corrosão. A blindagem e a armadura de cabos e eletrodutos podem ser aterradas por abraçadeiras ou grampos metálicos resistentes à corrosão e galvanicamente compatíveis, tendo efetivo contato da blindagem ou armadura com o metal aterrado.Todas as uniões em eletrodutos de metal, dutos e blindagem metálica de cabos utilizados para continuidade à "terra" devem ser realizados e protegidos, onde necessário, contra corrosão. Os cabos de instrumentos *sem armadura* devem ter blindagem aterrada no equipamento de controle.

Nota: Recomenda-se avaliar a necessidade de aterramento em uma ou em ambas as extremidades da armadura/blindagem em relação à supressão requerida da banda de frequência.

Os cabos de instrumento com armadura devem ter a blindagem e a armadura isoladas uma da outra, com a blindagem aterrada apenas no equipamento de controle e a armadura aterrada em ambas as extremidades, a menos que seja exigido, por motivos funcionais, que a armadura seja aterrada apenas em uma extremidade, devendo, nesse caso, ser normalmente aterrada no equipamento ou, no caso de circuitos intrinsecamente seguros, os cabos devem ter uma blindagem conectada à barra de aterramento própria.

Os condutores não utilizados de cabos elétricos multipolares ou cabos de instrumentação multipares devem ser conectados a bornes livres e ser coletivamente aterrados.

CAPÍTULO 7

CANTEIRO DE OBRAS

7.1 CANTEIRO DE OBRAS

Uma planta *Ex* no início de sua instalação não possui atmosfera potencialmente explosiva. Classificar uma área que está em processo de construção e montagem faz sentido. No processo de mobilização doze ferramentas são indispensáveis:

- Ferramentas manuais, como alicates e chaves;
- Furadeira com impacto;
- Serra circular;
- Esmerilhadeira;
- Lixadeira;
- Martelo;
- Talhadeira;
- Betoneira;
- Motobomba;
- Equipamentos de medição;
- Compressor de ar;
- Extensão elétrica.

A energia elétrica de alguma forma tem que estar presente. Sua disponibilidade pela concessionária de energia só ocorre após a aprovação da demanda contratada e do projeto para o tipo de subestação a ser implementada no local, e isso demanda tempo.

O uso de gerador de energia elétrica é uma prática adotada até que a liberação da subestação seja concluída. Então, o aterramento elétrico deve ser definido tanto para atender à concessionária assim como para atender à instalação do gerador e alimentação das cargas.

O esquema de aterramento será definido pelo fornecimento da concessionária quando da aprovação do projeto da subestação. Normalmente, a solicitação junto à concessionária é pelo sistema trifásico com neutro aterrado, ou seja, esquema TN-C.

A projetista deverá prever o tipo do esquema de aterramento a ser utilizado durante o processo de construção e montagem para atender à demanda das cargas instaladas. Para que isso ocorra de forma satisfatória, o estudo da estratificação do solo é indispensável.

É por meio dele que são realizadas medições sucessivas no solo, conforme a diretriz da norma técnica ABNT NBR 7117-1, *Medição da resistividade e determinação da estratificação do solo* (ABNT, 2020e), pela qual se obterá a resistividade aparente, representada pelas letras gregas

Conhecendo a resistividade aparente, poderemos dar seguimento aos cálculos estimados para implementar o sistema de aterramento.

7.2 SISTEMA DE ATERRAMENTO

O sistema de aterramento deve apresentar a geometria e configurações efetuadas por hastes, anel e fios, e ser composto pelas etapas de:

- Definir o local de aterramento;
- Efetuar as medições de resistividade no local definido;
- Fazer a extratificação do solo.

Com essas informações, o aterramento poderá ser projetado conforme os modelos descritos a seguir.

7.2.1 COM UMA HASTE VERTICAL

Uma haste cravada verticalmente em um solo homogêneo tem uma resistência elétrica que pode ser determinada conforme descrito abaixo:

$$R = \left(\frac{\rho a}{2\pi . L}\right) \cdot ln\left(\frac{4L}{d}\right) \tag{7.1}$$

- ρa = resistividade aparente do solo (Ωm);
- L = comprimento da haste (m);
- d = diâmetro da haste (m).

EXEMPLO

Qual a resistência de terra de uma haste de 3 m de comprimento e diâmetro de 15 mm cravada verticalmente em um solo com ρa = 150 Ωm?

$$R = \left(\frac{\rho a}{2\pi.L}\right) \cdot ln\left(\frac{4L}{d}\right) \tag{7.2}$$

- R = (150/2π.3).ln (4.3/0,015)
- R = 53 Ω

7.2.2 COM TRÊS HASTES EM TRIÂNGULO

O dimensionamento do sistema em triângulo baseia-se na definição do índice de redução (K).

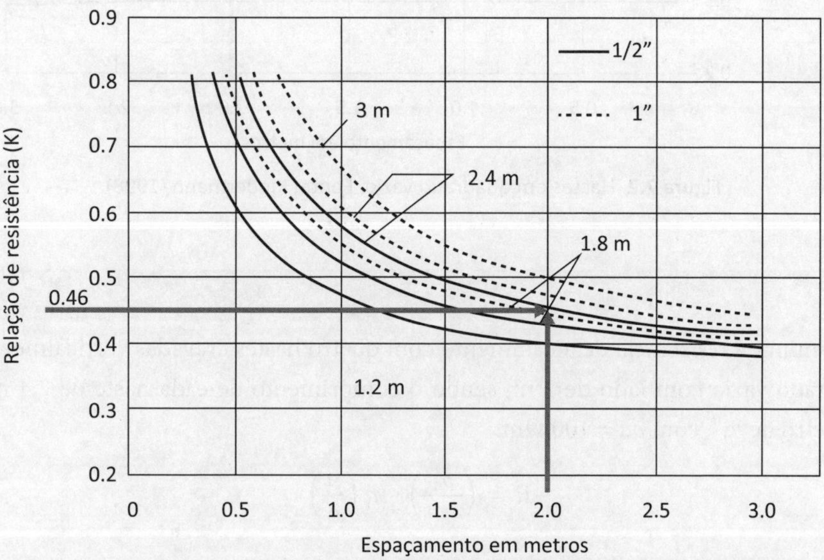

Figura 7.1 Hastes em triângulo. Fonte: Kindermann (1998).

EXEMPLO

Determinar a resistência de aterramento com três hastes cravadas verticalmente em triângulo com lado de 2 m, sendo o comprimento de cada haste de 2,4 m, e o diâmetro de ½", ρa = 100 Ωm.

$$R = \left(\frac{\rho a}{2\pi.L}\right) \cdot ln\left(\frac{4L}{d}\right) \tag{7.3}$$

- R = (100/2π.2,4).ln (4.2,4/0,5.2,54.0,01) = 44 Ω
- R = 0,46(K).44 = 20,24 Ω

7.2.3 COM HASTES EM QUADRADO VAZIO

O dimensionamento do sistema em quadrado baseia-se na definição do índice de redução (K).

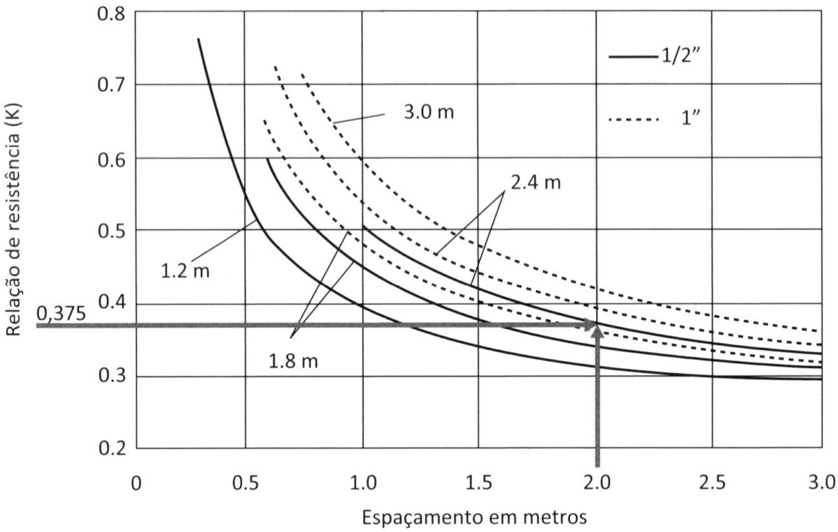

Figura 7.2 Hastes em quadrado vazio. Fonte: Kindermann (1998).

EXEMPLO

Determinar a resistência de aterramento com quatro hastes cravadas verticalmente em quadrado vazio com lado de 2 m, sendo o comprimento de cada haste de 2,4 m, e o diâmetro de ½", com ρa = 100 Ωm.

$$R = \left(\frac{\rho a}{2\pi . L}\right) \cdot ln\left(\frac{4L}{d}\right) \tag{7.4}$$

- R = (100/2π.2,4).ln (4.2,4/0,5.2,54.0,01) = 44 Ω
- R = 0,375(K).44 = 16,5 Ω

7.2.4 COM HASTES EM CIRCUNFERÊNCIA

O dimensionamento do sistema em quadrado baseia-se na definição do índice de redução (K).

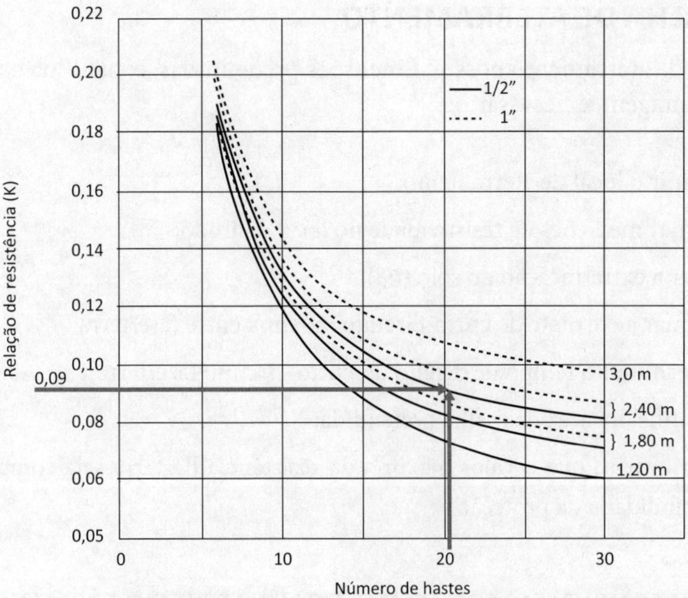

Figura 7.3 Hastes em circunferência. Fonte: Kindermann (1998).

EXEMPLO

Determinar a resistência de aterramento para 20 hastes, cravadas verticalmente em circunferência de raio de 9 m, sendo o comprimento de cada haste de 2,4 m, e o diâmetro de ½", com ρa = 180 Ωm.

$$R = \left(\frac{\rho a}{2\pi . L}\right) \cdot ln\left(\frac{4L}{d}\right) \tag{7.5}$$

- R = (180/2π.2,4).ln (4.2,4/0,5.2,54.0,01) = 79,2 Ω
- R = 0,09(K).79,2 = 7,128 Ω

Considerações:

A resistência de aterramento resulta da soma das seguintes resistências parciais:

- Resistência da conexão do condutor de aterramento ao que se pretende aterrar;
- Resistência do próprio condutor de aterramento;
- Resistência da conexão do condutor de aterramento à haste de aterramento;
- Resistência da haste de aterramento em si;
- Resistência de contato da haste de aterramento para o solo;
- Resistência do solo que envolve o eletrodo de aterramento.

7.3 MALHA DE ATERRAMENTO

A malha de aterramento possui dimensões predefinidas, e, para sua etapa de construção e montagem, é necessário:

- Definir o local de aterramento;
- Efetuar medições de resistividade no local definido;
- Fazer a extratificação do solo (ρa);
- Estimar a corrente de curto-circuito máxima entre fase/terra;
- Determinar o tempo de defeito do curto-circuito fase/terra;
- Identificar a área da malha pretendida;
- Certificar-se que o valor máximo da resistência de terra seja compatível com a sensibilidade da proteção.

7.3.1 DIMENSIONAMENTO DO CONDUTOR DA MALHA

O condutor da malha de terra é dimensionado considerando os esforços mecânicos e térmicos que ele pode suportar. Na prática, utiliza-se no mínimo o condutor de 50 mm^2.

A *fórmula de Onderdonk*, válida para cabos de cobre, quanto ao dimensionamento térmico, é:

$$I = 226{,}53 S_{cobre} \sqrt{\frac{1}{t_{defeito}} \left(\frac{\theta_m - \theta_a}{234 + \theta_a} \right) + 1} \qquad (7.6)$$

- S_{cobre} = Seção do condutor de cobre da malha de terra em mm^2;
- I = Corrente de defeito em ampères, através do condutor;
- $t_{de\ defeito}$ = Duração do defeito em segundos;
- θ_a = Temperatura ambiente em °C;
- θ_m = Temperatura máxima permissível em °C.

Com isso, pode-se verificar se o condutor suporta os esforços provocados pela elevação da temperatura.

7.3.2 POTENCIAIS MÁXIMOS A SEREM VERIFICADOS

Esses potenciais máximos são utilizados como limites dos potenciais que surgem na superfície do solo sobre a malha de aterramento, quando da ocorrência do maior defeito fase/terra.

A malha só pode ser aceita se os potenciais estiverem abaixo dos limites:

$$V_{toque} \leq V_{toque\ máximo}$$

$$V_{passo} \leq V_{passso\ máximo}$$

7.3.3 MALHA INICIAL

Como já mencionamos, o dimensionamento de uma malha de aterramento é um processo iterativo que parte de um projeto inicial da malha em que é verificado se os potenciais que surgem na superfície do solo são inferiores aos limites vistos.

O sistema de aterramento, assim como a malha de aterramento, deve ser sempre dimensionado levando em conta a segurança das pessoas e a sensibilidade dos equipamentos.

A manutenção de ambos deve ser executada periodicamente para evitar corrosão e a oxidação de seus componentes.

7.4 MEDIÇÃO DO ATERRAMENTO

As medidas ôhmicas de um sistema de aterramento ou malha de aterramento são realizadas pelo instrumento chamado terrômetro, segundo a ABNT NBR 15749 (ABNT, 2009).

Figura 7.4 Terrômetro digital de quatro polos – (V)/(E)/(P)/(C). Fonte: Acervo pessoal do autor.

O terrômetro possui três ou quatro polos. O terrômetro de três polos é utilizado para medir a resistência do aterramento; já o terrômetro de quatro polos, além de poder ser utilizado para medir a resistência do aterramento, também é usado para fazer a extratificação do solo.

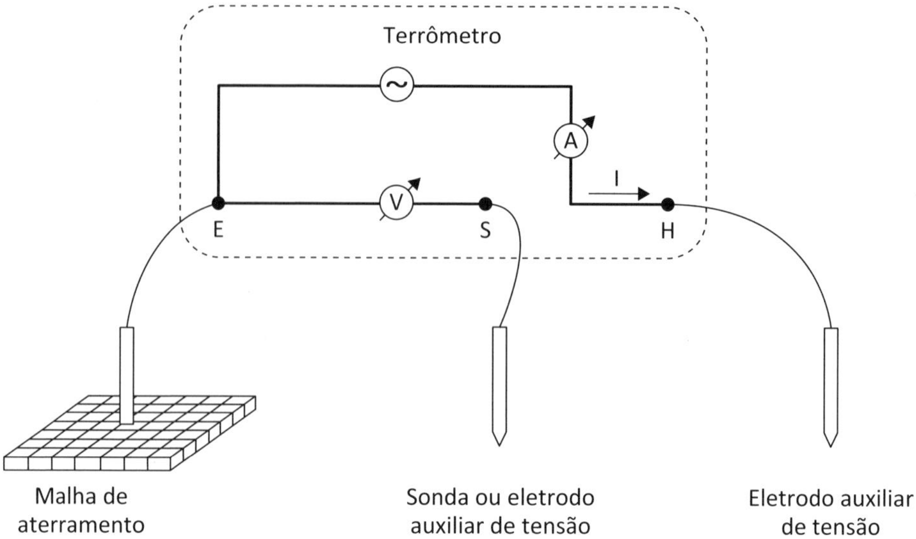

Figura 7.5 Esquema de ligação para medir a resistência de aterramento. Fonte: Ilustração do autor.

- I = corrente de ensaio;
- S = eletrodo auxiliar de potencial;
- H = eletrodo auxiliar de corrente;
- E = malha de aterramento.

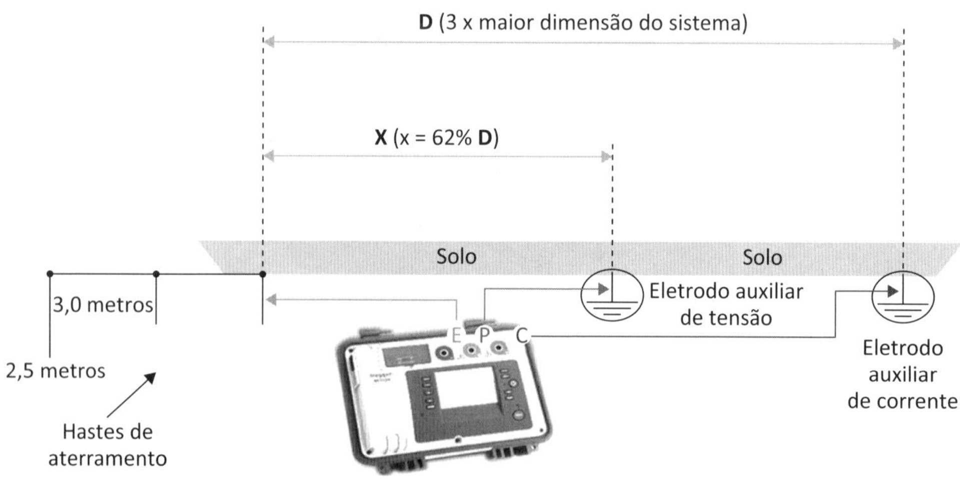

Figura 7.6 Medição da resistência do solo. Fonte: Composição do autor.

EXEMPLO DE APLICAÇÃO

Na ilustração podemos verificar três hastes fixadas no solo, medindo 2,5 m de comprimento e afastadas 3 m uma da outra. O aparelho utilizado para essa medição é o terrômetro de três polos. Ele possui uma fonte de corrente que injeta corrente a partir da garra verde (E), com retorno para garra vermelha (C), percorrendo o solo a ser medido.

Nesse intervalo entre as garras (E) e (C), é conectada a garra de potencial amarela (P), que se apresenta como um voltímetro variável. As variáveis corrente e tensão se sobrepõem, e o valor da resistência do aterramento R_A é assim encontrado.

7.4.1 PASSOS PARA MEDIÇÃO

Conectar a garra verde (E) na haste de aterramento a ser medida.

A garra vermelha (C) deverá ser conectada a um eletrodo distante de 5 a 10 vezes o comprimento do sistema. Como temos três hastes de 3 metros cada uma, adotamos a seguinte medida: 3 × 5 = 15 m, ou 3 × 10 = 30 m.

A garra amarela (P) é a garra de potencial e seu eletrodo deverá ser cravado ao solo, entre a garra (E) e a garra (C), se essa distância for 15 m, a garra (P) deverá ser fixada a 62% dessa distância, ou seja, a 9,3 m; se for 30 m, a garra (P) deverá ser fixada a 18,6 m.

É preciso alinhar os eletrodos em uma reta imaginária, garra (E), garra (P) e garra (C). Estando as três garras nessa condição de alinhamento (linha reta), inicia-se a medição deslocando apenas e tão somente a garra do ponto (P) que já se encontra cravada a 62%.

Assim, de metro em metro, a partir do ponto em que ela foi fixada, isto é, 62% da distância, vai se medindo e anotando o valor encontrado.

No caso da garra (C) estar a 30 m, o deslocamento da garra (P) poderá ser de 1,5 m a 1,5 m, em vez de metro a metro, a partir dos 62%, conforme as diretrizes na ABN NBR 15749 (ABNT, 2009), que fixa o valor de deslocamento garra (P) em 5% da distância da garra (C), medindo e registrando os valores em planilha.

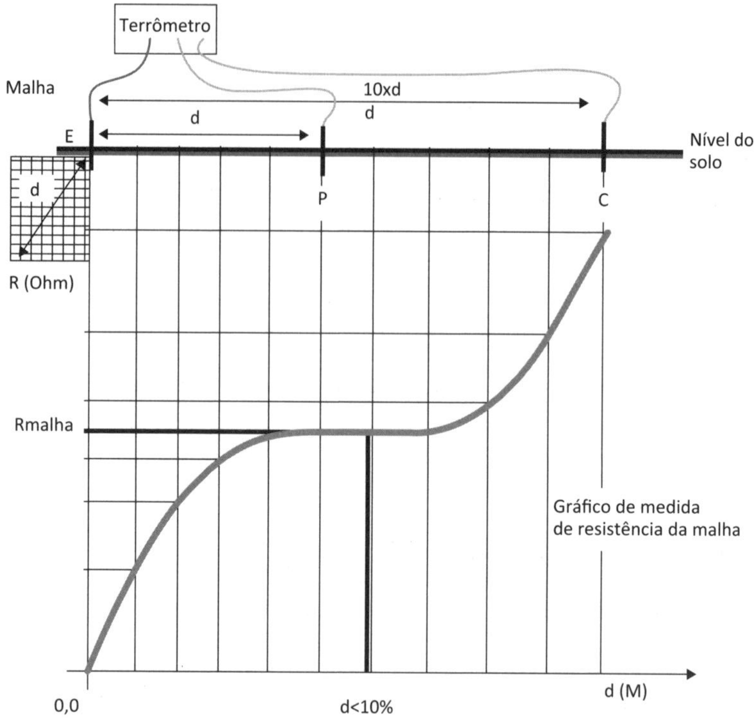

Figura 7.7 Curva do patamar. Fonte: Composição do autor.

A partir do momento que uma medida em relação à outra for inferior a 10%, atinge-se o patamar da curva da resistência do aterramento (Figura 7.7).

O aterramento terá seu valor considerado pela média das medições abaixo dos valores encontrados menor do que os 10%.

EXEMPLO DE APLICAÇÃO

Utilizando-se de um terrômetro de três polos, as seguintes medidas foram encontradas. Qual o valor da resistência de aterramento, segundo o critério normativo?

- 1ª medição: 130 Ω
- 2ª medição: 93 Ω
- 3ª medição: 85 Ω

$$\frac{93-85}{130} = 0{,}06 = 6\% < 10\%$$

$$\text{Valor da resistência de aterramento} = \frac{130+93+85}{3} = 102{,}6\ \Omega$$

Nota: Conforme a ABNT NBR 15749 (ABNT, 2009), a regra dos 62% permite reduzir o número de medidas a serem realizadas.

Porém, só é possível aplicar essa regra quando medir um sistema com hastes simples, se o terreno for uniforme e se for possível colocar a haste de corrente (C) a uma distância igual ou superior a 30 metros a partir da haste de terra (E) sob teste.

A haste de tensão (P) será colocada a 62% dessa distância.

7.4.2 MEDIÇÃO DA MALHA DE ATERRAMENTO

Apresentamos uma malha de aterramento cujo objetivo é medir sua resistência ôhmica.

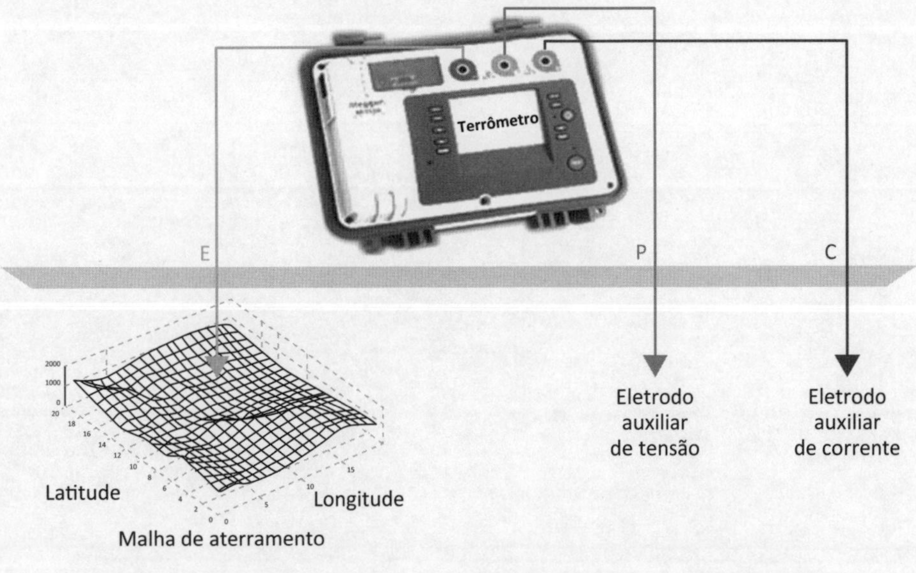

Figura 7.8 Medição da malha de aterramento. Fonte: Composição do autor.

O procedimento é semelhante ao já visto, o que muda é a distância da garra (C), que deverá ser conectada de 5 a 10 vezes a maior dimensão da malha de aterramento. No caso, adota-se a diagonal como maior distância, e executa-se todas as medições conforme visto.

Muitas vezes ter espaço disponível para executar esse procedimento é impraticável. Supondo que o cálculo de uma diagonal seja de 30 m, a garra (C) deverá ser fixada a uma distância de 300 m.

Nesse caso, não se descarta a possibilidade de fazer uma inspeção detalhada na malha de aterramento, a fim de verificar sua integridade elétrica. É necessário, então, inspecionar as conexões cabo/haste (deverão estar livres de oxidação), medir a continuidade elétrica (de poço em poço) e medir a resistência elétrica – o valor deverá estar próximo a 0 Ω. Em locais onde os valores ôhmicos estiverem acima do previsto, o solo deverá ser tratado.

A equalização dos potenciais é de vital importância.

O uso de solda exotérmica em aterramento é prática recomendada.

CAPÍTULO 8

CAMPO DE APLICAÇÃO PLATAFORMA MARÍTIMA

8.1 CAMPO DE APLICAÇÃO PLATAFORMA MARÍTIMA

Figura 8.1 Campo *Off Shore.* Fonte: Acervo pessoal do autor.

8.1.1 DEFINIÇÕES

Terra: Massa metálica da estrutura, casco da unidade marítima ou estrutura contínua de módulos que são montados e soldados tendo uma conexão permanente à estrutura principal (casco ou jaqueta).

Aterramento: Interligação elétrica intencional de qualquer equipamento ou *skid* à terra.

Anel de aterramento: Conjunto constituído por barras de aterramento interligadas por condutores com o objetivo de manter a equipotencialidade das partes metálicas não condutoras dos equipamentos e das estruturas.

Condutor de aterramento: Elemento que liga qualquer parte da instalação a ser aterrada a um anel de aterramento ou à terra.

Condutor de proteção: Condutor adicional que interliga as partes metálicas não energizadas dos equipamentos elétricos à barra de aterramento do painel alimentador (exemplo: quarto condutor de cabo trifásico).

8.2 A PLATAFORMA MARÍTIMA

É uma unidade de perfuração e produção do petróleo subtraído das profundezas do oceano. Em sua estrutura, estão montados vários equipamentos elétricos e eletrônicos que, em conjunto, realizam a função de mantê-la operando.

O critério utilizado para a prática da eletricidade é feito por meio de procedimentos elaborados a partir das normas técnicas aplicadas nos ambientes com áreas classificadas.

Os profissionais são altamente qualificados e a segurança é uma exigência da classificadora. A classificadora é uma sociedade composta por um consórcio integrado por vários países, como Inglaterra, Japão, Estados Unidos e Alemanha, que estabelecem regras com objetivo de promover a segurança humana e o seguro patrimonial. O uso das normas internacionais é compulsório.

A prática do aterramento exige particularidades que serão apresentadas a seguir, assim como o tratamento para com a energia estática e descargas atmosféricas. Nenhum equipamento elétrico instalado em áreas classificadas poderá ter partes vivas expostas.

A alta salinidade presente em instalações elétricas em atmosfera marinha contribui para a falha no isolamento dos equipamentos elétricos, com possibilidade de curto-circuito e fuga de corrente para a carcaça metálica dos equipamentos.

Tais falhas podem gerar centelhas elétricas, que podem constituir-se em fonte de ignição na presença de gases, além de risco de choque elétrico para as pessoas em contato com a carcaça dos equipamentos.

Nesses ambientes, o aterramento elétrico desempenha papel fundamental. Assegura um caminho e baixa resistência para o retorno da corrente de falta ao ponto neutro em sistemas com neutro solidamente aterrado ou por meio de baixa resistência, o que impossibilita a corrente de falta de não abrir arco por contato em aterramento mal projetado ou que escoe por elementos estruturais do casco ou tubulação de processo.

São recomendadas malhas dedicadas/anel de aterramento para esses locais, interligadas ao sistema de aterramento único. A estrutura metálica ou o casco da unidade marítima é considerada interligada à terra, em que devem ser conectadas todas as partes metálicas não energizadas, como:

- carcaças de motores;
- estruturas;
- leitos de cabos;
- vasos;
- tanques;
- tubulações;
- equipamentos;
- caixas.

O material utilizado no sistema de aterramento deve ser adequado às condições próprias de ambiente marítimo para atenuar os efeitos de corrosão.

Os componentes de um sistema de aterramento (cabos, barras de aterramento e conectores) devem ser constituídos de cobre estanhado ou de material compatível com cobre estanho.

Os cabos ou cordoalha utilizados em anéis de aterramento devem ser de cobre estanhado com cobertura de proteção na cor verde.

8.3 PARTICULARIDADES DO ATERRAMENTO

As cargas estáticas acumuladas em vasos e tubulações que manuseiam líquidos inflamáveis devem ser escoadas para a estrutura da plataforma, eliminando possíveis fontes de ignição. As medidas preventivas devem ser adotadas para minimizar riscos.

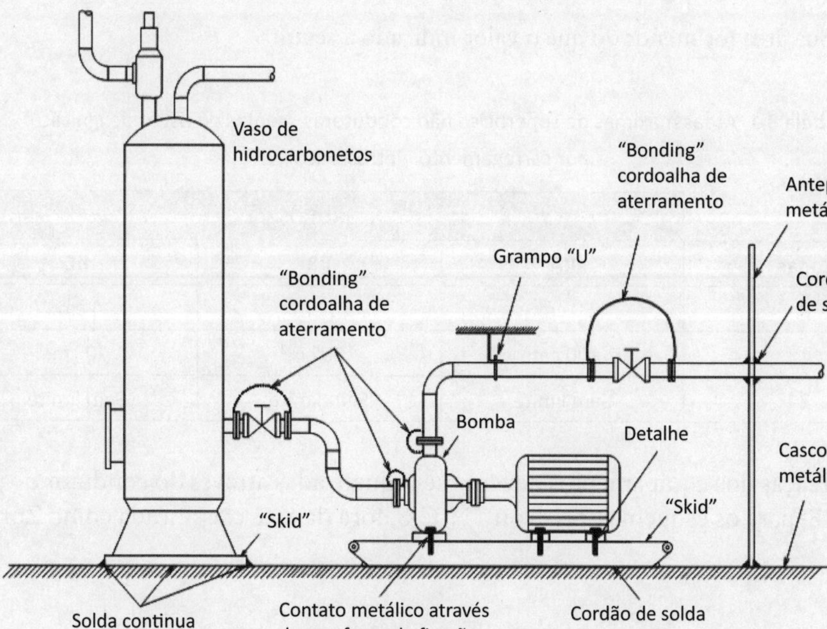

Figura 8.2 Medidas preventivas. Fonte: Ilustração do autor.

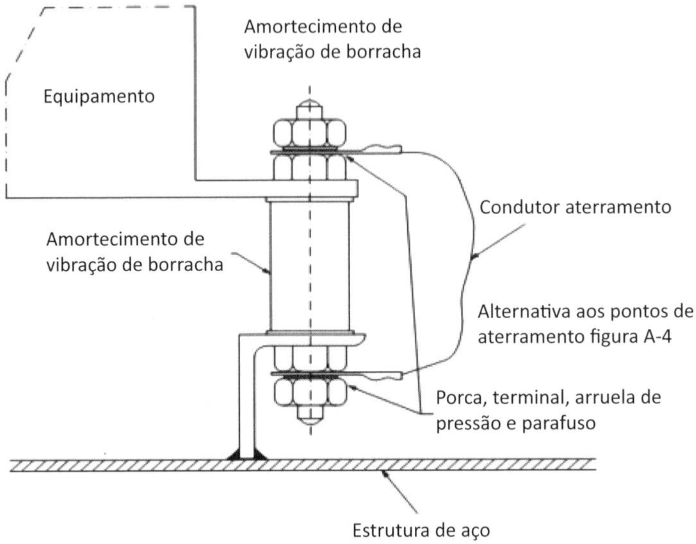

Figura 8.3 Detalhe A – Aterramento de equipamento montado em amortecedor de vibração.
Fonte: Ilustração do autor.

Em superfícies não condutoras, sujeitas a carregamento eletrostático por atrito, não haverá risco de ignição por eletricidade estática se uma das seguintes condições for atendida:

- Sua resistência superficial for inferior a 1 GΩ ou;
- Sua área for menor do que o valor indicado a seguir.

Tabela 8.1 Áreas máximas de superfícies não condutoras, isentas de riscos de ignição por carregamento eletrostático

	GRUPOS		
Zonas	**IIA**	**IIB**	**IIC**
0	50 cm^2	25 cm^2	4 cm^2
1	100 cm^2	100 cm^2	20 cm^2
2	Sem limite	Sem limite	Sem limite

As carcaças dos equipamentos deverão ser equalizadas através do condutor de proteção – PE, para os esquemas TN-S ou TN-C-S, fora da área classificada como Zona 1.

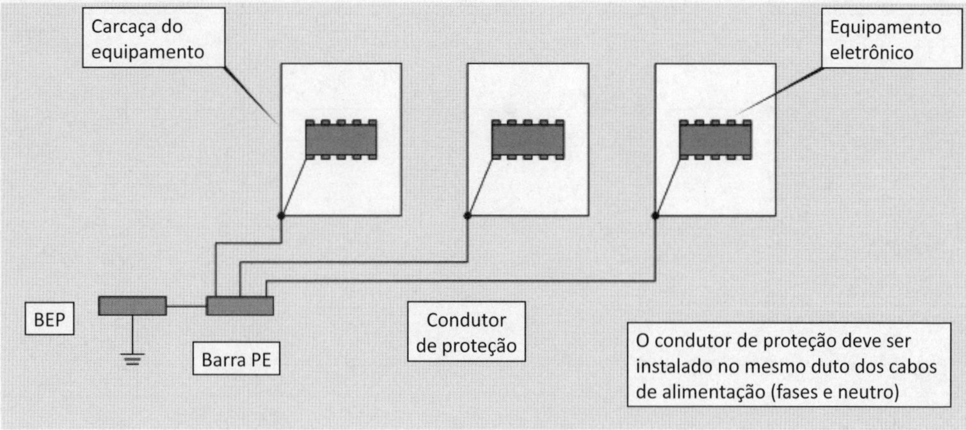

Figura 8.4 Aterramento das carcaças via condutor de proteção.
Fonte: Paulino (2016).

8.4 NAVIOS PETROLEIROS

Segundo o (SOLAS), não é permitida a circulação de altas correntes de defeito pelo casco da embarcação, que podem provocar centelha com erosão da estrutura, podendo culminar em explosão, em caso de arco em *skid* de bombas, tanques e vasos com óleo e gás. Assim, todos os circuitos de geração e distribuição, circuitos de força e de iluminação em navios para transporte de inflamáveis são isolados da terra.

Nas primeiras plataformas flutuantes, adotou-se, de modo geral, o sistema de neutro isolado de terra, sistema isolado, partindo das mesmas regras então adotadas pelo SOLAS para navios *tankers* e pelas classificadoras.

Sistema com neutro aterrado por alta resistência vem sendo adotado com correntes de defeito à terra de até 5 A em baixa tensão e correntes de defeito a terra de 10 a 20 A em média tensão.

8.5 SISTEMAS DE CORRENTE CONTÍNUA

Os sistemas de corrente contínua das instalações marítimas são suspensos da terra, ou seja, não podem ter o negativo nem o positivo aterrado. Os sistemas de corrente contínua não devem ser aterrados, exceto sistemas de 48 VCC com positivo aterrado plano terra.

Sistemas de 48 VCC são sistemas de telecomunicações que atendem a padrões das empresas desse ramo e não interagem com a planta de processo.

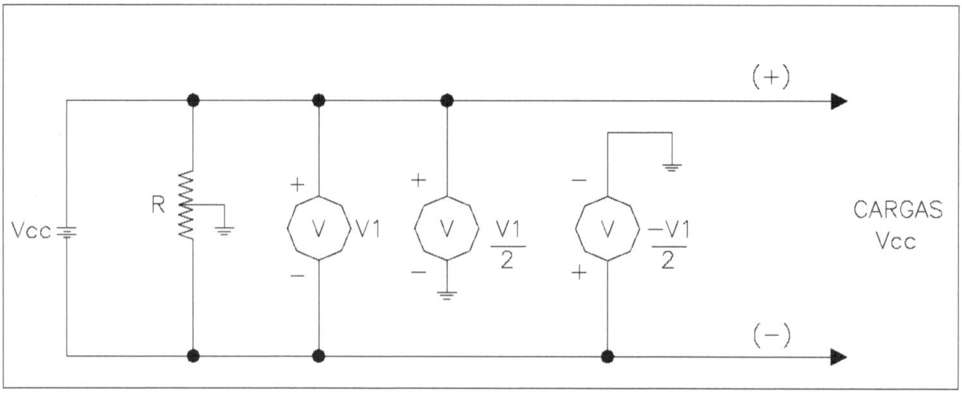

Figura 8.5 Medições de tensão no sistema de corrente contínua. Fonte: Ilustração do autor.

Dado o circuito, a tensão medida entre um dos polos e a terra deve ser a metade da tensão medida entre os dois polos. Por exemplo, um sistema de 24 VCC, sem problema algum de falta, deve apresentar as seguintes leituras, com os voltímetros conectados de acordo com o desenho apresentado:

- V_{PN} = 24 VCC (V_{PN}: tensão entre positivo e negativo);
- V_{PT} = 12 VCC (V_{PT}: tensão entre positivo e "terra");
- V_{NT} = -12 VCC (V_{NT}: tensão entre negativo e "terra").

Outra configuração possível é o sistema totalmente isolado da terra. Nesse caso, as leituras obtidas nos voltímetros da figura apresentada, para um sistema de 24VCC, devem ser:

- V_{PN} = 24 VCC V_{PT} = 0 VCC V_{NT} = 0 VCC.

Tome-se o exemplo de uma unidade operacional em que, mesmo quando aparentemente não havia problemas de baixa isolação, foram medidas as tensões da ordem de 22 VCC entre positivo e terra, e da ordem de 0,1 VCC entre negativo e terra.

Isso indica que o negativo está aterrado, proposital ou acidentalmente. Essa é uma situação indevida, que deve ser corrigida.

Como o negativo já está aterrado, qualquer aterramento acidental do positivo causa imediatamente baixa tensão, comprometendo a continuidade operacional.

Essa é uma das causas das frequentes quedas do sistema (*shutdown*) que ocorre em função de baixa isolação do 24 VCC.

Nesse caso, é necessária uma ação imediata de verificação de todo o sistema de 24 VCC, para eliminar o aterramento indevido do negativo.

É importante observar que alguns fabricantes de instrumentos e de PLC exigem que o negativo seja aterrado.

8.6 PARTES METÁLICAS EXPOSTAS NÃO CONDUTORAS

As partes metálicas não destinadas a conduzir corrente elétrica, como invólucros e carcaças de motores, luminárias fixas ou portáteis, painéis, oleodutos, bandejamento (calhas) de cabos e outros, deverão estar aterradas por meio de um contato metálico com o anel de aterramento e o casco da plataforma.

Deve-se garantir uma conexão elétrica efetiva e permanente para evitar o aquecimento, arcos ou centelhas causadas por acoplamentos não eficazes ao aterramento, quando da ocorrência de corrente de falta.

Um efetivo aterramento significa ligar diretamente (galvanicamente) a carcaça dos equipamentos ao casco metálico da plataforma, eliminando o risco de centelhamento e de choque elétrico.

Quando for assegurado um contato metálico adequado entre carcaça e tais equipamentos e a estrutura do casco, seja com solda, fixação por parafuso ou rebite, com raspagem da pintura ou com o uso da arruela dentada, fica dispensado o uso de cabo de aterramento dedicado para equipamento.

A medição da resistência de contato entre carcaça de um equipamento e a estrutura de superfícies metálicas sem pintura deve fornecer leitura próxima à 0 Ω para qualquer megôhmetro e menor do que 5 Ω com qualquer multímetro.

A resistência de aterramento deve ser tão menor quanto maior seja a corrente de falta ou de curto-circuito para a terra.

Aterramento de circuitos intrinsecamente seguros e respectivas blindagens de cabo deve ser menor que 1 Ω.

8.7 MÉTODO DE ATERRAMENTO POR CONTATO METÁLICO

Esse método é usado em motores e painéis elétricos montados diretamente em pisos ou em anteparas de aço, como ilustrado abaixo. A utilização de arruela dentada torna mais efetivo o contato físico obtido quando o equipamento é aparafusado diretamente na estrutura.

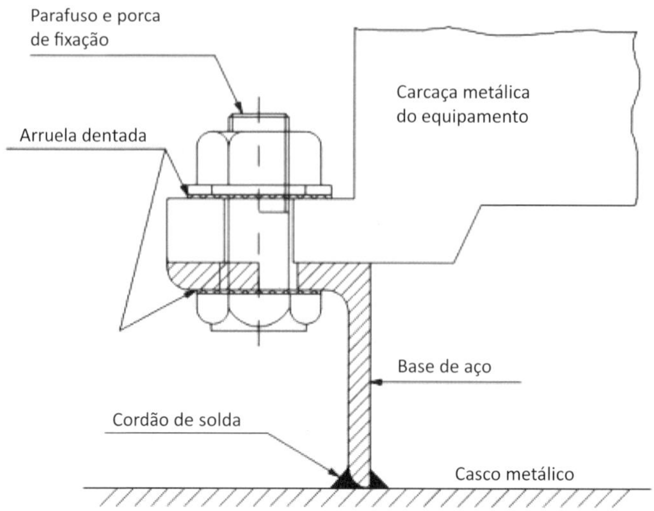

Figura 8.6 Aterramento por contato metálico. Fonte: Ilustração do autor.

8.7.1 MÉTODO DO CONDUTOR E ATERRAMENTO

Utilizado em:

- Quadros elétricos;
- Painel montado em anteparas não metálicas;
- Transformador.

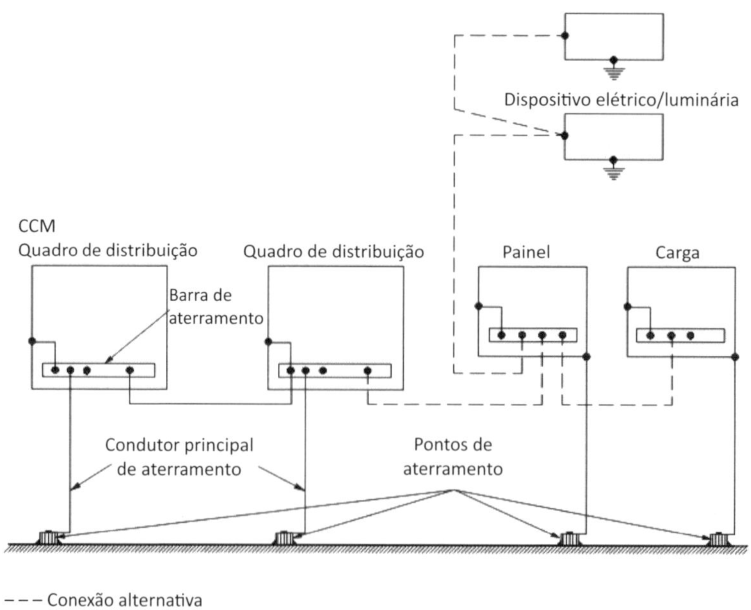

Figura 8.7 Aterramento de quadros elétricos e painéis. Fonte: Ilustração do autor.

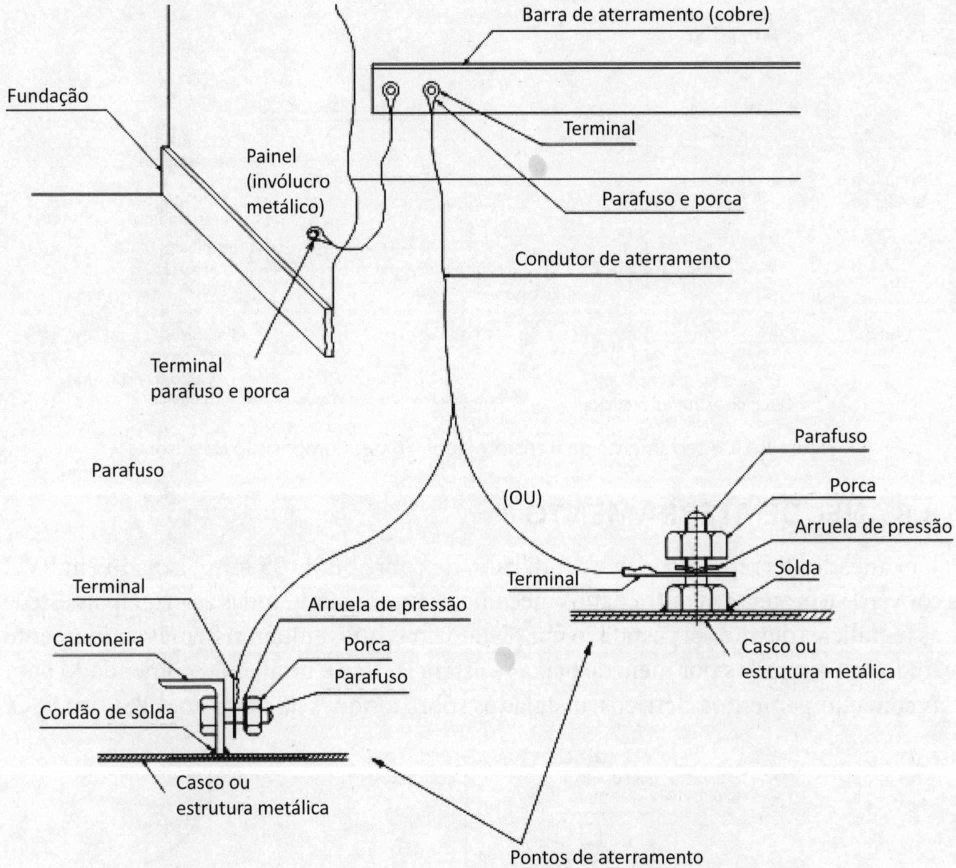

Figura 8.8 Detalhe de aterramento – quadros elétricos e painéis. Fonte: ilustração do autor.

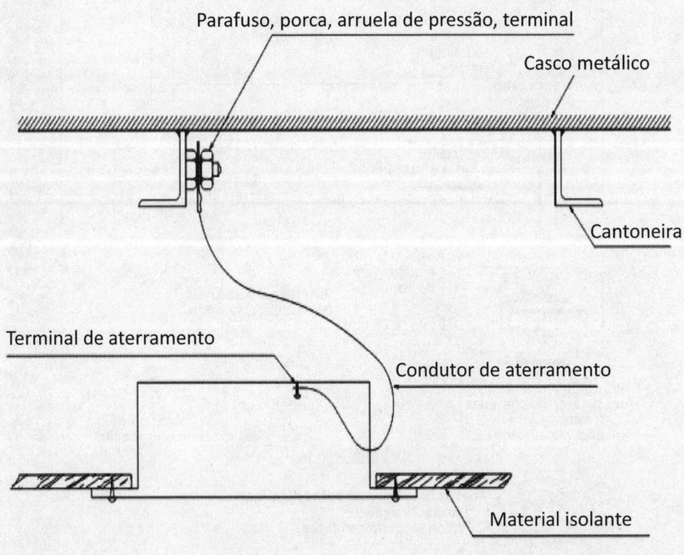

Figura 8.9 Aterramento de painel elétrico montado em anteparas não metálicas.
Fonte: Ilustração do autor.

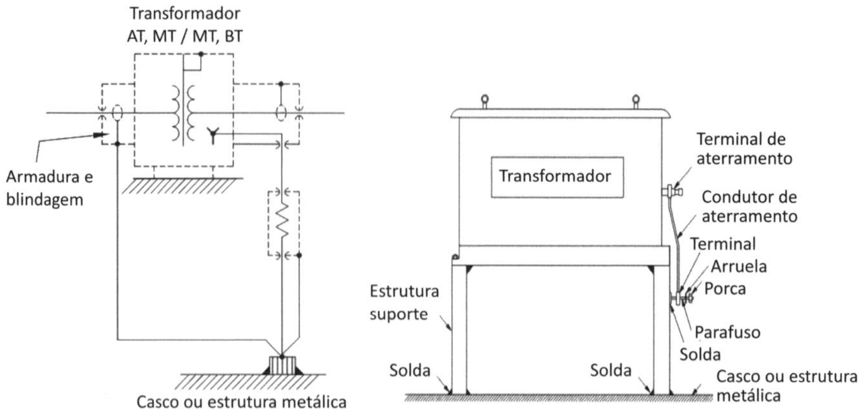

Figura 8.10 Aterramento de transformador. Fonte: Composição do autor.

8.8 ANEL DE ATERRAMENTO

Um anel de aterramento visível, com cabo de cobre bitola 95 mm², isolado em PVC na cor verde e protegida contra danos mecânicos, interligando todas as principais estruturas metálicas, deverá ser instalado em plataformas que tenham sistemas solidamente aterrados ou aterrados por meio de baixa resistência. Isso é também recomendado para *skids* com equipamentos elétricos, instalados sobre tanques de carga em FPSO ou FSO.

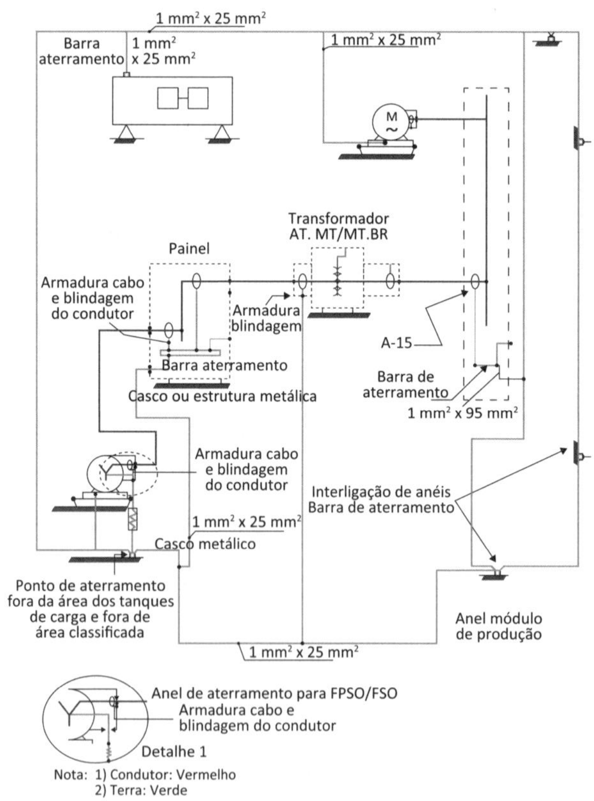

Figura 8.11 Anel de aterramento em plataforma marítima. Fonte: Ilustração do autor.

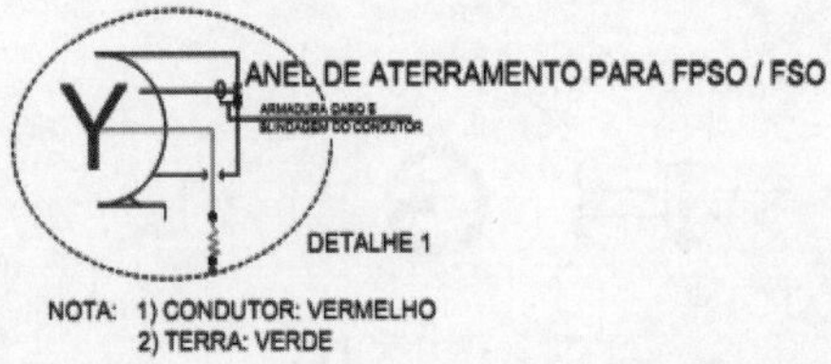

Figura 8.11 Anel de aterramento em plataforma marítima. Fonte: Ilustração do autor.

Se houver outros anéis de aterramento, eles deverão ser interligados no mínimo por dois pontos, empregando-se cabos de bitola iguais ao anel de aterramento principal.

Caso haja problemas de ataque ao cobre devido a substâncias presentes na atmosfera, os ramais de aterramento e demais pontos aparentes sujeitos ao ataque devem ser adequadamente protegidos, envoltos em um banho de graxa.

Casos típicos de sondas moduladas de perfuração e módulos de produção montados sobre jaquetas deverão ser interligados entre si, assim como o anel de aterramento geral em dois pontos distintos. Recomendado também para *skids* com equipamentos elétricos.

Figura 8.12 *Skid* – Estação de bombeio de gás. Fonte: Acervo pessoal do autor.

Os *skids* são equipamentos menores que os grandes módulos das plataformas de petróleo e gás, responsáveis por realizar diversas tarefas, como processamento de gás e óleo, além de remoção de enxofre e areia da água a ser devolvida ao mar.

A dispensa do anel de aterramento e do cabo de aterramento dedicado é válida apenas para sistemas de geração com neutro isolado ou aterrado por alta resistência.

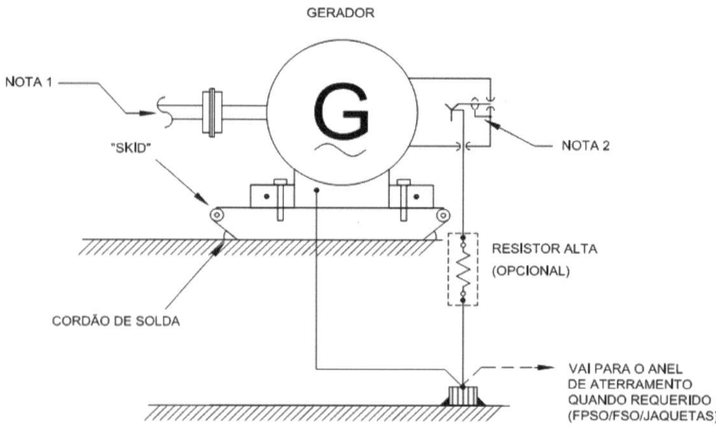

Figura 8.13 *Skid* – gerador aterrado por alta resistência. Fonte: Ilustração do autor.

Notas:

1) O motor acionador e *skid* do conjunto montado sobre calços amortecedores deve ser também aterrado.
2) Aterrar a armadura metálica do cabo e a blindagem dos condutores.

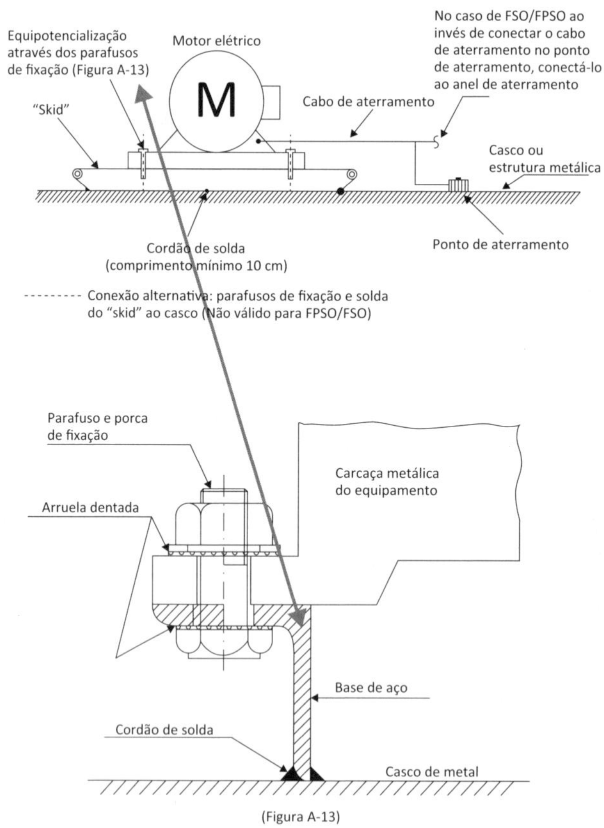

Figura 8.14 *Skid* – Aterramento de MIT em BT fora da área classificada alimentado com sistema de neutro isolado. Fonte: Ilustração do autor.

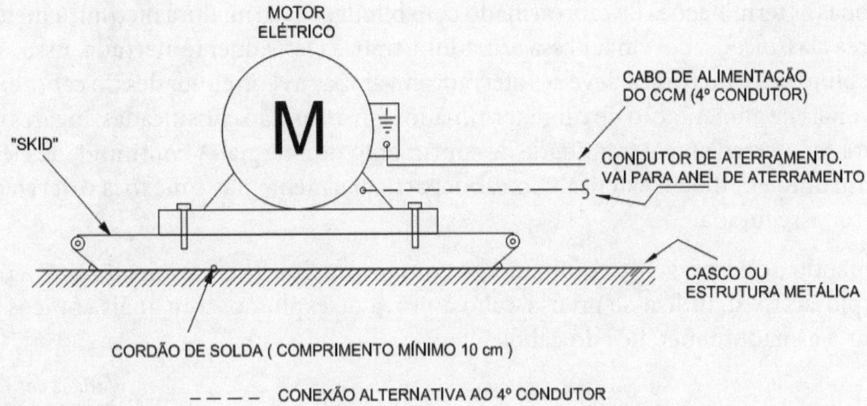

Figura 8.15 Skid – Aterramento de MIT em BT alimentado por sistema de neutro solidamente aterrado. Fonte: Ilustração do autor.

Para sistema aterrado solidamente ou por meio de baixa resistência (correntes de falta da ordem de 200/400 A), deve-se assegurar um caminho de retorno da corrente de falta (I_F) para o ponto do neutro do sistema, a fim de que as correntes de curto--circuito (I_{CC}) não abram arco por contato de aterramento e nem escoem por elementos estruturais do casco ou tubulações de processo.

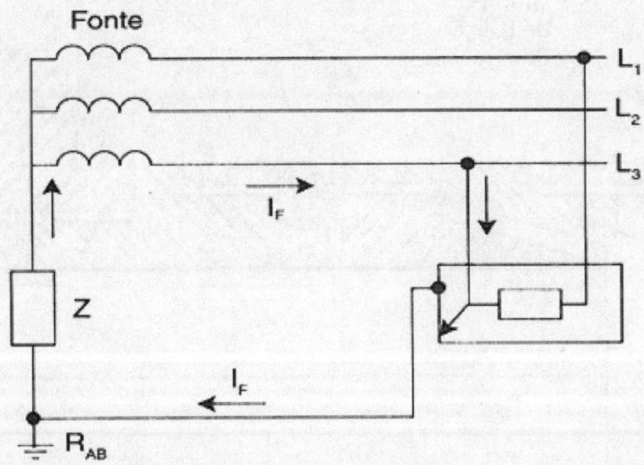

Figura 8.16 Esquema IT baixa resistência – percurso da corrente de falta. Fonte: Cotrim (2006).

8.9 ATERRAMENTO DE BLINDAGEM E ARMADURA METÁLICA DE CABOS

Cabos em áreas classificadas devem ser do tipo armado. Os lugares por onde esses cabos passam, através das fronteiras de tais locais, devem ser instalados com dispositivos do tipo estanque a gás. Nenhuma emenda é permitida em área classificada, exceto para circuitos intrinsecamente seguros.

Todas as terminações de cabo armado com blindagem, armadura ou trança metálica, em área classificada, devem ter essa armadura/trança efetivamente aterrada. Essa armadura, blindagem ou trança deve ser aterrada em ambas as extremidades do cabo, exceto nos ramais de alimentação de carga terminados em áreas não classificadas, lugares onde poderá ser aterrada na extremidade de suprimento de energia. A continuidade elétrica da armadura em toda a extensão do cabo, particularmente nas conexões e derivações, deve ser assegurada.

Quando do emprego do equipamento com invólucros de alumínio, do tipo à prova de explosão Ex-d, utiliza-se prensa-cabo à prova de explosão, com anéis cônicos para aterrar a armadura metálica do cabo.

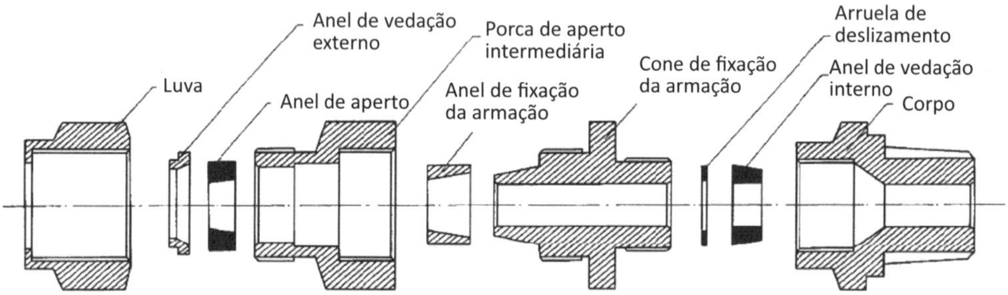

Figura 8.17 Esquema ilustrativo de um prensa-cabo. Fonte: Ilustração do autor.

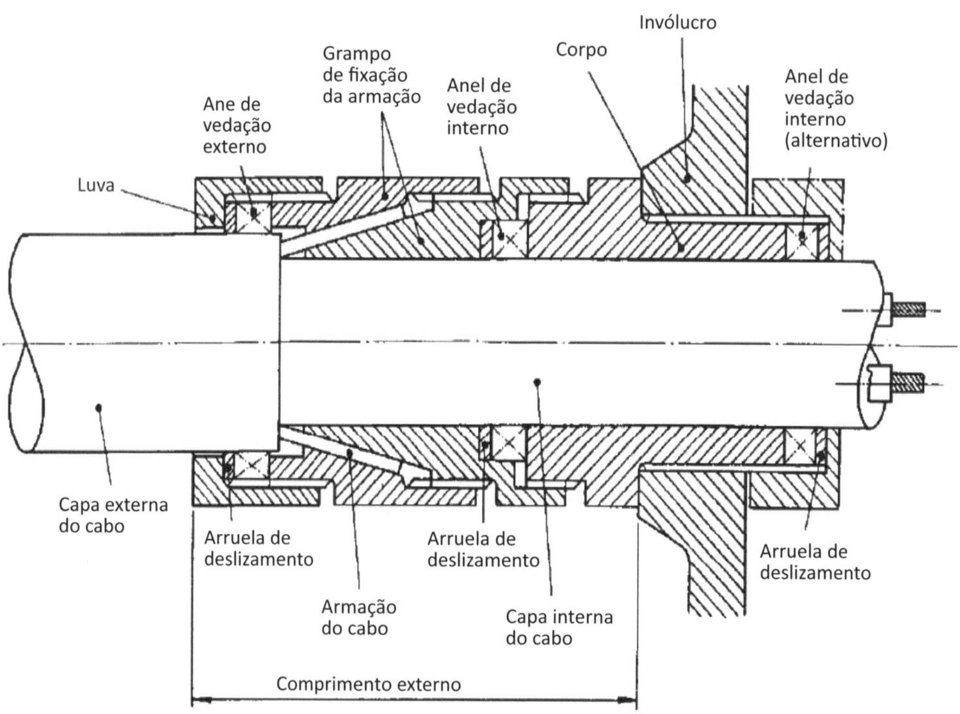

Figura 8.18 Esquema ilustrativo de um prensa-cabo na entrada de um cabo armado em um invólucro Ex. Fonte: Ilustração do autor.

Com o uso cada vez mais frequente de invólucros e caixa plástica *Ex* com proteção do tipo segurança aumentada Ex-e utilizando prensa-cabos em plástico, o aterramento da armadura metálica do cabo passa a ser feito pelo método indireto, dentro da caixa que venha com um terminal de aterramento interno específico para interligar partes metálicas ou, caso não haja tal terminal, com presilha/braçadeira ou terminal de aterramento externo.

Nota: aterrar a blindagem em apenas um ponto gera o perigo de transferência de potencial. Se ela for aterrada em ambos os pontos e a diferença de potencial for grande, a corrente resultante poderá danificar a blindagem do cabo.

Na prática, quando se prevê uma corrente elevada pela blindagem, interligam-se os extremos com um cabo de cobre nu.

8.10 EQUIPAMENTOS MÓVEIS EM ÁREAS CLASSIFICADAS

Para equipamentos montados sobre estruturas não metálicas ou equipamentos móveis ou deslizantes sobre trilhos, como pórtico-rolante, top-drive na torre de perfuração, estes deverão ter cabo de aterramento dedicado que acompanhe os movimentos do equipamento, instalado em paralelo ao cabo de energia, ou ter o quarto condutor adicional que siga dentro do mesmo cabo de alimentação ou, ainda, ter cabo com capa com armadura metálica ligando o equipamento ao casco.

8.11 ATERRAMENTO DE SISTEMA DE CORRENTE CONTÍNUA

Os circuitos de baterias, de carregadores e painéis de distribuição de corrente contínua deverão ser isolados da terra, ou seja, nem o terminal positivo nem o terminal negativo poderão ser aterrados ou ligados à estrutura metálica da plataforma.

Usualmente, os retificadores de maior porte têm um circuito de alarme visual e sonoro de falha à terra identificando qual polo – se positivo ou negativo – de curto-circuito para a terra. O circuito defeituoso deve ser identificado, e o defeito rapidamente eliminado, para evitar o progresso para curto-circuito direto entre os dois polos.

Sistema de partida (motor de arranque) de motor diesel também não deve ser aterrado.

Exceção é feita para o circuito de proteção catódica de corrente impressa, na qual é necessária a ligação ou aterramento do negativo do retificador ao casco das embarcações a serem protegidas – o positivo do retificador é ligado aos ânodos.

8.12 CORDOALHAS DE ATERRAMENTO BONDING TRAP

Todos os equipamentos, como tanques, máquinas e tubulações, nos quais uma mistura explosiva pode estar presente devem estar aterrados.

Tubulações instaladas em áreas classificadas devem ser adequadamente aterradas por conectores do tipo de compressão, prensados hidraulicamente ou por meio de parafuso e cinta metálica, fixando a tubulação ou seus suportes diretamente ao casco da plataforma ou, ainda, com a utilização de cordoalhas de aterramento.

Seções eletricamente isoladas de tubulações metálicas ou de equipamentos devem ser interligadas a outras partes do sistema ou aterradas individualmente.

O aterramento elimina o risco de descargas de eletricidade estática entre objetos metálicos.

Cordoalhas de aterramento devem ser instaladas onde for necessário garantir a continuidade elétrica e a capacidade de conduzir seguramente qualquer possível corrente de falta–I_F/I_{CC}.

8.13 DESCARGAS ATMOSFÉRICAS EM ESTRUTURAS MARÍTIMAS

Havendo um contato elétrico entre casco metálico da plataforma e o mastro ou outra estrutura metálica de altura adequada (torre de perfuração, *flare*, lança de guindaste), nenhuma outra proteção adicional contra os efeitos de descargas atmosféricas é necessária.

Descargas elétricas, quando atingem a plataforma, são drenadas pelo mar por meio de sua estrutura metálica, desde que estejam equalizadas.

A não observância da equalização dos potenciais distribuídos poderá trazer riscos em locais distintos, com a formação de arcos elétricos, incêndios e até mesmo explosões.

O valor ôhmico recomendável é de 0,2 Ω ou menor.

Dessa forma, a plataforma e o pessoal nela embarcado estão inerentemente protegidos, conforme adota o NFPA 78 – *Lightning Protection Code*, itens D-6 e D-10:

> D-6 Navios com Casco Metálico. "Se existir um contato elétrico entre o casco metálico e o mastro metálico ou outra superestrutura metálica de adequada altura que atenda as recomendações da seção D-2, nenhuma outra proteção contra raio é necessária.
>
> [...]
>
> A seção D-2 do NPFA 78 dispõe sobre as recomendações para instalação de mastros para proteção contra descargas atmosféricas.
>
> Barcos com objetos não aterrados ou não condutores projetados acima do mastro metálico ou superestrutura devem ter estes objetos aterrados ou protegidos com condutor de aterramento, respectivamente, de maneira a protegê-los.
>
> [...]
>
> D-10.1- Navios quase invariavelmente são construídos com mastros, estruturas treliçadas, superestruturas, casco, chaminés e conjunto de mastros, chaminés e antenas de rádios, usualmente fornece a "Zona de Proteção recomendada na seção D-1.2", então, navios e o pessoal embarcado estão usualmente inerentemente protegidos contra os efeitos dos raios (NFPA, 2001).

8.14 O SOLAS

O SOLAS é uma entidade criada pela *International Maritime Organization* (IMO) (normativa), que pertence à Organização das Nações Unidas (ONU). Desde o naufrágio do navio *Titanic*, essa entidade dita as regras para segurança das embarcações marítimas e dos passageiros (IMO, c2019).

O Capítulo II-I especifica:

> 3.1 - Sistema de distribuição com retorno pelo casco não deve ser usado para qualquer finalidade em petroleiro, seja para força, aquecimento ou iluminação em qualquer navio;
>
> 3.2 - O requisito do parágrafo 3.1 não impede, sob condições aprovadas pela classificadora o uso de sistema limitado e aterrado localmente:
>
> - Em sistemas de proteção catódica por corrente impressa;
> - Em sistemas aterrados localmente e limitados a uma região;
> - Em dispositivos de monitoração do nível de isolamento, desde que a corrente de circulação não exceda a 30 mA sob a condição mais desfavorável (IMO, c2019).

Para navios construídos após 1 de outubro de 1994, o requisito do parágrafo 3.1 não impede o uso de sistema limitado e aterrado localmente, desde que qualquer corrente resultante não percorra diretamente qualquer espaço perigoso (área classificada). O sistema de distribuição aterrada não deve ser usado em petroleiro.

A classificadora (administração) pode excepcionalmente permitir o aterramento do neutro para sistemas de potência de até 3 kV-fase-fase, desde que qualquer corrente resultante não percorra qualquer espaço perigoso.

Em unidades marítimas temos poucos casos de aterramento localizado, como:

- Proteção catódica;
- Transformadores de controle, de potencial (TP) e de corrente (TC) no interior dos painéis elétricos, visando segurança pessoal;
- Ponto de retorno de máquina de solda, local;
- Instrumentação, aterramento de circuitos intrinsecamente seguros;
- Aterramento de terra de ignitor de piloto para queimador.

Segundo o SOLAS, *não é permitida* a circulação de altas correntes de defeito pelo casco da embarcação, que podem provocar centelhas com erosão da estrutura culminando em explosão, em caso de arco em *skid* de bombas, tanque, vaso com óleo e gás.

- Assim, todos os circuitos de geração e distribuição, circuitos de força e iluminação em navios para transporte de inflamáveis, são isolados de terra.

- Nas primeiras plataformas flutuantes adotou-se, de modo geral, o sistema de neutro isolado de terra, sistema isolado, partindo das mesmas regras então adotadas pelo SOLAS para navios *tankers* e pelas classificadoras.
- Sistema com neutro aterrado por alta resistência vem sendo utilizado com correntes de defeito à terra de até 5 A em baixa tensão, e de 10 a 20 A, em média tensão.

CAPÍTULO 9

CONSIDERAÇÕES DAS INSTALAÇÕES ELÉTRICAS EM ÁREAS CLASSIFICADAS

9.1 CONSIDERAÇÕES DAS INSTALAÇÕES ELÉTRICAS EM ÁREAS CLASSIFICADAS

Os critérios especiais devem ser adotados para a filosofia de proteção dos circuitos elétricos quando se trata de instalações em áreas classificadas.

A norma ABNT NBR IEC 60079-14 (ABNT, 2018c) estabelece que os circuitos e equipamentos elétricos instalados em áreas classificadas, com exceção daqueles intrinsecamente seguros, devem ser providos de meios que assegurem sua desenergização o mais rápido possível.

No evento de sobrecorrente, curto-circuito ou condições de falta à terra, os sistemas de proteção não devem possibilitar o religamento automático enquanto persistirem as condições de falta. Em Zona 2, os dispositivos de proteção de sobrecorrente podem ter rearme automático. Deve ser previsto um dispositivo de proteção contra operação monofásica de equipamentos trifásicos.

Para equipamentos elétricos nos quais o desligamento automático ofereça risco maior à segurança do que o surgimento do risco de ignição, admite-se a instalação de um dispositivo de alarme como uma alternativa ao desligamento automático, desde que o dispositivo seja de visualização imediata, de modo que possa ser tomada pronta ação corretiva.

9.2 NECESSIDADE DO SECCIONAMENTO DE EMERGÊNCIA

Em áreas classificadas, deve ser previsto um seccionamento de emergência.

De acordo com a ABNT NBR 5410 (ABNT, 2018b), mesmo que se trate de uma área não classificada, deve a instalação elétrica ter no mínimo um dispositivo de seccionamento de emergência.

Além disso, de acordo com a ABNT NBR 5410 (ABNT, 2018b), deve ser possível desenergizar os equipamentos elétricos de algum lugar apropriado se a sua energização contínua determinar algum risco, como sobreaquecimento.

Para esse seccionamento de emergência pode ser usada a unidade de controle operacional. Equipamentos elétricos que devem permanecer energizados para prevenir riscos adicionais não devem ser incluídos no circuito de desligamento de emergência, mas estar em um circuito separado.

Cabe ressaltar, então, que um dispositivo limitador de corrente poderá representar uma economia na instalação, pois, como o sistema elétrico operará praticamente dentro de suas condições nominais, a desenergização remota não será necessária.

9.3 DIMENSIONAMENTO DE CONDUTORES

Em ambientes com atmosfera salina, química ou ambos, atenção especial deve ser dada aos alimentadores elétricos quanto à isolação e dimensionamento. Deve ser verificada periodicamente, em função das possíveis alterações das cargas ou sobrecargas, a temperatura de superfície, dada a possibilidade de superaquecimento que pode colocar em risco a isolação e comprometer a instalação. Embora todo cuidado tenha sido dispensado ao aterramento e à equalização dos potenciais, nunca é demais a precaução a favor da segurança nos ambientes *Ex*.

O dimensionamento de condutores tem sua importância quando da necessidade de troca, quer seja para atender à manutenção ou à nova demanda. O diâmetro mínimo dos condutores nas áreas classificadas é definido em função da máxima temperatura permitida para condutores quando submetidos à máxima corrente possível em condição de falha. Pela queda de tensão, podemos fazer uso de fórmulas para especificar o seu dimensionamento.

Tabela 9.1 Condutores: cobre Isolação: EPR ou XLPE, Temperatura no condutor: 90°C, Temperaturas de referência do ambiente: 30°C (ar), 20°C (solo)

Seções nominais mm²	Métodos de referência indicados na tabela 33											
	A1		A2		B1		B2		C		D	
	Número de condutores carregados											
	2	3	2	3	2	3	2	3	2	3	2	3
(1)	(2)	(3)	(4)	(5)	(6)	(7)	(8)	(9)	(10)	(11)	(12)	(13)
Cobre												
0,5	10	9	10	9	12	10	11	10	12	11	14	12
0,75	12	11	12	11	15	13	15	13	16	14	18	15
1	15	13	14	13	18	16	17	15	19	17	21	17
1,5	19	17	18,5	16,5	23	20	22	19,5	24	22	26	22
2,5	26	23	25	22	31	28	30	26	33	30	34	29
4	35	31	33	30	42	37	40	35	45	40	44	37
6	45	40	42	38	54	48	51	44	58	52	56	46
10	61	54	57	51	75	66	69	60	80	71	73	61

Tabela 9.1 Condutores: cobre Isolação: EPR ou XLPE, Temperatura no condutor: 90°C, Temperaturas de referência do ambiente: 30°C (ar), 20°C (solo)

Seções nominais mm²	Métodos de referência indicados na tabela 33											
	A1		A2		B1		B2		C		D	
	Número de condutores carregados											
	2	3	2	3	2	3	2	3	2	3	2	3
(1)	(2)	(3)	(4)	(5)	(6)	(7)	(8)	(9)	(10)	(11)	(12)	(13)
Cobre												
16	81	73	76	68	100	88	91	80	107	96	95	79
25	106	95	99	89	133	117	119	105	138	119	121	101
35	131	117	121	109	164	144	146	128	171	147	146	122
50	158	141	145	130	198	175	175	154	209	179	173	144
70	200	179	183	164	253	222	221	194	269	229	213	178
95	241	216	220	197	306	269	265	233	328	278	252	211
120	278	249	253	227	354	312	305	268	382	322	287	240
150	318	285	290	259	407	358	349	307	441	371	324	271
185	362	324	329	295	464	408	395	348	506	424	363	304
240	424	380	386	346	546	481	462	407	599	500	419	351
300	486	435	442	396	628	553	529	465	693	576	474	396
400	579	519	527	472	751	661	628	552	835	692	555	464
500	664	595	604	541	864	760	718	631	966	797	627	525
630	765	685	696	623	998	879	825	725	1 122	923	711	596
800	885	792	805	721	1 158	1020	952	837	1 311	1 074	811	679
1 000	1014	908	923	826	1332	1 173	1 088	957	1 515	1 237	916	767

Fonte: ABNT (2018b).

9.3.1 PARA SISTEMA MONOFÁSICO

$$S = \frac{2IL}{56u} \tag{9.1}$$

Na qual:

- S = é a bitola em mm²;
- I = a corrente em A;
- u = queda de tensão em V;
- L = distância do gerador em m.

Nota: deverá ser escolhida a maior bitola.

9.3.2 PARA SISTEMA TRIFÁSICO

$$S = \sqrt{\frac{3IL}{56u}} \tag{9.2}$$

Nota: deverá ser escolhida a maior bitola.

9.3.3 EXEMPLOS DE APLICAÇÃO

EXEMPLO 1

- Circuito de iluminação: 6 kW
- Tensão: 220 V
- Fp: 0,8
- Distância do gerador: 200 m
- n: 98%

Pergunta: Qual o condutor para essa função? Considere queda de tensão admissível de 3%.

Resposta: A corrente no sistema monofásico é calculada por:

$$I = \frac{P}{(Vncos\theta)} \tag{9.3}$$

Na qual:

- I = corrente em A;
- P = potência em W;
- V = tensão em V;
- n = rendimento;
- $cos\theta$ = fator de potência.

Pelo critério da capacidade de corrente, usando dados da Tabela 9.1, o condutor será o de 6 mm^2.

$$I = \frac{6000}{220.0{,}8.0{,}98} = 34{,}78 \tag{9.4}$$

Pelo critério da queda de tensão, usando dados da Tabela 9.1, o condutor será o de 50 mm^2.

$$S = \frac{2.34.78.200}{(56.220.0{,}03)} = 37{,}64\ mm^2 \tag{9.5}$$

Nota: se a queda de tensão aumentar, a bitola do cabo diminui.

EXEMPLO 2

- MIT: 30 cv
- Tensão: 440 V
- n: 84%

- Distância do gerador: 80 m
- Queda de tensão: 5%

Pergunta: Qual deve ser o condutor?

Resposta: A corrente no sistema trifásico é calculada por:

$$I = \frac{(736.P_n)}{\sqrt{3}.(V.n.cos\theta)}$$

$$I = \frac{(736.30)}{\sqrt{3}.(440.0,85.0,84)} = 40,57A \tag{9.6}$$

Pelo critério da capacidade de corrente, usando a Tabela 9.1, o condutor será o de 10 mm².

Pelo critério da queda de tensão, tem-se:

$$S = \frac{\sqrt{3}.(40,57.80)}{(56.440.0,05)} = 4,56\ \text{mm}^2 \tag{9.7}$$

O condutor escolhido deve ser de 10 mm².

EXEMPLO 3

Determinar a secção dos condutores no circuito mostrado e admitir a queda de tensão de 4%. Calcular as correntes I_1, I_2, I_3, I_4, I_5.

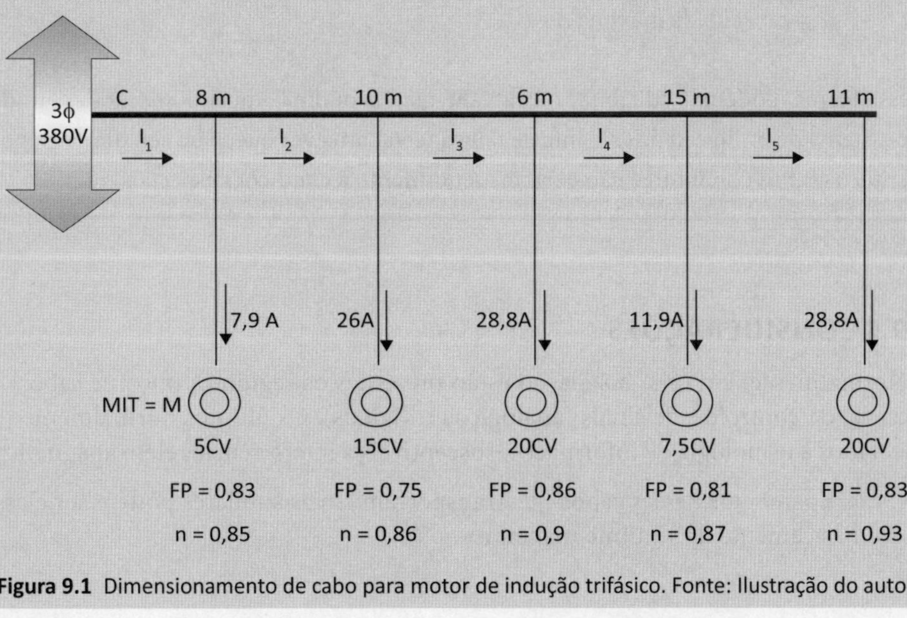

Figura 9.1 Dimensionamento de cabo para motor de indução trifásico. Fonte: Ilustração do autor.

A seção de um condutor pode ser obtida de *forma aproximada* a partir de uma queda de tensão predeterminada:

$$S_C = \frac{[173{,}2.\rho.\sum(L_C.I_C)]}{(\Delta_V\%.V_{FF})} \tag{9.8}$$

$\rho = (1/56)$

$$S_C = 1{,}732.\left(\frac{1}{56}\right).\frac{[(7{,}9.8)+(26.18)+(28{,}8.24)+(11{,}9.38)+(28{,}8.49)]}{0{,}04.380}$$

$S_C = 6{,}27 \text{ mm}^2$

Sugerido cabo de secção de 10 mm².

O diâmetro mínimo dos condutores nas áreas classificadas é definido em função da máxima temperatura, que poderá ser verificado pela formulação $\Delta 0_C$.

$$\Delta\theta_C = \Delta\theta_Z.\left(\frac{I_C}{I_Z}\right)^2 \tag{9.9}$$

- $\Delta\emptyset_C$ = superaquecimento do cabo (°C);
- $\Delta\emptyset_Z = \emptyset_{max} - \emptyset_{amb}$ (°C);
- $\emptyset_{max}$ = máxima temperatura admissível para o cabo (°C);
- $\emptyset_{amb}$ = temperatura ambiente (°C);
- I_C = corrente da carga (A);
- I_Z = capacidade máxima do fio (A).

Dessa forma, podemos adicionar outra vantagem econômica quando da utilização de um sistema de limitação de corrente de falta à terra, uma vez que, para seu dimensionamento, os cabos condutores não exigem atendimento a condições especiais.

9.4 CONSIDERAÇÕES

Normalmente, em uma instalação estão presentes os seguintes tipos de cabos: de potência, de controle e de sinais (analógicos e digitais). Os últimos normalmente são conectados à tecnologia de informação, susceptíveis a interferências eletromagnéticas.

Os agrupamentos desses cabos que transportam sinais similares podem ser classificados basicamente da seguinte maneira:

- Cabos muito sensíveis: baixas tensões e correntes, como cabos de controle associados a equipamentos digitais, normalmente para entradas digitais e analógicas de 24V/8 mA.
- Cabos sensíveis: como é o caso de cabos de sinalização e *flat cabes* em 24 V para transferência paralela de dados.
- Cabos indiferentes: de potência CA com tensões entre 100 e 250 V.
- Cabos ruidosos: utilizados em linha de alimentação de relés de corrente contínua e alternada, sem medida de proteção alguma, como por meio de filtros.
- Cabos muito ruidosos: como é o caso dos utilizados em ligação de motores de corrente contínua com escovas, linha de potência chaveadas e similares.

Após o agrupamento dos cabos, eles devem ser instalados com certas distâncias predeterminadas, basicamente seguindo a configuração em bandeja e eletrodutos:

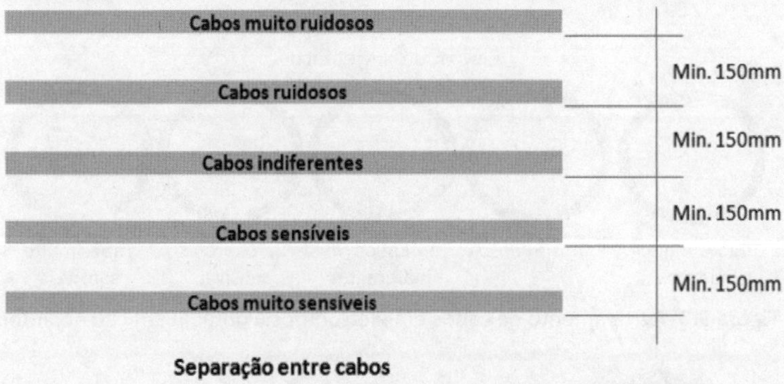

Figura 9.2 Agrupamento de cabos em bandejas. Fonte: Composição do autor.

O encaminhamento de cabos em áreas classificadas deve ser ininterrupto, onde possível. No lugar em que não for possível, as emendas deverão ser realizadas em invólucros com o tipo de proteção apropriado para a Zona. É importante garantir que as emendas não sejam sujeitas a esforços mecânicos e que sejam preenchidas com epóxi, composto de enchimento ou buchas com tubos termocontráteis a quente ou a frio, de acordo com as instruções do fabricante.

A terminação não utilizada de cada condutor em multicabos instalados em áreas classificadas deve ser conectada à terra ou ser adequadamente isolada com terminações apropriadas. A isolação por fita isolante não é prática recomendada.

9.5 ELETRODUTOS

Unidades seladoras devem ser instaladas no invólucro, na parede do invólucro, não mais do que 50 mm da parede do invólucro à prova de explosão, para limitar os efeitos de pré-compressão e evitar a entrada de gases quentes no sistema de eletrodutos a partir de um invólucro contendo uma fonte de ignição.

Deve dispor de no mínimo cinco fios de roscas, para permitir conexão entre eletroduto e invólucro à prova de explosão.

Nos lugares em que o invólucro é projetado especificamente para conexão em eletrodutos, mas for requerido ser conectado por cabos, então um adaptador à prova de explosão, completo, com buchas e caixa terminal, pode ser conectado à entrada de eletrodutos do invólucro, com um comprimento de eletrodutos que seja tão curto quanto razoavelmente possível, não maior do que 50 mm.

O cabo pode ser então conectado à caixa de terminais (do tipo à prova de explosão ou segurança aumentada), de acordo com os requisitos de proteção da caixa.

Convém que elementos de fechamento (bujões à prova de explosão) sejam conectados às entradas de eletrodutos do invólucro.

Aberturas em paredes para cabos e eletrodutos entre áreas classificadas e não classificadas devem ser adequadamente seladas, por exemplo, por meio de selagem com areia ou selagem com argamassa, para manter a classificação de área, onde necessário.

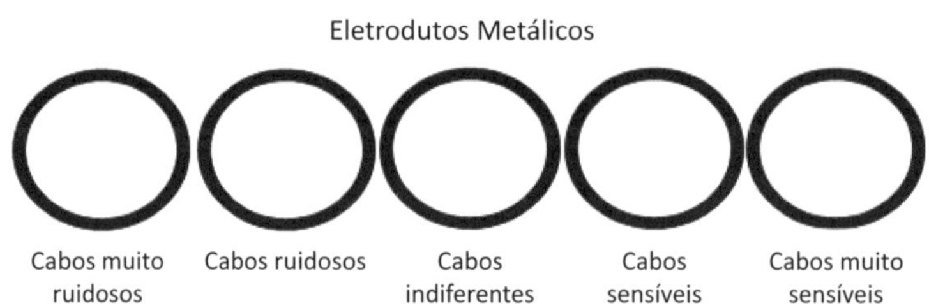

Figura 9.3 Agrupamento de cabos em eletrodutos. Fonte: Ilustração do autor.

9.6 ARCO ELÉTRICO EM BAIXA TENSÃO

9.6.1 PROPRIEDADES

- É extremamente móvel;
- Tem capacidade ilimitada de condução de corrente;
- Tem temperatura muito alta (centenas de °C);
- Apresenta uma tendência de aumentar a área envolvida pelo circuito;
- A resistência aumenta com o comprimento e diminui com o aumento da secção (vale a relação: $R = k\,(L/S)$);
- A resistência aumenta com a diminuição da temperatura.

9.6.2 MEIOS DE INTERRUPÇÃO

- Aumentar sua resistência (por alongamento, diminuição da secção ou diminuição da temperatura); quando a queda de tensão for igual à tensão aplicada, cessará a formação de novos elétrons por avalanche eletrônica;

- Aumentar a sua mobilidade, o que diminui a emissão por aquecimento dos eletrodos;
- Aumentar a agitação molecular, com isso aumenta a probabilidade de enlace.

Os equipamentos destinados a interromper as correntes, sejam de curtos-circuitos, sejam de carga ou sobrecarga, podem receber o nome genérico de interruptores.

Serão disjuntores se forem capazes de interromper e estabelecer correntes de curto.

Serão contatores quando puderem interromper correntes de sobrecarga, forem comandados a distância e tiverem uma vida eletromecânica longa.

Serão chaves de abertura sob carga quando destinados à abertura de circuitos com corrente de carga, um pequeno número de vezes.

Os estudos de curto-circuito e coordenação de proteção são elaborados geralmente considerando-se o curto fase-terra.

Geralmente as faltas ocorrem com a existência de arco elétrico no ponto de curto e, nesse caso, a sua resistência interna deve ser levada em consideração. Estudos revelam que, em equipamentos de baixa tensão, uma falta a arco se mantém somente a partir de 150 Vac.

A tensão de arco é relativamente insensível à corrente, o que significa que a resistência do arco é variável. Pode-se deduzir que uma falta a arco sustentada é improvável em sistemas com tensão fase-terra menor que 150 Vac. Em outras palavras, um sistema 220/127 Vac dificilmente sustentaria uma falta ao arco.

Por outro lado, em sistemas com tensões maiores, existe maior probabilidade de sustentar tal tipo de falta, como 380/220 Vac e 480/277 Vac. A resistência ao arco tende a variar de forma a manter a tensão de arco em 150 Vac.

Dessa forma, a magnitude da corrente de surto é limitada a um valor abaixo da sensibilidade do dispositivo de proteção de fase.

Com uma falta a arco elétrico desenvolvendo alta energia e corrente à terra limitada, explica-se porque tal tipo de falta é mantida durante longo tempo, sem operação da proteção, resultando em destruição de equipamentos, principalmente painéis.

As faltas à terra com arco sustentado no sistema de 480 Vac se constituíram no maior inconveniente antes do uso de proteções de terra.

O uso de proteções de falta à terra (50/51 G) minimizou o dano causado pelas faltas a arco que não podiam ser interrompidas pelas proteções de fase, já que estavam dimensionadas para correntes de 1.000 A e maiores, obrigando, no entanto, o desligamento imediato do sistema elétrico sob curto-circuito.

Além do dano aos equipamentos, o calor e os gases quentes resultantes da falta a arco podem causar sérios ferimentos e até morte. Temperaturas de até 10.000 ºC podem ser geradas instantaneamente no plasma que ocorre na falta. A ionização de gases quentes com taxa elevada de expansão pode inflamar qualquer pessoa ou objeto que esteja no caminho.

O emprego de sistemas aterrados via resistores de alto valor veio a minimizar a extensão do dano devido a uma falta, uma vez que a falta fica restrita a um pequeno valor variando de 1 a 5ª, assim como o calor gerado pela corrente elétrica.

Portanto a energia dissipada em uma falta à terra é drasticamente reduzida pelo uso de aterramento por impedância. Ele cria uma queda de tensão ao longo do resistor de aterramento e, com isso, a tensão resultante no ponto da falta à terra é muito menor que 150 V. Nessas condições, uma falta a arco sustentada é improvável.

9.7 SISTEMA DE ATERRAMENTO ADEQUADO

Por sua vez, de acordo com a norma brasileira ABNT NBR 5410 (ABNT, 2018b), o aterramento do neutro utilizando resistores de alto valor está contemplado pelas exigências aplicáveis ao esquema de aterramento IT.

Em se tratando das prescrições das normas norte-americanas, pode-se fazer menção ao artigo 250-5 do NEC – *National Electrical Code* (ANSI/NFPA, 1996) o qual, em sua exceção nº 5, prescreve algumas recomendações/observações para aplicação do sistema de aterramento via resistores de alto valor:

- As condições de manutenção e supervisão devem assegurar que somente pessoas qualificadas trabalhem nas instalações.
- O sistema é adequado para instalações nas quais a continuidade operacional do sistema elétrico for requerida.
- Deverão existir detectores que possam pesquisar faltas à terra.
- Não poderão existir cargas ligadas entre fase e neutro no sistema elétrico.

Os níveis de tensão que ocupam a maioria das instalações elétricas industriais são 380 V e 480 V.

Historicamente, as formas de aterramento do neutro, nesses casos, concentraram-se nos seguintes tipos: sistemas isolados IT (filosofia europeia) e sistemas aterrados solidamente TN (filosofia americana e, até então, com ampla utilização no Brasil).

No primeiro caso, ocorrendo uma falta para a terra, o retorno da corrente se dá via capacitâncias por meio das outras duas fases sãs, e, embora o sistema continue operando normalmente, sobretensões transitórias da ordem de até três vezes ou mais o valor da tensão nominal do sistema, se manifestarão. Além disso, a localização do ponto em que ocorreu a falta é extremamente difícil, exigindo desligamentos sucessivos.

No segundo caso, o ponto neutro é conectado diretamente ao potencial de terra e as sobretensões transitórias são eliminadas, porém podem surgir curtos francos de elevado valor ou curtos com arco de resistência não linear, desenvolvendo, em consequência disso, energia e temperatura elevadíssimas. O sistema deve ser desligado imediatamente após a ocorrência da falta e é comum ocorrerem acidentes pessoais, podendo gerar a destruição de equipamentos.

Figura 9.4 Curto-circuito com neutro solidamente aterrado. Fonte: Acervo pessoal do autor.

O aterramento do neutro em sistemas elétricos de baixa tensão (BT) mostra que inserir uma impedância entre o ponto neutro e a terra de valor adequadamente dimensionado elimina as sobretensões transitórias.

Adicionalmente, o sistema elétrico continuaria operando após a ocorrência da primeira falta, isso porque há apenas um deslocamento do neutro, mantendo-se entre as três fases a mesma diferença de potencial.

Além do mais, como o valor da corrente para a terra é bastante reduzido (da ordem de 1 a 5 A), consegue-se operar a instalação elétrica em condições de maior segurança pessoal e para os equipamentos e, por meio de sensores (de corrente de sequência zero e tensão de sequência zero), o curto à terra é detectado, bem como identificada a fase na qual esse curto ocorreu, permitindo que se faça ainda a leitura dos valores de corrente e tensão no instante do defeito.

A pesquisa do local no qual ocorreu a falta é efetuada após o desconfinamento prévio do curto, e pode ser feita de duas formas: com um sensor de fuga à terra (conjunto TC toroidal e sensor de corrente) instalado em cada alimentador ou com um alicate amperímetro analógico o qual, abraçando simultaneamente as três fases do alimentador, identifica o ramal com defeito por meio de uma corrente pulsante gerada pelo próprio equipamento de limitação.

Como características operacionais interessantes, pode-se afirmar que os limitadores de corrente via resistores de alto valor operando em sistemas elétricos industriais de baixa tensão trazem consigo, de imediato, dois grandes benefícios, que são os de limitar a corrente do curto fase-terra a um valor muito baixo e supervisionar o sistema elétrico durante a sua ocorrência. Mas não são apenas esses os benefícios decorrentes. Entre outros, podem ser consideradas as seguintes vantagens, quando de sua utilização:

- Evita os severos danos causados pelo curto fase-terra.
- Impede que os acidentes causados por falhas humanas resultem em risco para a integridade física de operadores e eletricistas.
- Evita a destruição de painéis e CCM, principalmente se o curto for com arco.
- Impede a danificação do circuito magnético se o curto-circuito for em motores.
- Diminui sensivelmente a frequência da substituição de fusíveis.
- Aumenta efetivamente a produtividade da planta (uma vez que, mesmo após a ocorrência do defeito, ela continua operando normalmente).

A eliminação da falta pode ser feita a partir de uma manutenção programada, por exemplo, nas trocas de turno.

Considerando que o barramento de força de baixa tensão (BT) continua alimentando normalmente as cargas mesmo após ocorrido o curto-circuito fase/terra, também o sistema de controle que é alimentado a partir do barramento de força de baixa tensão (BT) fica preservado, e assim todo o controle do processo.

Do ponto de vista da segurança pessoal, o sistema isolado oferece maior segurança aos mantenedores, porquanto, na ocorrência de um curto fase/terra acidental durante testes na manutenção em gavetas e painéis, não ocorre a abertura de arcos violentos e explosões que ocorrem em sistemas solidamente aterrados e que podem ocasionar graves queimaduras.

Dentro desse cenário, desde o projeto da instalação elétrica para indústrias que processem materiais inflamáveis, como para indústrias de plásticos, vernizes, tintas, remédios e refinarias de petróleo, deve existir a preocupação com relação à segurança e continuidade operacional.

A tecnologia de resistor de alto valor vem ao encontro a essas necessidades, e, desde que implementada de forma conveniente e por profissionais devidamente capacitados, esse tipo de aterramento deve ser padrão.

Considerações:

- Sistemas elétricos que não são conectados fisicamente à terra estarão acoplados a ela pelas citadas capacitâncias parasitas, sendo que uma corrente capacitiva fluirá de um condutor para o outro condutor através da terra.
- As pessoas estão normalmente em contato com a terra – por estarem fisicamente sobre ela ou tocando objetos ligados fisicamente à terra. Se tocar em um condutor vivo de um sistema IT, o corpo humano ficará em paralelo com a capacitância parasita, possibilitando, desse modo, a circulação de uma corrente elétrica que poderá ser fatal.
- Sistemas isolados da terra podem facilmente ter correntes capacitivas, o que poderá ser fatal quando uma pessoa toca um dos condutores energizados.

- Sobretensões transitórias poderão surgir atingindo valores de três ou mais vezes a tensão nominal, no caso de contatos intermitentes de uma das fases à terra.
- Sobretensões sustentadas nas outras fases sãs alcançam valores de $\sqrt{3}$ vezes sua tensão nominal.
- O ponto de falta nesse tipo de circuito também é de difícil localização.

9.8 POTENCIAL DE IGNIÇÃO

Em sistemas isolados, correntes de defeito por alta resistência ou correntes de carga capacitiva (ainda que de baixo valor) são suficientes para provocar centelhas com potencial de ignição em atmosferas explosivas, especialmente se houver falta à terra intermitente.

Com correntes de defeito dessa magnitude, o risco de centelhamento por mau contato no ponto de aterramento é bastante reduzido, porém, não eliminado, daí a importância de realizar um bom aterramento em áreas classificadas.

A publicação ABN NBR IEC60079-1 (ABNT, 2020c) aponta que a energia para ignição de uma mistura de Classe IIA pode ocorrer com centelha obtida a partir de uma corrente tão baixa quanto 0,8 A, com tensão de 24 VCC, em um circuito com resistor, ou corrente de descarga capacitiva de 0,25 µf com tensão aplicada de 100 VCC.

9.9 DETECTOR DE FALTA PARA TERRA

Qualquer defeito fase-terra deve ser rapidamente investigado e eliminado para evitar sua evolução para um curto-circuito bifásico, com altíssimas correntes, que pode ocorrer em qualquer circuito, podendo abrir arcos em qualquer local da instalação, seja em superfície terrestre ou marítima.

Em geral, dispositivos detetores de falta à terra devem ser instalados em todos os quadros de distribuição geral, normalmente exigidos pelas classificadoras.

Um sistema de detecção de falta para terra no quadro elétrico deve ser fornecido para cada sistema de distribuição e de potência elétrica que seja isolado da fonte principal de potência, por meio de transformadores ou outros dispositivos. Para sistemas aterrados por alta impedância, alarmes visual e sonoro devem ser fornecidos em locais normalmente guarnecidos.

Em circuitos trifásicos de baixa tensão, o detetor mais comum possui três lâmpadas que em condições normais apresentam brilhos iguais, mas, na ocorrência de algum defeito de uma fase à terra, a lâmpada correspondente à fase defeituosa é apagada ou tem o brilho muito menor que o das outras duas.

Outro dispositivo comum é um relé detector de terra, com o objetivo de monitorar a tensão no resistor de aterramento, que tem a tensão elevada quando circula corrente de defeito de uma fase à terra.

CAPÍTULO 10

INSTRUÇÕES LIMITADAS DE ATERRAMENTO

10.1 ATERRAMENTO DE EQUIPAMENTOS

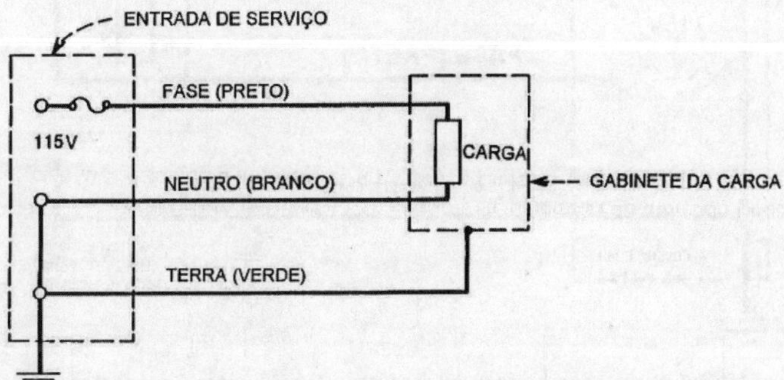

Figura 10.1 Circuito monofásico de alimentação de potência com três condutores.

Fonte: Composição do autor.

O aterramento dos equipamentos objetiva:

- Assegurar que todas as partes de uma estrutura, gabinete e carcaça de um equipamento não estejam com um potencial acima da terra que possa ser perigoso para pessoas.
- Garantir que as conexões e dispositivos de aterramento sejam adequados para que, em condições anormais, não permitam a elevação do potencial da estrutura ou carcaça para níveis perigosos.

- Propiciar um caminho efetivo sobre o qual as correntes de fuga envolvendo a terra possam escoar sem centelhamento ou superaquecimento, para evitar a ignição de materiais em atmosferas explosivas.

A estrutura de equipamentos elétricos, com todas as partes metálicas e não condutoras decorrente dos equipamentos e dos dispositivos elétricos, deve ser aterrada por meio de conexão a um sistema de aterramento.

Em geral, o condutor de aterramento dos equipamentos deve ser conectado tão diretamente quanto possível à terra do sistema elétrico. Colocando os condutores de aterramento tão próximos quanto possível dos condutores de alimentação, a queda de tensão será minimizada nas condições de falta.

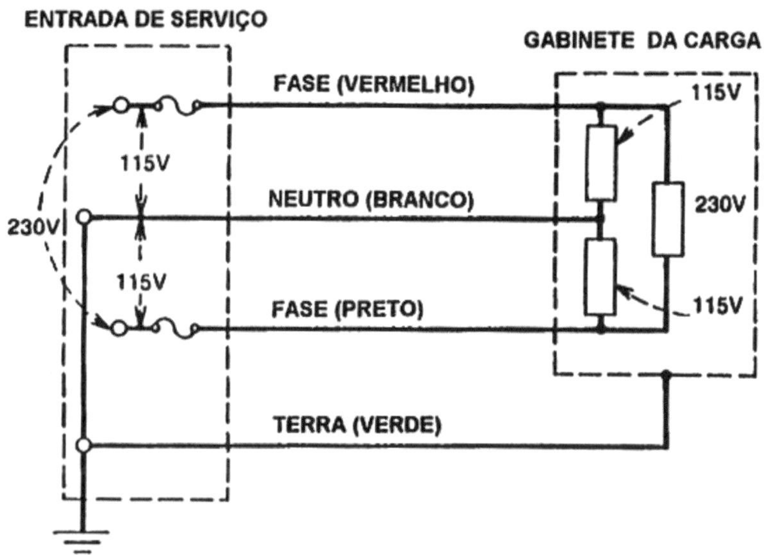

Figura 10.2 Condutores de fase e terra próximos. Fonte: Composição do autor.

10.2 ATERRAMENTO DE SISTEMA

O principal requisito de um sistema de aterramento é manter a resistência à terra das estruturas e carcaças dos equipamentos no nível mais baixo possível.

Com um sistema de aterramento adequado, o potencial à terra, durante as condições de falta, não será perigoso para o pessoal nem para o equipamento, e os dispositivos de proteção operarão corretamente. As conexões de aterramento podem ser feitas de várias maneiras.

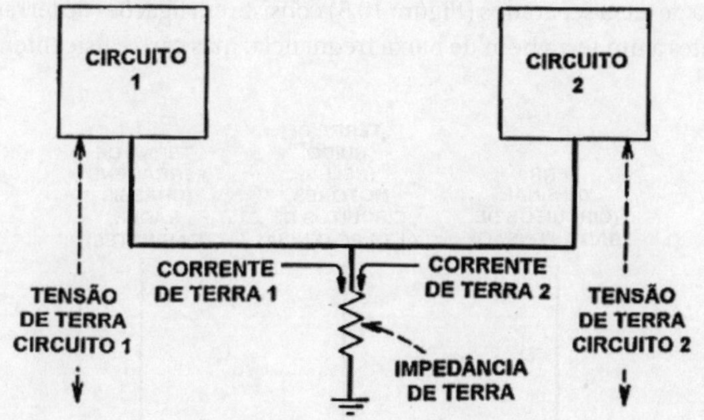

Figura 10.3 Circuitos usando a mesma conexão de terra. Fonte: Composição do autor.

Quando dois circuitos utilizam o mesmo terra (Figura 10.3), a tensão de terra de cada circuito é afetada pela corrente de terra do outro circuito.

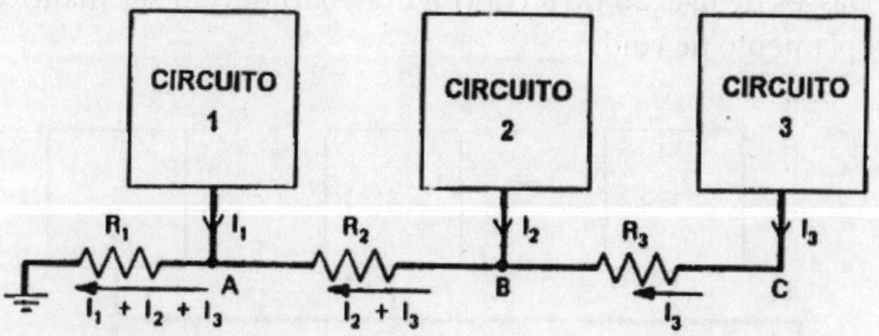

Figura 10.4 Sistema de terra comum. Fonte: Composição do autor.

Um sistema de terra comum (Figura 10.4) consiste em uma ligação em série que é insatisfatória do ponto de vista da geração de ruídos.

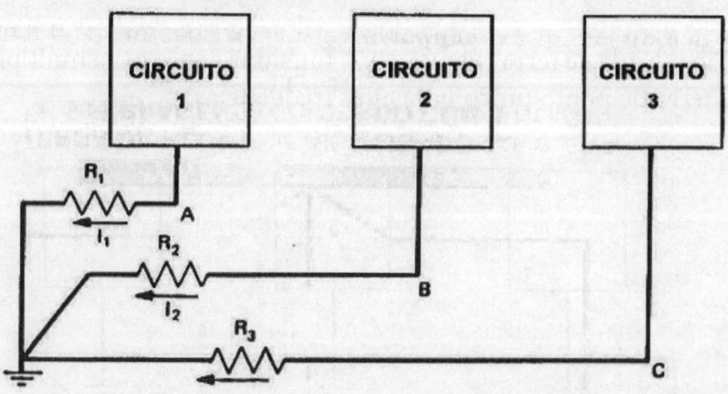

Figura 10.5 Sistema de terra separados. Fonte: Composição do autor.

Um sistema de terra separados (Figura 10.5) consiste em ligações de terras em paralelo, correspondentes a um terra bom de baixa frequência, mas caro e fisicamente volumoso.

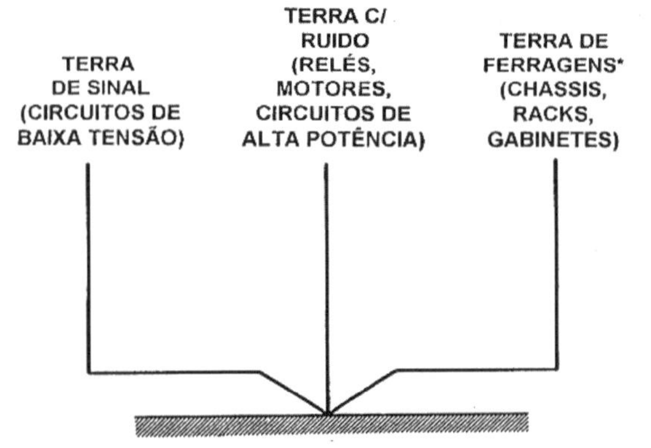

Figura 10.6 Terra compartilhado com as ferragens da estrutura. Fonte: Composição do autor.

Essas três classes de ligação de terra (Figura 10.6) devem ser mantidas separadas para evitar acoplamento de ruído.

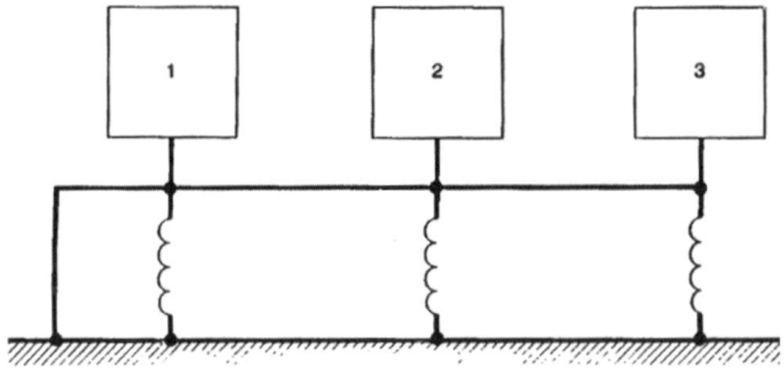

Figura 10.7 Ligação híbrida de baixa frequência. Fonte: Composição do autor.

Uma ligação híbrida de terra (Figura 10.7) funciona como terra múltiplo para baixas frequências e terra de ponto único para altas frequências.

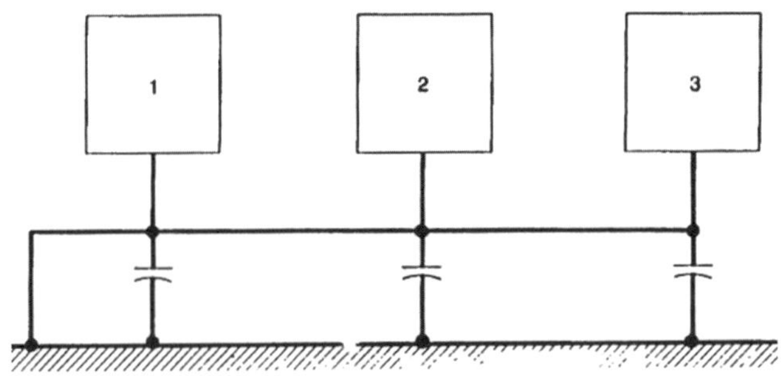

Figura 10.8 Ligação híbrida de alta frequência. Fonte: Composição do autor.

Uma ligação híbrida de terra (Figura 10.8) funciona como terra de ponto único para baixas frequências, e terra múltiplo para altas frequências.

O sistema de aterramento para uma planta de grande porte pode envolver uma extensiva rede de malhas interconectadas por cabos oriundos de equipamentos e estruturas metálicas diversas.

Os requisitos específicos para os sistemas de aterramento são dados na NPFA 70 (ANSI/NFPA, 1996), e informações detalhadas estão incluídas no IEEE Standard 142 (IEEE, 1993b).

Além das conexões de aterramento das estruturas metálicas dos materiais e equipamentos, é necessária a conexão do sistema elétrico à terra. Essa conexão deve ser independente de qualquer outra conexão de aterramento.

10.3 ATERRAMENTO DE REDES ELÉTRICAS SUBTERRÂNEAS

Acerca do aterramento de redes elétricas subterrâneas conferir o Item 6.3.2 no Capítulo 6.

10.4 APLICAÇÃO ESPECÍFICA DO ATERRAMENTO

As estruturas de aço dos *skids*, painéis e instalações similares devem ser aterradas em vários pontos, ao menos dois por estrutura, com conexões fortes para a malha de aterramento.

Os tanques, vasos, torres, trocadores e equipamentos similares não suportados ou ligados a uma estrutura de suporte aterrada devem ser aterrados usando, no mínimo, duas conexões à malha de aterramento.

10.5 PROTEÇÃO CONTRA DESCARGAS ATMOSFÉRICAS

Descargas atmosféricas são fenômenos resultantes da elevada diferença de potencial entre dois pontos específicos na atmosfera, normalmente entre nuvens carregadas eletricamente e a superfície da terra, ocasionando o aparecimento de um intenso campo elétrico, o qual, em dado instante, consegue romper a rigidez dielétrica do ar ambiente e provocar a abertura de um caminho ionizado para passagem de uma elevada corrente em um reduzido espaço de tempo.

No instante da ocorrência da descarga elétrica, o campo eletromagnético gerado, a partir do ponto da ocorrência, desloca-se radialmente e induz nos cabos elétricos, telefônicos e postes das concessionárias tensões elétricas de elevado valor, que atingirão as vítimas, após propagarem sob forma de surto.

Por exemplo, considerando uma descarga atmosférica de 50 kA em uma torre do *flare* com altura de 30 metros e estimando a indutância do cabo que equaliza a torre em 1 μHm, a tensão aproximada é de 1.500 kV.

Figura 10.9 Descarga atmosférica em uma torre marítima. Fonte: Acervo pessoal do autor.

10.5.1 CUIDADOS FUNDAMENTAIS

Quando há uma descarga atmosférica, são gerados campos magnéticos intensos, que podem gerar faiscamentos entre peças metálicas a potenciais diferentes. Além disso, em torno dos condutores de descida, aparece o *efeito corona*, com faiscamentos que podem gerar explosões ou incêndios.

Para reduzir as possibilidades de incêndio e explosões, seguem algumas orientações básicas para Zonas I e II (poeiras, gás e vapor):

- Evitar que o canal do raio atravesse uma zona em que haja gás, vapor ou poeiras em condições de inflamação.
- O condutor de descida do para-raios não deve atravessar uma área classificada em condições de inflamação.
- Evitar a presença de peças a potenciais flutuantes nas proximidades de outras peças aterradas que possam produzir faiscamento dentro da área classificada.
- Evitar laços abertos formados por peças metálicas ou por condutores de circuitos que possam produzir faiscamento na distância livre que esteja em área classificada.
- Considerar que alguns componentes de circuitos, como varistor, podem aquecer a tal ponto que a resina de sua composição se inflama.

No caso de uma plataforma marítima, a equalização dos potenciais poderá ser executada pelo anel de aterramento, que por sua vez é interligado aos pilares da plataforma.

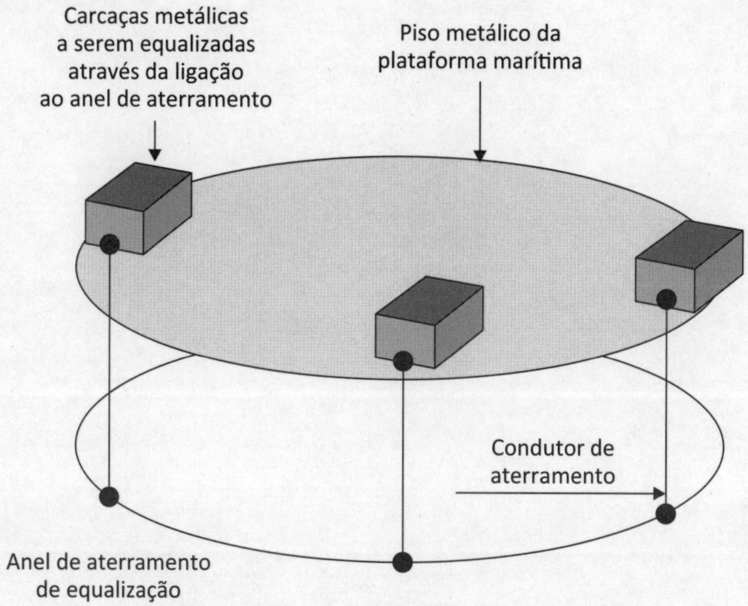

Figura 10.10 Anel de aterramento em plataforma. Fonte: Composição do autor.

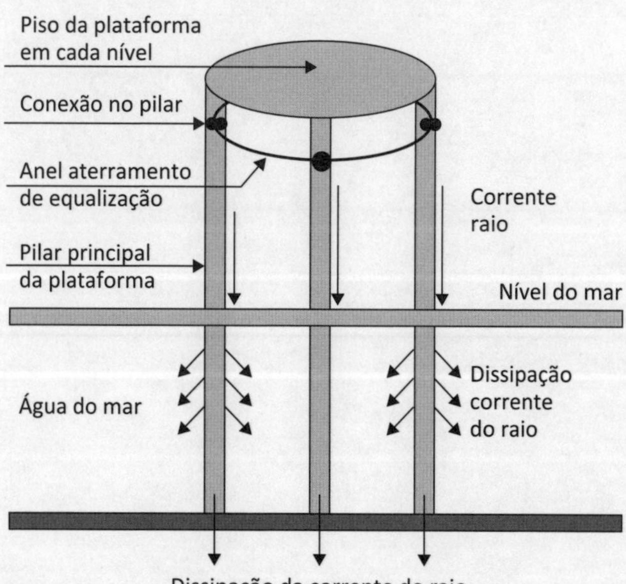

Figura 10.11 Aterramento e equalização dos potenciais em plataforma. Fonte: Composição do autor.

CAPÍTULO 11
TANQUES DE ARMAZENAMENTO

11.1 TANQUES DE ARMAZENAMENTO

Tanques de armazenamento são equipamentos encontrados nas refinarias e terminais. Eles são construídos com chapas de aço carbono, soldados, verticais, cilíndricos, não enterrados, sujeitos à pressão atmosférica e destinados ao armazenamento de petróleo e seus derivados.

O concreto e as ferragens no solo formam a base do tanques e se comportam como um eletrodo de aterramento, porque retêm umidade, pela resistência do conjunto ser baixa. Isso atribui ao tanque a característica de estar bem aterrado.

Os tanques de armazenamento são imprescindíveis ao funcionamento de uma unidade operacional e são classificados como:

11.1.1 TETO FIXO

Os tanques de teto fixo que obedecerem às seguintes condições podem ser considerados auto protegidos quando da ocorrência de uma descarga atmosférica, de acordo com a ABNT NBR 5419 (ABNT, 2015):

a) A espessura do teto for superior a 4 mm.

b) Obter continuidade elétrica em todas as chapas.

c) Possuir válvula de pressão PV para compensar a sobre ou subpressão interna. Se o tanque não tiver esse tipo de válvula, deverá ser provido de corta-chamas, que é um conjunto de chapas corrugadas que permitem, quando frias, a passagem de vapor. No caso do aparecimento de chamas, as chapas se deformam e provocam a obstrução à passagem do vapor.

As normas não recomendam mais o uso de corta-chamas nas saídas das válvulas, porque elas podem ficar entupidas e dificultar ou mesmo impedir a saída de gases.

d) O bom aterramento é conseguido naturalmente nos tanques grandes, com diâmetro maior que 6 metros e apoiado diretamente no solo ou em base de concreto.
e) Garantir a continuidade elétrica entre os medidores de nível metálicos e o costado.

Satisfeitas essas condições, nada mais é necessário fazer. Acidentes que ocorrem nesse tipo de tanque são ocasionados geralmente por falha, seja da manutenção, operação, projeto ou ainda pela adição de um novo elemento.

Internamente, o teto do tanque vai se corroendo pelos vapores dos combustíveis. A manutenção deve ser instruída a verificar periodicamente e condenar aqueles tanques que estejam com espessura inferior a 4 mm. É importante notar que essa prescrição se aplica a qualquer parte do teto, isto é, o valor 4 mm é um valor mínimo e não um valor médio.

Instalar sistemas de controle, de medição ou temperatura e não prever o uso de protetores poderá transferir para o interior do tanque, por meio dos condutores elétricos, a elevação de potencial e causar sérias consequências na queda de um raio.

Válvula de pressão não inspecionada, com molas enfraquecidas, permitem que o vapor saia à baixa velocidade e, se houver queda de raio enquanto a válvula estiver operando, as chamas poderão entrar no interior do tanque e causar explosão. Essas possibilidades sugerem a não execução de operações de enchimento ou esvaziamento de tanques durante as trovoadas.

Figura 11.1 Tanque de armazenamento de petróleo. Fonte: Acervo pessoal do autor.

11.1.2 TANQUES DE TETO FLUTUANTE

Nesses tanques, há risco de incêndio quando o teto está baixo e restou na parede interna uma película de combustível. Na ocasião da queda de um raio no teto, saltará uma descarga para o costado e o combustível se inflamará.

Quanto mais baixo estiver o teto, maior será a extensão do incêndio. A solução é estabelecer uma continuidade elétrica entre o teto e o costado do tanque. O contato fornecido pela escada normalmente instalada entre costado e teto do tanque não é suficiente.

São necessárias várias ligações com cabos de cobre nu flexível, espaçado de três em três metros ao longo do perímetro, segundo recomendação do API – *American Petroleum Institute* (API, c2021).

Os cabos devem se manter esticados para não embaraçar, e isso não é muito simples de se conseguir: pode-se, por exemplo, usar uma roldana e manter o cabo esticado por um peso.

A alternativa de instalar condutores flexíveis sob forma de lâminas fixadas no teto e arranhando o costado não tem se mostrado satisfatória para os combustíveis pesados.

Após algumas descidas e subidas do teto, a lâmina não consegue mais atingir o costado, ficando uma película de combustível entre eles, e pode acontecer incêndio no caso de queda de raio sobre o teto. O contrapeso utilizado em alguns projetos de tanques também não mantém um bom contato elétrico.

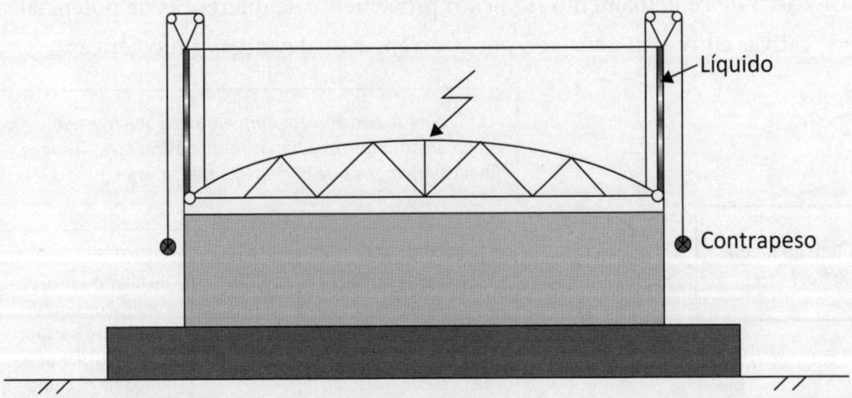

Figura 11.2 Esquema de tanque com teto flutuante. Fonte: Composição do autor.

11.2 ANÁLISES DE RISCO

Essa análise foi incluída pelo fato de a maior parte da área física de uma refinaria de petróleo ou terminal marítimo ser constituída de tanques de armazenamento, e a maioria armazena substâncias inflamáveis com atmosferas explosivas, expondo o meio ambiente e o homem a riscos incalculáveis. Para essa análise foi utilizada a ABNT NBR 5419 (ABNT, 2015).

Exemplo de aplicação:

a) Risco de perfuração do tanque (vazamento e/ou incêndio) ou de geração de ponto quente localizado (risco de ignição da atmosfera interna) por ocorrência de descargas atmosféricas.

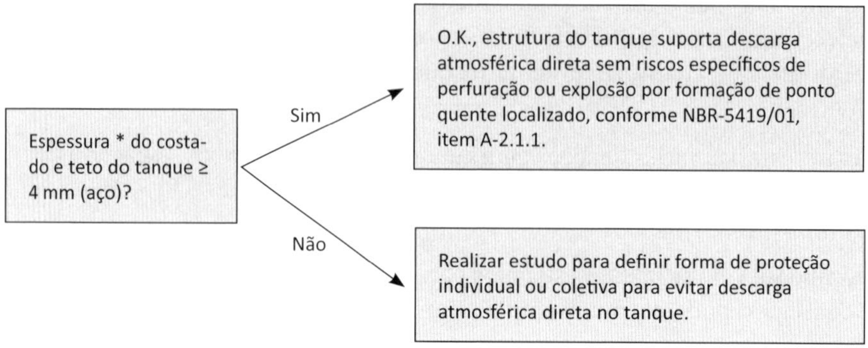

Comentário:

Havendo redução significativa e disseminada de espessura das paredes por corrosão, principalmente no teto do tanque, recomenda-se adotar postura conservadora ou preventiva e utilizar o dado de espessura mínima reduzida.

Atenção: A ABNT NBR 5419 (ABNT, 2015) recomenda a espessura mínima de chapa.

b) Risco de centelhamento (ignição) proveniente de diferenças de potencial significativas entre teto e costado por ocorrência de descargas atmosféricas.

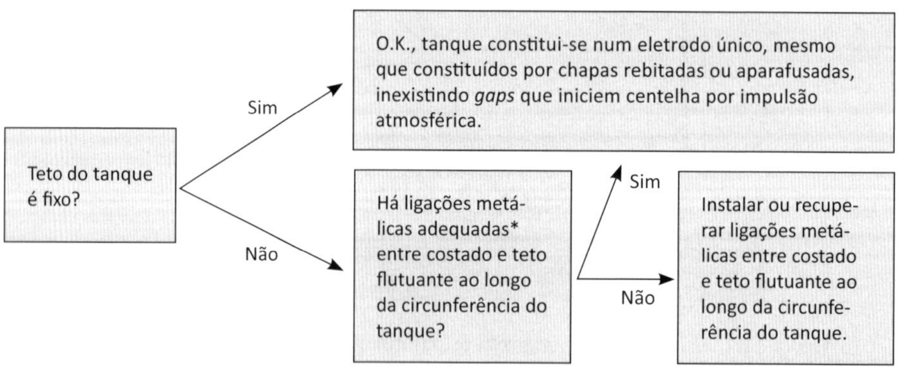

Comentários:

"Estas ligações metálicas não previnem a ocorrência de centelhamentos envolvendo a atmosfera explosiva acumulada sobre o teto flutuante do tanque. (ABNT, 2015, item A – 2.3.2).

Caso a condição acima não seja aceitável, deve-se instalar proteção individual ou coletiva para prevenir a incidência direta de raios sobre o tanque, ou ao menos evitar a penetração deste na zona com atmosfera explosiva situada acima do teto.

a) Risco de surgimento de potenciais elevados entre tanque e solo por deficiência de escoamento dos surtos atmosféricos para a terra (risco de ignição ou de choque a seres humanos).

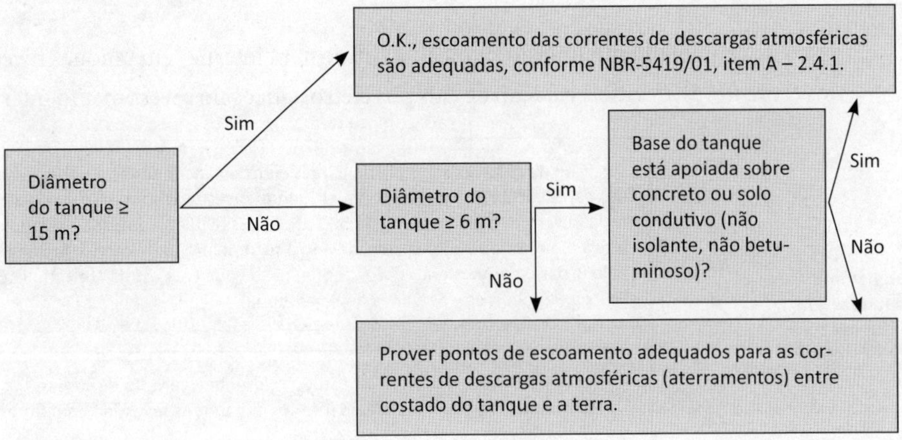

Comentários:

O princípio aqui considerado é o do acoplamento capacitivo entre o fundo do tanque e o solo. Nesse caso, o surto é considerado transferível para o solo mesmo sem conexão metálica à terra.

No caso da necessidade de conexões metálicas à terra, elas devem ser múltiplas e distribuídas uniformemente ao longo da circunferência do costado.

Recomenda-se evitar a instalação de proteção catódica por corrente impressa em tanques que não atendam às condições de acoplamento capacitivo.

b) Risco de propagação de chama para interior do tanque após incidência de descargas atmosféricas diretas ou indiretas nas proximidades do tanque.

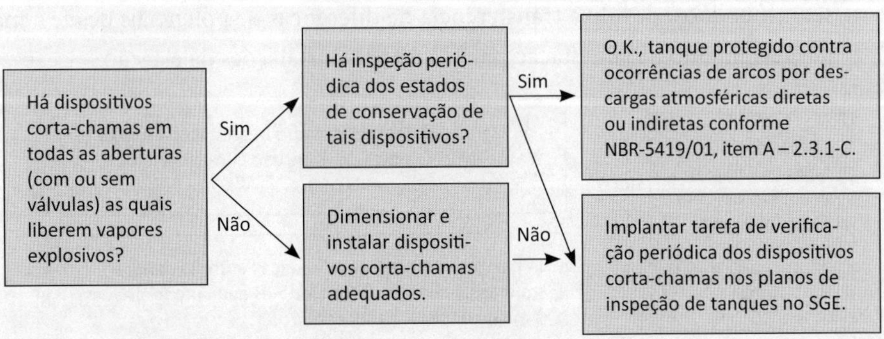

Comentários:

Recomenda-se que a tarefa de inspeção dos dispositivos corta-chama instalados seja considerada crítica ou prioritária, dada a frequência de entupimentos.

Caso seja adotada a prática de substituição dos dispositivos corta-chamas por componentes em reserva rotativa (subconjunto), deve-se atentar para o MESG especificado originalmente para cada caso, quando forem diferentes as substâncias armazenadas no parque de tanques considerado.

c) Risco de centelhamento interno (ignição da atmosfera interna) em tanques revestidos (com fibra), devido à geração de campos eletrostáticos no revestimento interno.

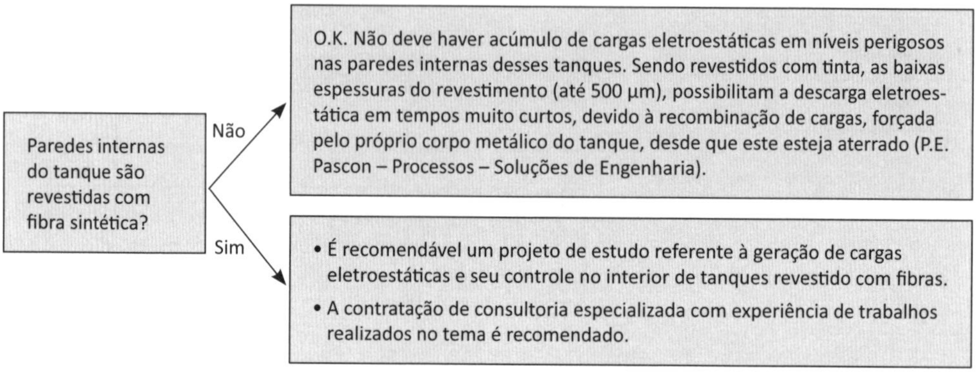

Comentários:

A norma API-2003, 6ª edição, setembro de 1998, preconiza no seu item 4.5.9.1 (API, 2003), referente a tanques de superfície, que "não é recomendável armazenar líquidos inflamáveis em tanques isolados (por exemplo, plásticos, de fibras)".

A literatura técnica consultada sobre tanques revestidos não totalmente isolantes mostra que, dependendo da resistividade superficial do material utilizado no revestimento e da sua espessura, pode-se criar condições para o surgimento de arcos elétricos com energia equivalente suficiente para atingir as condições de inflamabilidade da atmosfera interna do tanque.

d) Riscos de centelhamento em instalações de produção ou de choque elétrico em seres humanos, devido à transferência de diferenças de potenciais desde a malha de aterramento da subestação para as demais instalações da estação.

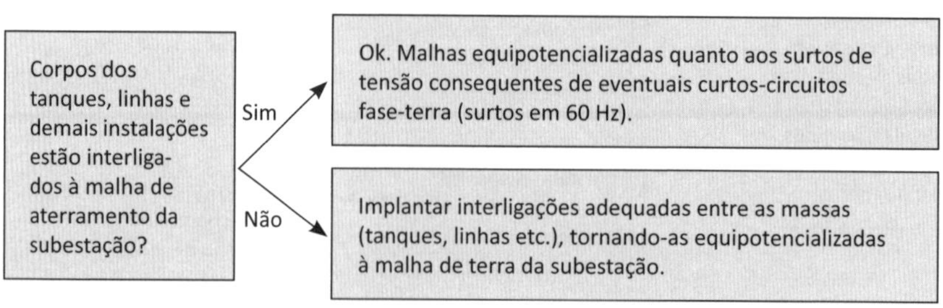

Comentários:

Não é estritamente correto considerar o conceito de equipotencialização quando o surto transferido referir a impulsos atmosféricos de alta frequência.

A equipotencialização é bem aplicada quando o surto transferido for resultante de curto-circuito envolvendo sistemas da frequência industrial.

e) Riscos de surgimento de pontos quentes ou arcos elétricos de alta energia em instalações de sistemas de medição ou automação do tanque (risco de ignição da atmosfera explosiva).

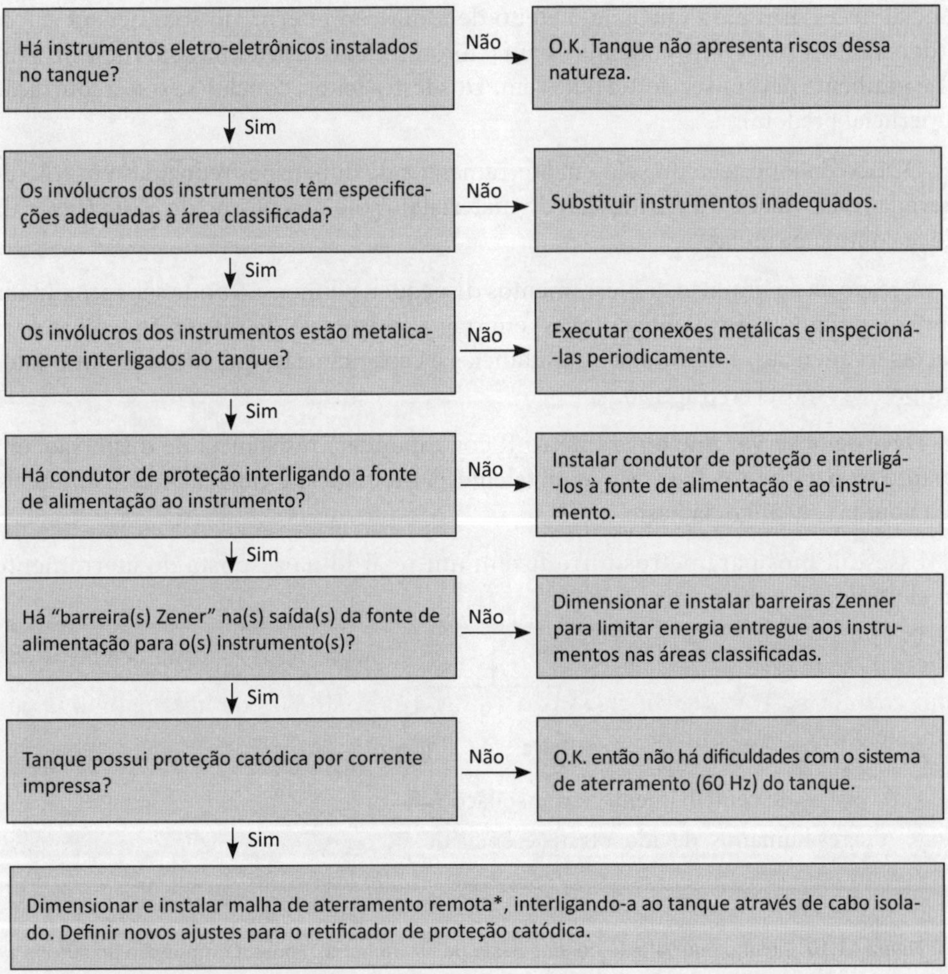

Comentários:

O aterramento com impedância elevada destina-se tão somente à equipotencialização para falhas à frequência industrial, não atuando durante surtos atmosféricos.

Torna-se necessário um novo ajuste do retificador de proteção catódica, dado o maior consumo.

11.3 COMPORTAMENTO IMPULSIVO DO ATERRAMENTO

As medições e as fórmulas utilizadas até o momento não consideram as altas frequências associadas às descargas atmosféricas, como também as altas correntes que serão dissipadas, originando elevados potenciais que, por sua vez, na maior parte dos casos, provocam descargas superficiais e internas ao solo devido à sua ionização.

Medições feitas para determinadas considerações indicaram que o gradiente de potencial necessário para que haja o efeito de ionização interna no solo deverá ser de ordem de 10 a 20 kV/cm, enquanto, para o mesmo efeito ocorrer na superfície do solo, esse gradiente deverá ser de 1 a 5 kV/cm. Dos testes feitos, conclui-se que a ionização superficial predomina.

O risco da ionização do solo em aterramentos de dimensões reduzidas em solo de elevada resistividade é a vitrificação do material do solo no entorno da haste (fusão da sílica contida na areia).

A resposta ao impulso de aterramentos de pequena dimensão pode ser aproximada por um circuito equivalente simples, em que a resistência de dispersão, válida para baixas frequências, é associada a indutâncias e capacitâncias, que introduzem o fator tempo na resposta ao impulso.

Deve-se observar que o parâmetro R corresponde à resistência de dispersão, enquanto os parâmetros L e C são equivalentes à indutância e capacitância fisicamente distribuídas ao longo da haste.

Esses últimos parâmetros introduzem um retardo na resposta do aterramento ao eletrodo.

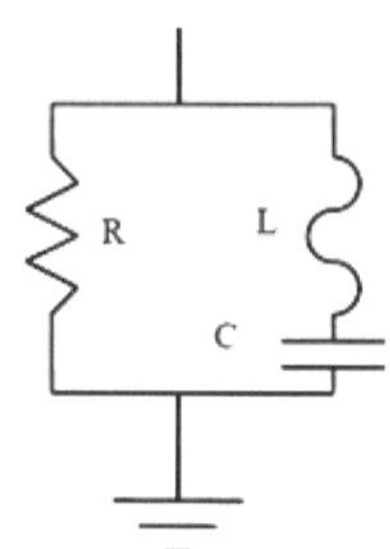

Figura 11.10 Circuito equivalente de uma haste de aterramento. Fonte: Composição do autor.

Na qual:

- l = comprimento da haste (m);
- r = raio da haste (m);
- $\varepsilon = \varepsilon_r . \varepsilon_o$;
- $\varepsilon_o = 8{,}84.10^{-12}$ (F/m);
- $\mu_o = 1{,}26.10^{-6}$ (H/m).

$$R = \frac{\rho}{2\pi l} ln \frac{2l}{r} \tag{11.1}$$

$$L = \frac{\mu_o . l}{2\pi} . ln \frac{2l}{r} \tag{11.2}$$

$$C = \frac{2. \pi l \varepsilon}{ln \frac{2l}{r}} \tag{11.3}$$

Dependendo dos valores desses parâmetros, o eletrodo pode apresentar um valor inicial de impedância de surto maior ou menor que o valor da resistência de aterramento.

CAPÍTULO 12

ATERRAMENTO E SUAS IMPLICAÇÕES

12.1 ATERRAMENTO PARA DESCARGAS ATMOSFÉRICAS

O aterramento do sistema de proteção contra descargas atmosféricas (SPDA) deve ser integrado ao sistema de aterramento e deve fazer uso da infraestrutura existente.

Devido à elevada derivada di/dt das correntes oriundas de descargas atmosféricas, são importantes, no sistema de aterramento, a geometria e a devida equipotencialização entre as partes, utilizando-se sempre o menor comprimento de cabo possível.

Aspectos como valor da resistência do aterramento são pouco relevantes para o desempenho do sistema frente às descargas atmosféricas.

A utilização do SPDA do tipo estrutural é altamente desejável devido ao seu melhor desempenho e ao seu menor custo de implantação.

12.2 ATERRAMENTO DOS EQUIPAMENTOS ELETRÔNICOS

Nas décadas passadas, muito se discutiu a respeito dos sistemas de aterramento que seriam adotados em edificações com muitos equipamentos eletrônicos.

Dois sistemas disputavam preferência:

- Sistema de malha densa;
- Sistema de ponto único.

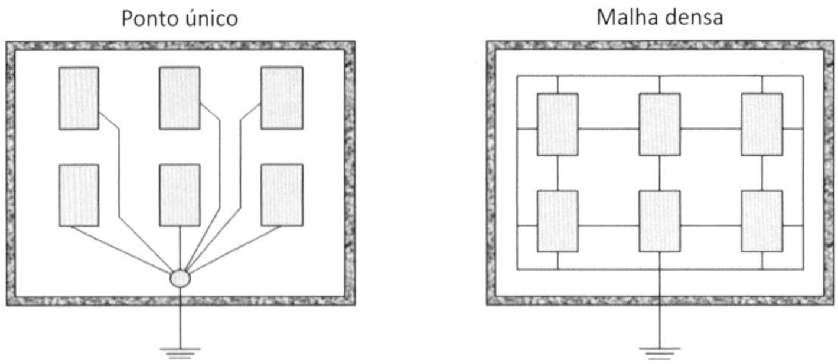

Figura 12.1 Sistemas de aterramento: ponto único e malha densa. Fonte: Ilustração do autor.

Hoje é praticamente unânime a aceitação do sistema de malha densa como o melhor, proporcionando maior segurança para pessoas e equipamentos.

Uma das principais razões que depõem contra o sistema de ponto único é a quase impossibilidade de manutenção da filosofia de aterramento, tendo-se em vista que cabos de sinal que interligam componentes acabam violando a filosofia.

Outro consenso é a necessidade de se utilizar um condutor PE correndo junto com os condutores de alimentação elétrica dos equipamentos. Uma prática cada vez mais adotada em ambientes com muitos equipamentos eletrônicos é a utilização da malha de referência de sinais.

Essa malha de referência de sinais proporciona uma melhor equalização de potenciais, garantindo mais segurança pessoal e um melhor desempenho do sistema frente a ruídos de alta frequência, conforme figura a seguir.

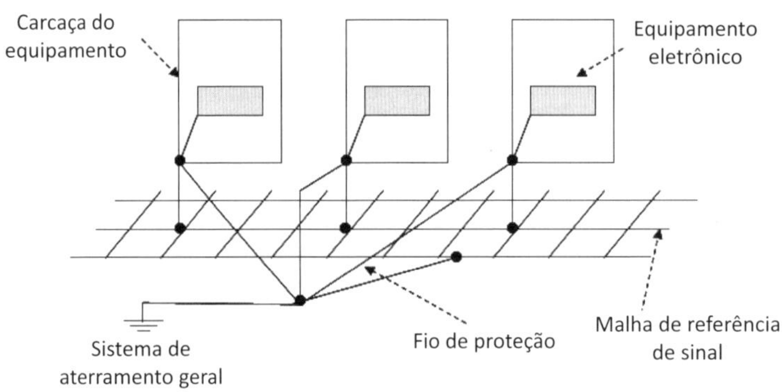

Figura 12.2 Utilização de uma malha de referência de sinais. Fonte: Adaptada de IEEE (2005).

A malha de referência reduz a impedância na interligação entre os equipamentos que convivem no ambiente atendido pela malha.

O critério aproximado para dimensionamento do *grid* ou trama da malha de referência é de que ele deve ser menor do que um vigésimo do maior comprimento de onda de interesse.

A figura que segue mostra uma instalação com o aterramento dos equipamentos na malha de referência e a utilização conjunta do condutor de proteção.

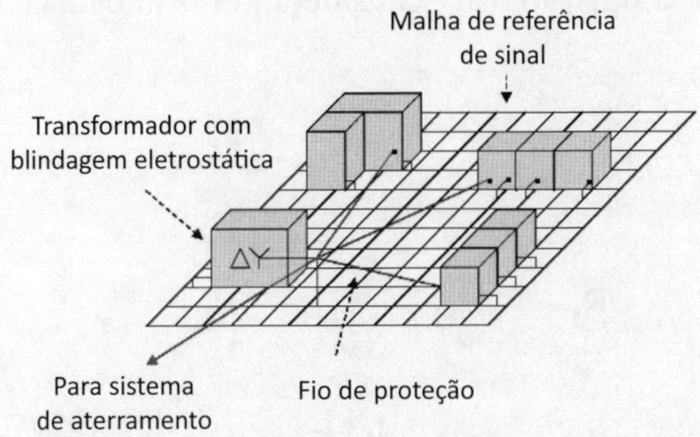

Figura 12.3 Instalação com o aterramento dos equipamentos na malha de referência e a utilização conjunta do fio de proteção. Fonte: Adaptada de IEEE (2005).

12.3 ATERRAMENTO DE EQUIPAMENTOS DE TELECOMUNICAÇÃO: ANÁLISE DE PROBLEMAS

12.3.1. ANÁLISE DOS CIRCUITOS DE ATERRAMENTO SÉRIE E PARALELO

Os equipamentos de telecomunicações e de processamento de dados, pela susceptibilidade à interferência eletromagnética e eletrostática, devem receber um tratamento diferenciado no tocante à conexão à terra.

Enfocaremos os dois tipos de conexões mais utilizados, nos quais foram detectadas correntes alternadas indesejáveis nos cabos de aterramento.

12.3.1.1 Conexões em série

O esquema a seguir representa um conjunto de equipamentos com seus cabos de aterramento conectados em série até chegar-se ao ponto de aterramento efetivo.

O equipamento 1 é alimentado por fonte VCC, e os demais, por fonte Vca.

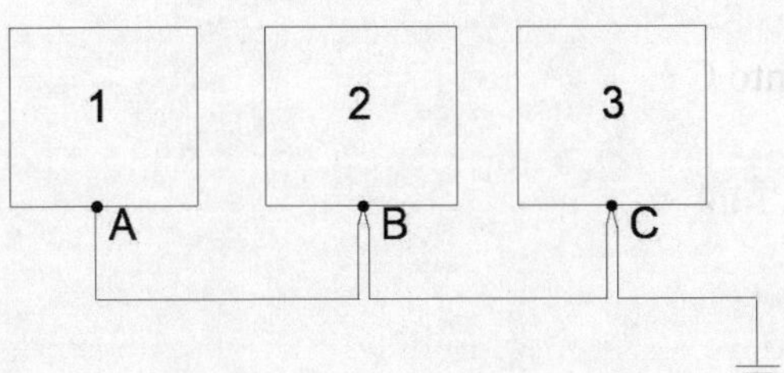

Figura 12.4 Aterramento em série. Fonte: Ilustração do autor.

Do ponto de vista de susceptibilidade a ruídos, que é o enfoque mais relevante, esse tipo de conexão é desaconselhável.

Representando-se a situação real e considerando as impedâncias dos cabos, temos:

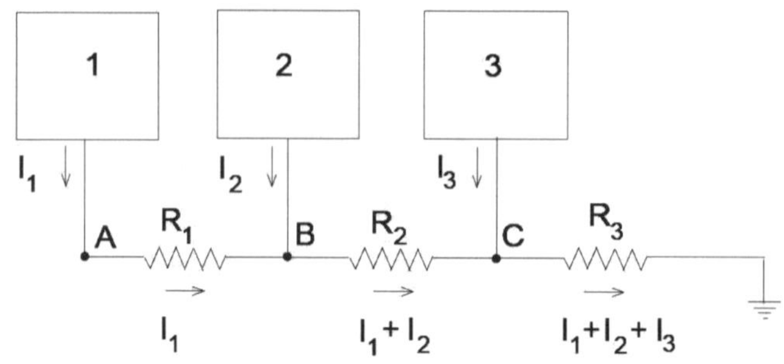

Figura 12.5 Correntes e impedâncias de um aterramento em série. Fonte: Ilustração do autor.

Supondo:

$I_1 = 0{,}01A$ $\quad$ $I_2 = 3A$ $\quad$ $I_3 = 10A$

$$R_1 = R_2 = R_3 = 1\ \Omega$$

O potencial no ponto A:

- $V_A = I_1\,R_1 + (I_1 + I_2)\,R_2 + (I_1 + I_2 + I_3)\,R_3$
- $V_A = (0{,}01).\,1 + (0{,}01 + 3).\,1 + (0{,}01 + 3 + 10).\,1$
- $V_A = 16{,}003$ V
- $V_A = 16$ Vca

O potencial no ponto B é:

- $V_B = (I_1 + I_2)\,R_2 + (I_1 + I_2 + I_3)\,R_3$
- $V_B = 16{,}002$ V
- $V_B = 16$ Vca

O potencial no ponto C é:

- $V_C = (I_1 + I_2 + I_3).R_3$
- $V_C = 16{,}001$ V
- $V_C = 16$ Vca

Considerações:

Sendo as tensões nominais de trabalho dos equipamentos 1, 2 e 3:

$V_1 = 5$ V $\qquad V_2 = 50$ V $\qquad V_3 = 110$ V

Verifica-se que o circuito 1, que trabalha com tensão de 5 VCC, está com um acoplamento por impedância comum de 16 Vca.

Em uma situação mais desfavorável, pode-se imaginar o circuito 1 trabalhando com 5 VCC, tendo como referência uma tensão de 16 Vca, fornecida pelos outros dois circuitos que trabalham com corrente alternada. Isso gera um ruído considerável.

Comentários:

Esse tipo de conexão só é aconselhável nos casos em que os circuitos operam com níveis semelhantes de tensão e corrente. É desejável que o equipamento 1, por ser o mais sensível, não faça parte do arranjo mostrado.

12.3.1.2 Conexões em paralelo

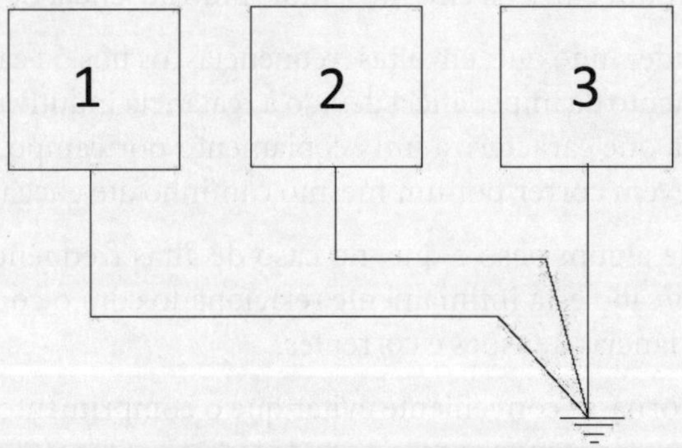

Figura 12.6 Aterramento em paralelo. Fonte: Ilustração do autor.

Esse tipo de conexão é o mais aconselhável para a maioria das situações dos equipamentos de telecomunicações. Em contrapartida, mais cabos são gastos para o aterramento.

A seguir, representamos o modelo elétrico mais próximo à realidade, ou seja, considerando as impedâncias dos fios e cabos.

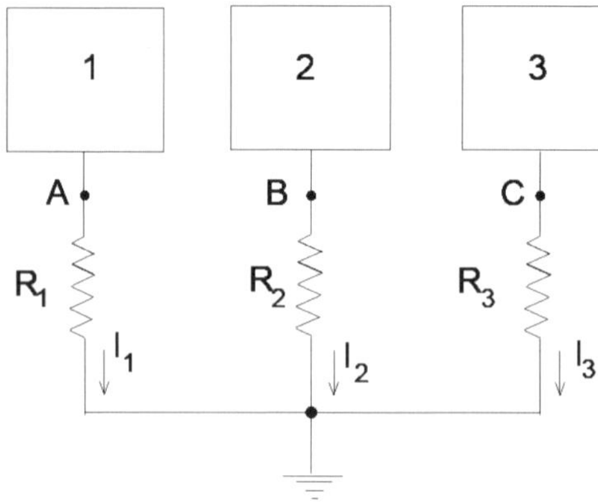

Figura 12.7 Correntes de impedâncias de um aterramento em paralelo. Fonte: Ilustração do autor.

Os potenciais nos pontos são:

- **A** = $I_1.R_1$
- **B** = $I_2.R_2$
- **C** = $I_3.R_3$

Verifica-se que o potencial de terra de cada circuito é função da corrente do circuito e da impedância comum entre os circuitos, indicando ausência de interferências.

Entretanto, considerando que, em altas frequências, os fios ou cabos de aterramento apresentam um aumento da impedância devido à reatância indutiva, é de se prever uma forte indução mútua que caracteriza um acoplamento por campo indutivo, haja vista que os fios/cabos devem correr por um mesmo caminho até chegar ao ponto central.

Outro aspecto de algum peso é que, no caso de altas frequências, o componente comprimento do fio/cabo está intimamente relacionado com o comprimento de onda refletindo em impedâncias, tensões e correntes.

Dessa maneira, torna-se conveniente evitar que o comprimento dos fios/cabos não seja coincidente com ¼ do comprimento de onda ou comprimentos inteiros adicionados a ¼, pois pode ocorrer o surgimento de uma grande impedância.

EXEMPLO

Para uma frequência de 30 MHz, o comprimento de onda é 10 m, assim ¼ desse comprimento é 2,5 m.

Logo 2,5 m, 12,5 m, 22,5 m, 32,5 m e demais, como comprimentos dos fios/cabos, não são interessantes.

A seguir está representado um sistema de aterramento típico de equipamentos de telecomunicações.

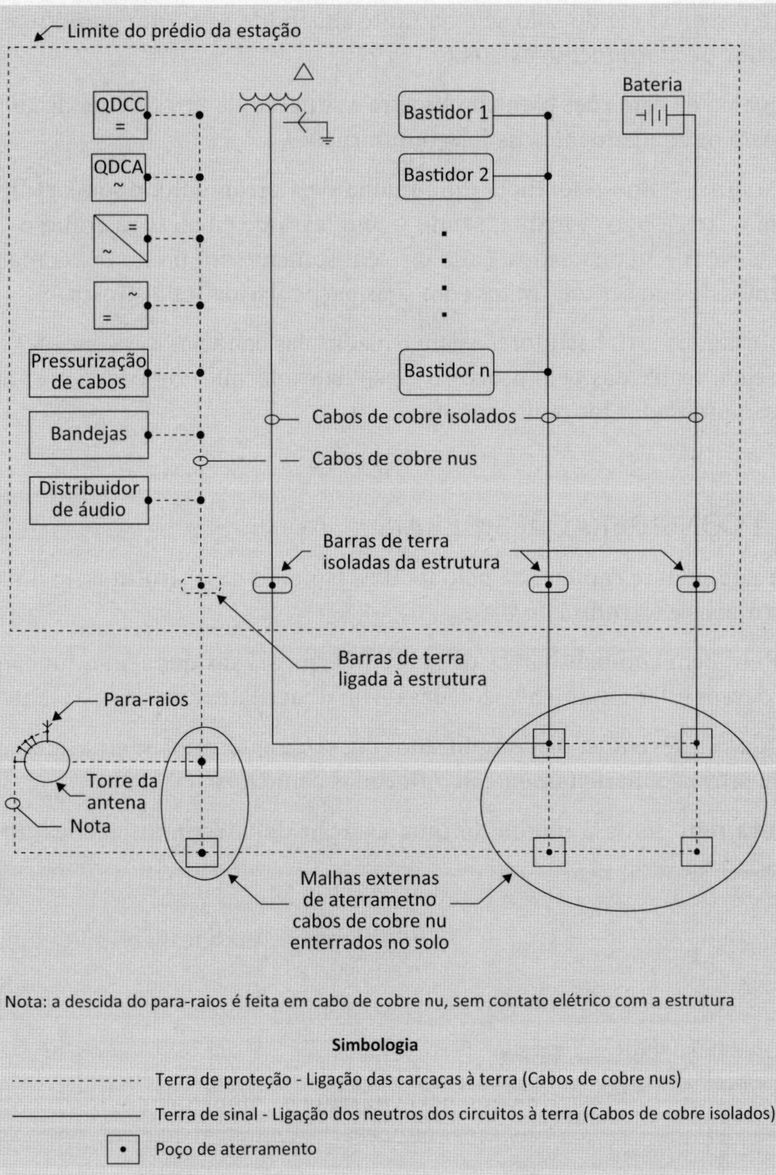

Figura 12.8 Esquema de conexões paralelas. Fonte: Ilustração do autor.

12.4 ATERRAMENTO DE EQUIPAMENTOS DE TELECOMUNICAÇÕES

Nesse tipo de aterramento é recomendável adotar a filosofia de terra de sinal e de terra de proteção. Assim, pode-se dizer da existência de dois terras distintos:

- Um cabo de cobre nu, funcionando como terra de proteção;
- Um cabo de cobre com capa isolante na cor verde, funcionando como terra de sinal.

Caso a resistividade do solo seja bastante alta, pode-se adotar como referência de terra a malha de aterramento existente.

O esquema de conexões paralelas mostra a situação de um sistema de aterramento próprio para os equipamentos de telecomunicações.

Adotando-se como referência uma malha de aterramento, pode-se tomar como referência o "terra" dessa malha, sendo que o terra de sinal, bem como o "terra" de proteção, devem ser conectados, cada um, em somente um ponto dessa malha. Esses aterramentos devem ser *integrados* com suas particularidades distintas.

É importante que os bastidores sejam isolados das bandejas e as conexões do "terra" de sinal sejam realizadas pelo processo de solda exotérmica ou conectores do tipo de compressão prensados hidraulicamente.

12.4.1 CONSIDERAÇÕES GERAIS

O terra de sinal se caracteriza pelo total isolamento das estruturas, incluindo-se as barras terminais e estrutura do prédio.

Os cabos, bem como as barras de cobre intermediárias que têm a função de terra de sinal, devem estar totalmente isoladas de qualquer estrutura de aço ou alvenaria.

Em cada sala devem ser disponibilizados duas barras terminais: uma de sinal-isolada e outra de proteção, perfeitamente identificadas como tais.

A figura representa a planta de uma estação de telecomunicações típica, com tais facilidades.

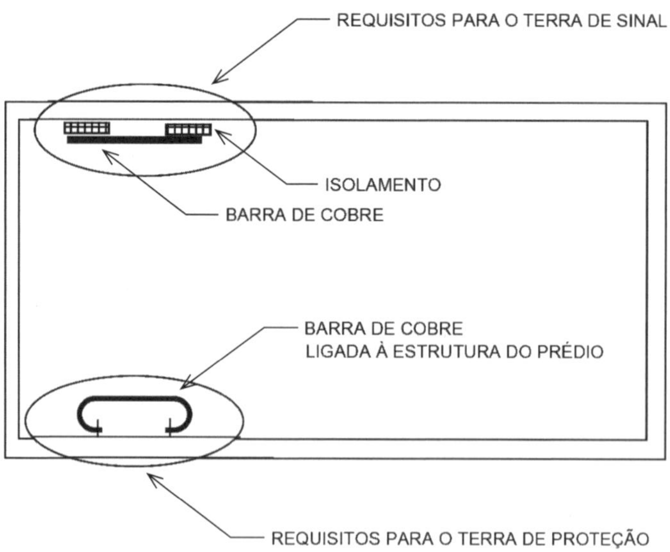

Figura 12.9 Detalhe das barras de aterramento para os equipamentos de telecomunicações.

Fonte: Ilustração do autor .

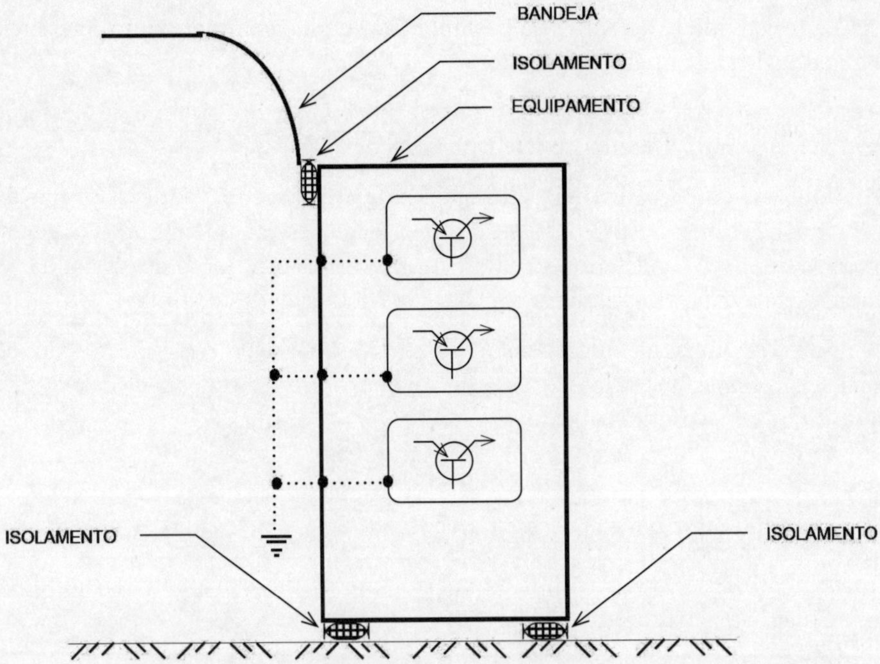

Figura 12.10 Equipamento de telecomunicações, detalhe de isolamento do solo das demais partes metálicas. Fonte: Ilustração do autor.

No caso dos bastidores dos equipamentos que eletricamente não possuem desvinculação da carcaça dos circuitos, considerar todo o conjunto interligado como a malha de referência de sinais.

Essa malha proporciona uma melhor equalização de potenciais, garantindo maior segurança pessoal e um melhor desempenho do sistema frente a ruídos de alta frequência.

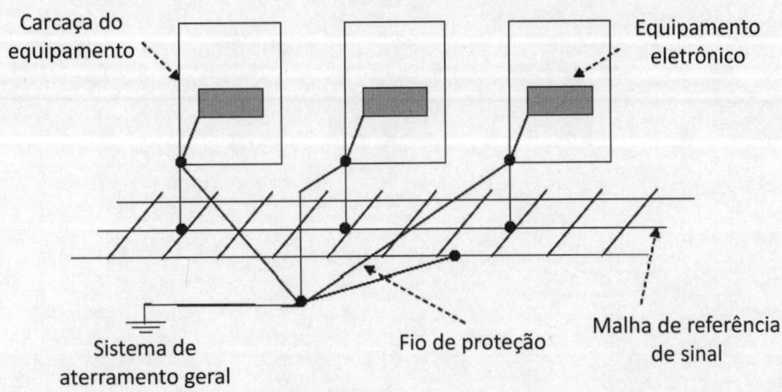

Figura 12.11 Utilização de uma malha de referência de sinais. Fonte: Adaptada de IEEE (2005).

CAPÍTULO 13
ATERRAMENTO INTRINSECAMENTE SEGURO

13.1 ATERRAMENTO INTRINSECAMENTE SEGURO

Um sistema intrinsecamente seguro é composto de partes que devem ser aterradas e outras que não devem. O aterramento tem a função de evitar o surgimento de níveis de tensão considerados inseguros na área que contém atmosferas com potencial de explosão.

O aterramento correto é que garante a efetiva segurança oferecida pelas barreiras de diodos zeners. A barreira tem a função de garantir níveis de energia seguros na instrumentação empregada em áreas classificadas, desviando todo o excesso de energia para a terra, ainda na área não classificada.

Já o isolamento de partes do sistema com relação à terra tem a função de assegurar a inexistência de dois pontos de terra com uma possível diferença de potencial.

Dessa forma, na área classificada evita-se o aterramento do circuito intrinsecamente seguro (a menos que esse aterramento seja necessário para fins funcionais, quando se emprega isolação galvânica). A normalização estabelece uma isolação mínima de 500 Vca.

A figura à frente apresenta um sistema típico que faz uso de uma barreira linear convencional, em que o instrumento intrinsecamente seguro em campo (área classificada) apresenta a isolação mínima necessária 500 Vca.

O invólucro do equipamento encontra-se conectado ao terra estrutural e estruturas metálicas em geral, como eletrodutos e invólucros metálicos.

A barreira possui o terra que é responsável pelo caminho de retorno para as correntes excessivas provenientes da falha, isolado do terra estrutural e ligado diretamente ao terra do sistema por um condutor de baixa impedância.

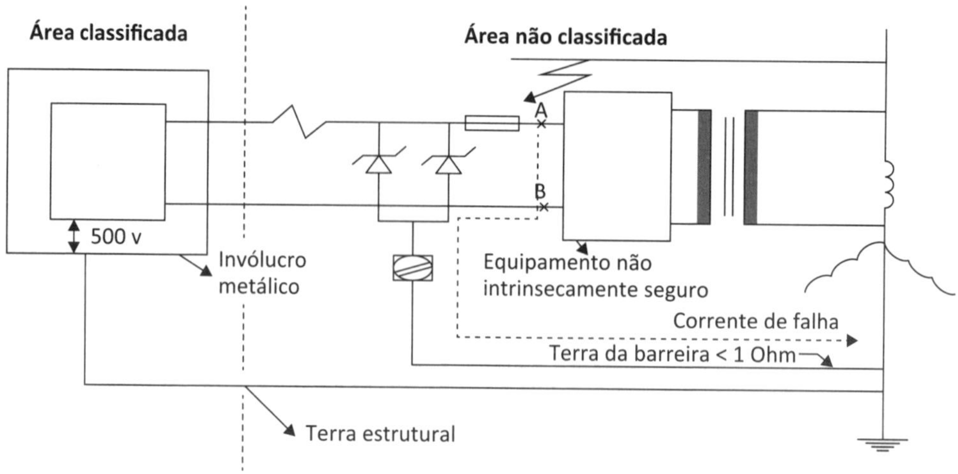

Figura 13.1 Aterramento de uma barreira passiva (linear). Fonte: Ilustração do autor.

Normalmente várias barreiras são montadas sobre um mesmo barramento de terra, e a conexão de cada barreira com esse barramento deve ser efetiva e de boa qualidade.

A resistência entre o terminal de aterramento do barramento de terra das barreiras e o terra do sistema deve ser inferior a 1 Ω. O barramento de terra deve ser isolado de qualquer outro plano de terra e conectado à terra do sistema em um único ponto.

Na Alemanha, em função da existência de um sistema de equalização de potencial que se estende por toda a área onde estão instalados os circuitos intrinsecamente seguros, é permitido o aterramento na própria área classificada, como apresenta a figura a seguir.

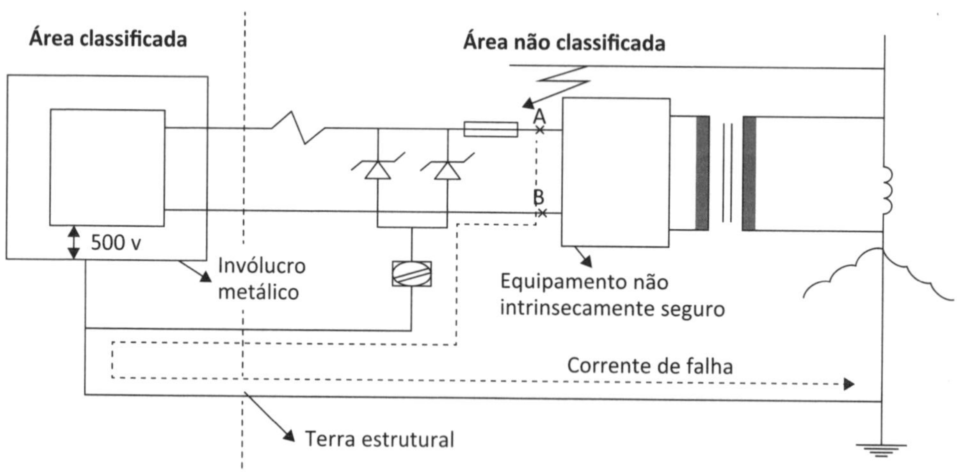

Figura 13.2 Aterramento de uma barreira na área classificada. Fonte: Ilustração do autor.

A corrente de falha que circula pela estrutura metálica poderia permitir uma elevação de potencial indevida para a área classificada, porém toda estrutura metálica nesse tipo de sistema é conectada ao condutor de equalização de potencial, resultando em um excelente aterramento.

Apesar das diversas práticas de aterramento utilizadas em vários países, o requisito fundamental para a segurança é a existência de um caminho de baixa impedância para o retorno das correntes de falha e de uma estrutura de aterramento que evite a existência de potenciais distribuídos.

A norma brasileira que regulamenta a instalação de equipamentos elétricos em atmosferas potencialmente explosivas (ABNT, 2018c) estabelece que os circuitos intrinsecamente seguros podem ser:

a) Isolados da terra;
b) Conectados a um ponto do condutor de equalização de potencial se este existir em toda a área onde estão instalados todos os circuitos intrinsecamente seguros;
c) Ligados à terra em um único ponto, se o aterramento for necessário para fins funcionais ou de proteção.

O método de instalação deve ser escolhido levando em conta os requisitos funcionais dos circuitos, conforme instruções do fabricante.

Mais de uma conexão à terra é permitida desde que o circuito seja dividido e que cada parte aterrada seja galvanicamente isolada das demais, com somente um ponto de aterramento para cada uma delas.

Se os circuitos forem isolados do terra, deve ser dada atenção especial a possíveis riscos causados por cargas eletrostáticas.

Circuitos intrinsecamente seguros podem ser aterrados se necessário por razões de segurança, como é o caso das barreiras sem isolação galvânica.

Nos circuitos intrinsecamente seguros, os terminais de aterramento das barreiras sem isolação galvânica devem ser:

a) Conectados ao condutor de equalização de potencial com a menor distância possível.
b) Somente para sistema TN-S, com neutro aterrado, porém com condutores isolados, conectados a um ponto de terra de alta qualidade, de forma que a impedância desse ponto até o ponto de aterramento do sistema de potência seja inferior a 1 Ω.

A seção transversal da conexão à terra deve ser feita por um condutor de no mínimo 4 mm^2 de cobre.

Aterramento de circuito intrinsecamente seguro pode ser combinado com aterramento para instrumento.

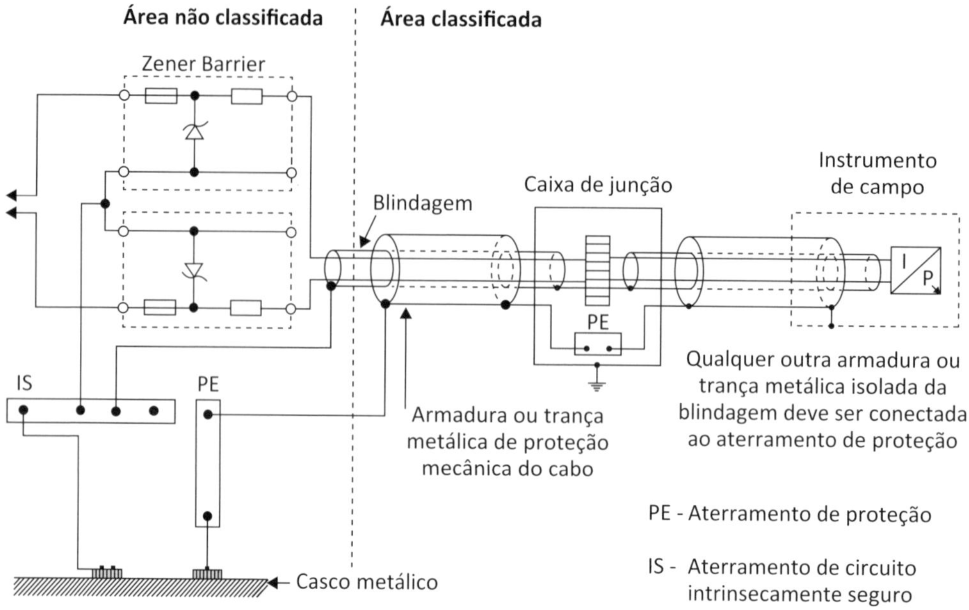

Figura 13.3 Aterramento de circuito intrinsecamente seguro. Fonte: Ilustração do autor.

13.2 REQUISITOS PARA INSTALAÇÕES DE SEGURANÇA INTRÍNSECA

Os circuitos de segurança intrínseca devem ser separados de quaisquer outros. Os terminais de circuitos de segurança intrínseca devem ser separados dos de não segurança intrínseca por meio de uma barreira física ou por espaço de no mínimo 50 mm. Todos os terminais devem satisfazer aos requisitos expressos na ABNT NBR 8447 – substituída pela ABNT 60079-11:2013 Versão Corrigida: 2017 (ABNT, 2017b).

A identificação dos invólucros, terminais e cabos de circuitos de segurança intrínseca pode ser feita por placa ou código de cores, e, nesse caso, a cor deve ser azul claro.

Deve-se evitar efeito de campo magnético ou elétrico externo nos circuitos de segurança intrínseca. Os meios são usuais, ou seja, blindagens, pares trançados ou separação física.

Os cabos com proteções metálicas devem ter essa proteção aterrada em um único ponto no condutor de equalização de potencial.

Se por razões funcionais houver necessidade de outros pontos de aterramento, é permitido que sejam feitos por meio de pequenos capacitores, como os do tipo cerâmico, inferiores a 1 nF e para 1500 V.

Os diâmetros mínimos dos condutores devem estar de acordo com a Tabela 13.1 a seguir. Eles foram determinados em função da máxima temperatura permitida quando esses condutores estão sujeitos à máxima corrente possível em condição de falha, ou seja, de sua classe de temperatura (para condutores de cobre).

Tabela 13.1 ABNT NBR 5418

Classe de Temperatura para Condutores de Cobre

Diâmetro (mm)	Seção (mm^2)	Corernte máxima permitida em função da classe de temperatura da fiação (A)		
		T1 T4	T5	T6
0,035	0,000962	0,53	0,48	0,43
0,05	0,00196	1,04	0,93	0,84
0,1	0,00785	2,1	1,9	1,7
0,2	0,0314	3,7	3,3	3,0
0,35	0,0962	6,4	5,6	5,0
0,5	0,196	7,7	6,9	6,7

Fonte: ABNT (1995).

CAPÍTULO 14

PREVENÇÃO E COMBATE A INCÊNDIO

14.1 PREVENÇÃO E COMBATE A INCÊNDIO

Em ambientes como sala de controle, subestação e locais adjacentes instalados no interior das unidades classificadas – ou mesmo fora –, repletos de painéis elétricos e eletrônicos, geralmente há extintores em locais específicos, caso haja necessidade de uso.

O problema é que nem todos estão preparados para agir na ocorrência de um sinistro, em relação aos tipos de extintores, e isso pode custar caro. Por esse motivo, estamos reforçando alguns itens de relevância para orientação.

14.2 AGENTE EXTINTOR

É toda substância que aplicada em princípio de fogo interfere na combustão, provocando descontinuidade na reação química e alterando as condições para que haja fogo. Os agentes extintores podem ser encontrados nos estados líquido, sólido e gasoso. Existe uma variedade muito grande de agentes extintores, dos quais os mais comuns são:

- Água;
- Espuma (química e mecânica);
- Gás carbônico (CO_2);
- Pó químico seco.

Tabela 14.1 Como empregar os agentes extintores

	Agentes extintores			
Classes de incêndio	**Água**	**Espuma**	**Pó químico**	**Gás carbônico (CO_2)**
A madeira, papel, tecidos, plásticos, cortinas, alcatifas, poltronas etc.	SIM	SIM	SIM*	SIM*
B gasolina, álcool, querosene, óleo, cera, tinta, graxa, etc.	NÃO	SIM	SIM	SIM*
C equipamentos e instalações elétricas energizadas	NÃO	NÃO	SIM	SIM

* Com restrição, pois há risco de reignição.

Fonte: Composição do autor.

14.3 UTILIZAÇÃO DOS EXTINTORES EM INSTALAÇÕES ELÉTRICAS

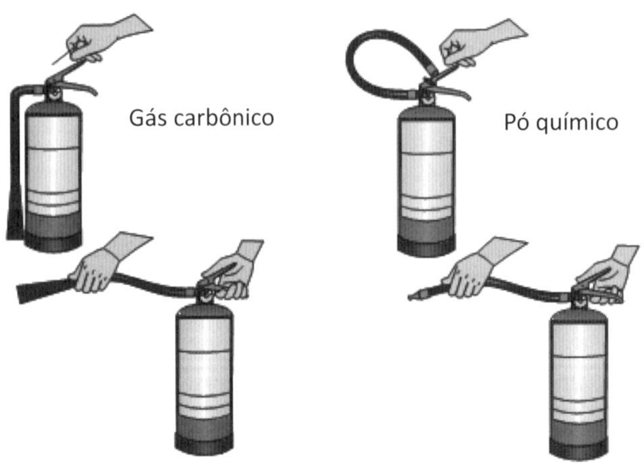

Figura 14.1 Extintor de gás carbônico e extintor de pó químico. Fonte: Ilustração do autor.

- Retirar o pino de segurança;
- Empunhar a mangueira com ou sem difusor;
- Acionar a válvula/gatilho dirigindo o jato para o fogo.

Nota: usar equipamento de proteção individual (EPI).

CAPÍTULO 15

ESTUDO DE CASO PRÁTICO DE ATERRAMENTO E SPDA EM ÁREAS CLASSIFICADAS

15.1 CASO OCORRIDO EM UM AMBIENTE INDUSTRIAL

Considere um ambiente industrial de manipulação de produtos inflamáveis à base de hidrocarbonetos, estrutura civil antiga, colunas de aço e telhado de fibrocimento se confundindo com alumínio.

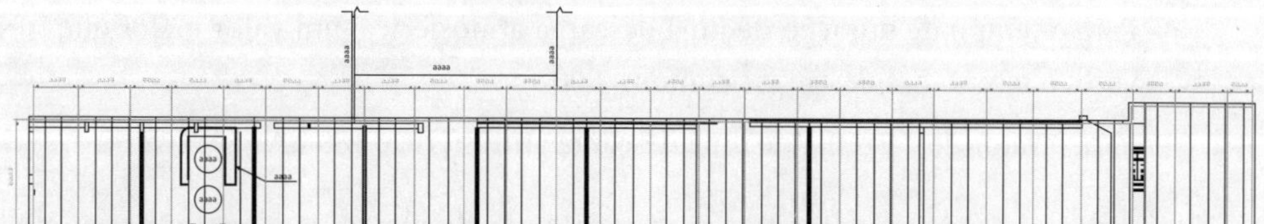

Figura 15.1 Perfil da fábrica. Fonte: Ilustração do autor.

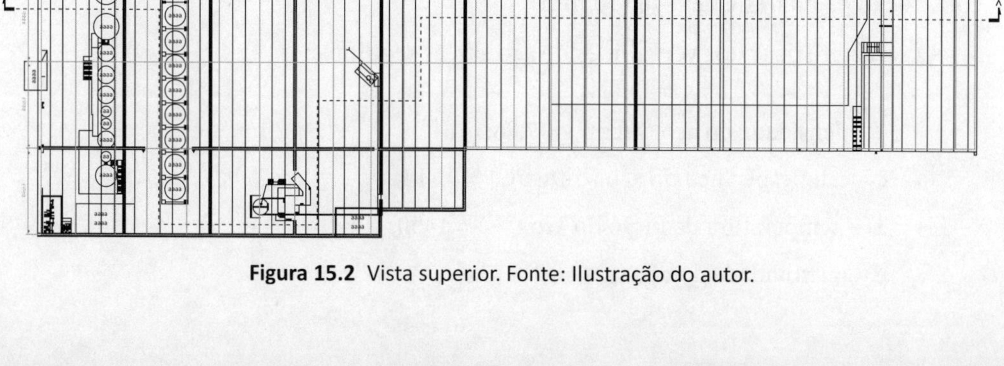

Figura 15.2 Vista superior. Fonte: Ilustração do autor.

Feita a vistoria pelo corpo de bombeiros, foi estipulado o prazo para adequação do SPDA e do aterramento. A empresa não possuía o prontuário das instalações conforme norma regulamentadora NR-10 (BRASIL, 2020).

Para a adequação do sistema de proteção contra descargas atmosféricas (SPDA), estava prevista a retirada de toda a cobertura, conforme orçamento já apresentado por diversas empresas.

O custo era impraticável, além do risco, por não haver espaço para movimentação de cargas (caminhão munck) e por causa da proximidade das unidades de processo e tanques de armazenamento de produtos inflamáveis.

Com o objetivo de manter a cobertura, um estudo minucioso foi realizado a fim de verificar se as estruturas de concreto e aço suportariam, caso solicitadas, o escoamento da descarga atmosférica para o solo, sem colocar em risco o meio ambiente.

O sistema de aterramento deveria ser compatível com a reforma, atendendo tanto alta frequência (descargas atmosféricas) quanto baixa (setor industrial).

15.2 DEMONSTRAÇÃO DA TEMPERATURA DE UM RAIO SOBRE UM VERGALHÃO

O *Standard Handbook for Electrical Engineers* (FINK; BEATY, 1987) menciona:

- Os valores comuns das correntes das descargas atmosféricas registradas situam-se entre 35 kA e 40 kA (valores de crista);
- O tempo total até a extinção das descargas é menor que 160 s;
- O maior valor de corrente (crista) registrado para uma descarga atmosférica é de 180 kA;

Além disso, para o presente estudo foram adotadas as seguintes premissas:

- Para o tempo de duração de uma descarga atmosférica, um valor maior que três vezes o tempo das descargas comuns: 500 s;
- Para o valor de corrente de uma descarga atmosférica: 180 kA.

Deve, ainda, ser observado que o menor valor de diâmetro de vergalhão usado na construção de pilares é de 3"/8 (10 mm).

As características dos vergalhões de aço são as seguintes:

- δ – densidade do aço (g/cm3) = 7,86;
- c – calor específico do aço (cal/g. °C) = 0,114;
- Tf – temperatura de fusão do aço (°C) = 1400;
- ρ – resistividade do aço ($\mu\omega$.cm) = 15,8.

Aquecimento de um vergalhão por uma descarga atmosférica.

Dados do vergalhão:

- L – comprimento (cm);
- D – diâmetro (cm);
- S – seção reta (cm^2) = $\rho.D^2 / 4$;
- m – massa (g) = L.S.δ;
- R – resistência elétrica (Ω) = ρ .L / S.

Dados térmicos:

- Q – energia calorífica gerada (cal) = 0,24 $R.I^2.t$ = 0,24 (ρ.L / S) $I^2.t$
- ΔT – elevação de temperatura (°C) = Q / m .c

$$= (0{,}24\ \frac{\rho L}{S}\ I^2 t\ ) \div L\,.\,S\,.\,\delta\,.\,c\ = \frac{0{,}24 \times 15{,}8 \times 10^{-6}\ \times 1{,}8^2 \times 10^{10} \times 500 \times 10^{-6}}{S^2 \times 7{,}9 \times 0{,}114} \quad (15.1)$$

$$\Delta T = 68{,}21 \frac{1}{S^2}\ ^\circ C \quad ou \quad \Delta T = 68{,}21\ \frac{4}{\rho .\, D^2}\ ^\circ C \ \therefore\ \Delta T\ =\ 86{,}85\ \frac{1}{D^2}\ ^\circ C \quad (15.2)$$

Para simplificarmos os cálculos, errando para o lado da segurança, podemos adotar para a elevação de temperatura os seguintes valores práticos:

$$\Delta T = 70\ \frac{1}{S^2}\ ^\circ C \qquad ou \qquad \Delta T = 90\ \frac{1}{D^2}\ ^\circ C$$

Utilizar os valores dos diâmetros dos vergalhões em centímetros.

Para os vergalhões de diâmetro comercial, temos a seguinte tabela de aquecimento:

Tabela 15.1 Aquecimento de vergalhões

Diâmetro do vergalhão (mm)	Elevação de temperatura (°C)
5	347
6,3	219
8	136
10	87
12,5	56

Diâmetro do vergalhão (mm)	Elevação de temperatura (°C)
16	34
20	22
25	14

15.3 CONCLUSÃO

O estudo pôde comprovar que a temperatura, caso ocorresse uma descarga atmosférica, seria suportável, uma vez que:

- O aquecimento do vergalhão independe do seu comprimento;
- O aquecimento do vergalhão depende somente da área da sua seção reta;
- Nenhum dos vergalhões de diâmetro indicado na Tabela 15.1 teve suas características metalográficas alteradas pelo aquecimento produzido;
- A partir do diâmetro nominal de 10 mm, o aquecimento produzido não provoca a evaporação da água que porventura esteja contida no pilar.

Esse estudo serviu para preparar a estrutura predial, composta de seis andares, a fim de equalizar SPDA e aterramento com SPDA e aterramento da área industrial, devido à proximidade.

A maior parte das estruturas na área industrial era composta por colunas e vigas em aço (tipo trilhos de trem) que suportavam a cobertura. Caso fosse mantido todo esse arranjo equalizado, fazendo com que os condutores de cobre alinhavassem com as ferragens, seria o caminho preferido para escoar a corrente elétrica advinda de um raio para o solo. O maior risco, caso isso ocorresse, seria o impacto nas telhas, causando perfuração. Isso porque o sistema de captação deveria ser instalado por dentro da estrutura, abaixo das telhas.

Outra preocupação foi lidar com os materiais armazenados em piso frio. Havia muitas embalagens em recipientes de plástico com hidrocarbonetos.

O *Safety Digest of Lessons Learned*, volumes 2-5, *API – American Petroleum Institute, 1978-81* (API, 1981), faz menção a várias descargas elétricas ocorridas em superfícies plásticas e a devida cautela nos locais com possibilidade de formação de atmosferas explosivas.

A solução foi armazenar esses produtos em suportes metálicos sobre pisos condutores devidamente aterrados e equalizados.

Os terminais de aterramento principal BEP/TAP foram instalados em pontos estratégicos da fábrica, cuidando do escoamento da energia estática e da equalização dos potenciais.

A planta de aterramento existente foi reprojetada para atender às novas adaptações.

As telhas da cobertura eram de alumínio 0,5 mm se confundindo em pequenos pontos com fibrocimento, e o arranjo de captores (malha de Faraday) corria por dentro, abaixo das telhas, em *grid* nível 1 de segurança (5x10 mm) conectando com as telhas de alumínio (equalizando).

15.4 CONSIDERAÇÕES

A norma ABNT NBR 5419, em seu item 5.1.1.4 –*Captores Naturais*, diz, em 5.1.1.4.1, que "quaisquer elementos condutores expostos, isto é, que do ponto de vista físico possam ser atingidos pelos raios, devem ser considerados como parte do SPDA", e, dando seguimento, completa em 5.1.1.4.2 – "as condições a que devem satisfazer os captores naturais são as seguintes:" (ABNT, 2015).

A espessura do elemento metálico não deve ser inferior a 0,5 mm ou conforme indicado na Tabela 15.2, quando for necessária prevenção contra perfurações ou proteger pontos quentes no volume.

Tabela 15.2 Espessuras mínimas dos componentes do SPDA

Dimensões em milímetros

Material	Captores			Descidas	Aterramento
	NPQ	NPF	PPF		
Aço galvanizado a quente	4	2,5	0,5	0,5	4
Cobre	5	2,5	0,5	0,5	0,5
Alumínio	7	2,5	0,5	0,5	–
Aço inox	4	2,5	0,5	0,5	5
NPQ – não gera ponto quente; NPF – não perfura; PPF – pode perfurar.					

Notas:

1 – Independentemente das espessuras, deverão ser mantidas as seções transversais mostradas na tabela 3.

2 – Os condutores e acessórios de aço (exceto inox) devem ser protegidos com um camada de zinco aplicado a quente (fogo) conforme a ABNT 6323, ou com uma camada de cobre com espessura mínima de 254 μm, conforme a ABNT NBR 13571.

3 – O aço de construção só pode ser utilizado embutido em concreto.

Fonte: ABNT (2015).

A espessura da cobertura metálica das telhas em alumínio atendeu à condição PPF 0,5 mm.

O SPDA adotado foi o de nível I, gaiola de Faraday, malha 5x10 m.

Tabela 15.3 Posicionamento de captores conforme o nível de proteção

Nível de proteção	R m \ h m	Ângulo de proteção (α) – método Franklin, em função da altura do captor (h) (ver Nota 1) e do nível de proteção					Largura do módulo da malha (ver Nota 2) m
		0 – 20 m	21 m – 30 m	31 m – 45 m	46 m – 60 m	> 60 m	
I	20	25°	1)	1)	1)	2)	5
II	30	35°	25°	1)	1)	2)	10
III	45	45°	35°	25°	1)	2)	10
IV	60	55°	45°	35°	25°	2)	20

R = raio da esfera rolante.
1) Aplicam-se somente os métodos eletrogeométrico, malha ou da gaiola de Faraday.
2) Aplica-se somente o método da gaiola de Faraday.
NOTAS
1 Para escolha do nível de proteção, a altura é em relação ao solo e, para verificação da área protegida, é em relação ao plano horizontal a ser protegido.
2 O módulo da malha deverá construir um anel fechado, com o comprimento não superior ao dobro da sua largura.

Fonte: ABNT (2015).

15.5 PROTEÇÃO DA COBERTURA

- Alguns locais exigiram malha 5x5 m ou até mesmo dimensões menores, como o uso de chapa metálica com espessura de 4 mm (no caso de uma caldeira cuja parte sobressaía ao telhado e foi preciso fazer uma adaptação com suportes). O projeto do SPDA foi todo costurado por dentro das instalações.
- Manter a continuidade elétrica através de toda estrutura foi a prioridade.
- Medições sucediam medições de ponto a ponto, realizadas durante toda a montagem.
- O aterramento e suas derivações para as barras de equalização de potencial (TAP/BEP) distribuídas em pontos estratégicos da fábrica, ia escalando toda massa metálica, utilizando cabo de cobre nu de 25 mm^2.
- A forma radial foi a utilizada, com objetivo de evitar potenciais de transferência.

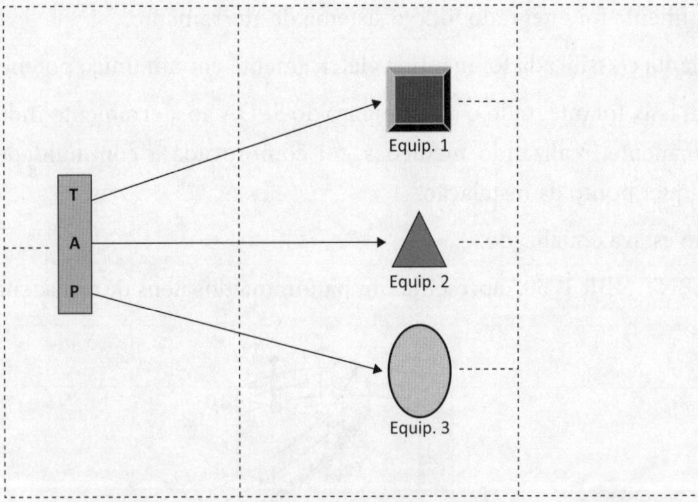

Figura 15.3 Malha de aterramento único. Fonte: Ilustração do autor.

O cuidado em evitar pontos com formação de pilhas galvânicas foi outro fator a ser considerado e devidamente tratado (graxa a base de silicone), em função de manter os baixos valores ôhmicos.

Ao lado do processo industrial, locais de tanques de armazenamento e dutos se entrelaçavam com flanges sem continuidade elétrica (tratados e mantidos com único corpo elétrico).

Os flanges foram ligados por cintas cobreadas.

Figura 15.4 Flanges conectados eletricamente. Fonte: Acervo pessoal do autor.

15.6 PROTEÇÃO DA ARMAZENAGEM

- Para tanques de armazenamento cuja espessura era maior ou igual a 4 mm, o que por norma estava na condição de captor natural, decidiu-se pelo aterramento em dois pontos, na diagonal, em anel, utilizando cabo de cobre nu de 70 mm^2.
- Os anéis que circulavam os tanques de armazenamento foram todos interligados à malha de aterramento.

- Finalmente foi integrado todo o sistema de aterramento.
- A planta classificada foi mantida eletricamente em um único potencial.
- Com isso, foi integrado o aterramento do SPDA ao aterramento industrial e, posteriormente, realizando medições, foi comprovada a continuidade elétrica em qualquer ponto da instalação.
- Tudo estava equalizado.
- A ABNT NBR 17505 apresenta um panorama dos itens de armazenamento.

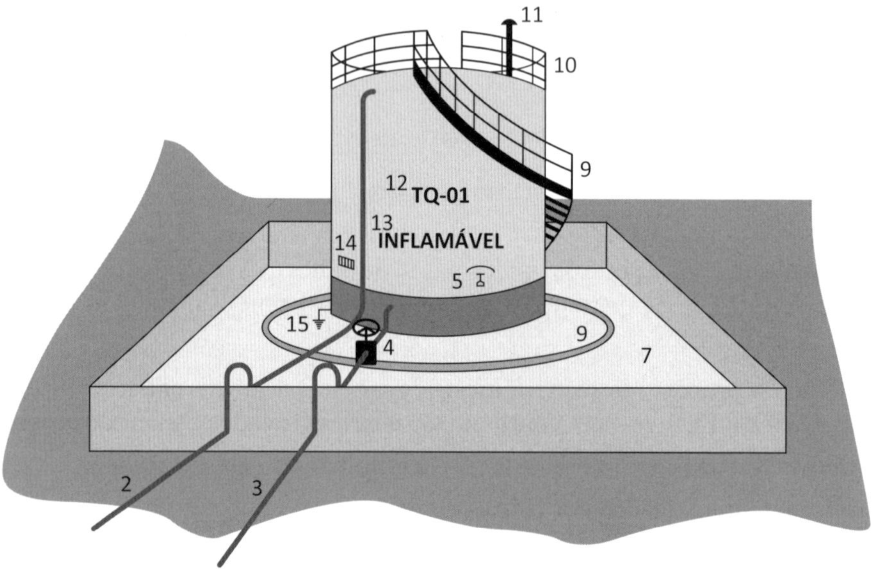

Legenda: 1) dique de contenção; 2) tubo de carga; 3) tubo de descarga; 4) válvula de bloqueio; 5) coletor de amostra; 6) canaleta intermediária; 7) piso impermeável; 8) válvula de drenagem; 9) escada com guarda-corpo; 10) guarda-corpo; 11) respiro; 12) TAG; 13) inflamável; 14) plaqueta de identificação; 15) aterramento em dois pontos distintos 180°.

Figura 15.5 Itens de armazenamento. Fonte: Ilustração do autor.

CAPÍTULO 16
CONCEITO DE NÍVEL DE PROTEÇÃO DE EQUIPAMENTOS EPL

16.1 A ABORDAGEM DA AVALIAÇÃO DO RISCO

A seleção de equipamentos *Ex* foi introduzida na normalização internacional como um método alternativo para a abordagem tradicional, relativamente inflexível, que preestabelece uma relação de tipos de proteção dos equipamentos como as zonas dos locais da instalação.

Para tornar esse processo mais flexível, um sistema de níveis de proteção de equipamentos tem sido introduzido para claramente indicar o risco de ignição inerente ao equipamento, independentemente do tipo de proteção *Ex* utilizado em seu projeto de fabricação.

Basicamente, o símbolo utilizado para identificação do EPL consiste de uma primeira letra, em maiúsculo, designando o local da instalação, da seguinte forma: *M* para Mina (*Mining*), *G* para gás (*Gas*) e *D* para poeira (*Dust*), e de uma segunda letra em minúsculo, designando o nível de proteção proporcionado, da seguinte forma: *a* (muito alto), *b* (alto) e *c* (elevado).

O sistema de designação desses níveis de proteção de equipamentos (EPL) é representado na Tabela 16.1.

Tabela 16.1 Designação de EPL – *Equipment Protection Level*

Primeira letra do EPL Local da instalação do equipamento Ex		**Segunda letra do EPL Nível de proteção proporcionado**	
M	***Mining*** (Minas de carvão)	**a**	Muito alto
G	**Gas**	**b**	Alto
D	***Dust*** (Poeiras combustíveis)	**c**	Elevado

Essa abordagem de seleção de equipamentos com tipos de proteção *Ex* com base no EPL proporcionado tem como objetivo deixar mais clara a separação de responsabilidades entre os fabricantes de equipamentos *Ex* e os usuários dos equipamentos *Ex*.

16.1.1 RESPONSABILIDADE

Faz parte da responsabilidade dos fabricantes dos equipamentos elétricos, de instrumentação, de automação, de telecomunicações e mecânicos *Ex* identificar, em seus produtos, os níveis de proteção proporcionados pelos seus equipamentos (Ga, Gb, Gc, Da, Db, Dc, Ma, Mb), tendo como base os respectivos certificados de conformidade emitidos por organismo de certificação *Ex*, os quais se baseiam nos relatórios de ensaios executados pelos laboratórios *Ex*.

Por outro lado, faz parte da responsabilidade dos usuários das instalações de tais equipamentos *Ex* a devida seleção e especificação para compra dos equipamentos *Ex*, de forma a atenderem os riscos associados às características de classificação de áreas dos respectivos locais de instalação desses equipamentos.

Tendo como base essa abordagem de EPL, não é considerado adequado por parte dos fabricantes de equipamentos *Ex* indicar, na marcação dos equipamentos ou nos catálogos de seus produtos, afirmações do tipo *Zona 1/Zona 2* ou *Zona 21/Zona 22*, uma vez que cabe aos usuários, e não aos fabricantes, a seleção dos equipamentos *Ex*, com base em análises de riscos de seus próprios processos.

16.2 MINAS DE CARVÃO SUJEITAS À PRESENÇA DE GÁS METANO/GRISU (GRUPO I)

EPL Ma: equipamentos para instalação em minas de carvão sujeitas a gás metano (ou grisu), com um nível de proteção muito alto.

EPL Mb: equipamentos para instalação em minas de carvão sujeitas a gás metano (ou grisu), com um nível de proteção alto.

16.3 GASES INFLAMÁVEIS (GRUPO II)

O Grupo II é subdividido em Grupo IIA (gás representativo: Propano), Grupo IIB (gás representativo: Etileno) e Grupo IIC (gás representativo: Acetileno).

EPL Ga: equipamentos para atmosferas explosivas de gás, com um nível de proteção muito alto, o qual não seja uma fonte de ignição em condição normal de operação, durante falhas esperadas ou durante falha rara. São adequados para instalação em áreas classificadas de gás dos tipos Zonas 0, 1 ou 2.

EPL Gb: equipamentos para atmosferas explosivas de gás, com um nível de proteção alto, o qual não seja uma fonte de ignição em condição normal de operação, durante falhas esperadas. São adequados para instalação em áreas classificadas de gás dos tipos Zonas 1 ou 2.

EPL Gc: equipamentos para atmosferas explosivas de gás, com um nível de proteção elevado, que não seja uma fonte de ignição em operação normal. São adequados para instalação em áreas classificadas de gás do tipo Zona 2.

16.4 FIBRAS COMBUSTÍVEIS E PARTÍCULAS COMBUSTÍVEIS EM SUSPENSÃO (GRUPO III)

O Grupo III é subdividido em Grupo IIIA – fibras combustíveis ou partículas combustíveis em suspenção, Grupo IIIA – poeiras combustíveis não condutivas com resistividade acima de 10^3 Ωm (como poeiras de grãos, leite, carvão, coque de petróleo e enxofre) e Grupo IIIC– poeiras combustíveis condutivas, com resistividade abaixo de 10^3 Ωm (como poeiras de alumínio e magnésio).

EPL Da: equipamentos para atmosferas de poeiras combustíveis, possuindo um nível de proteção muito alto, o qual não seja uma fonte de ignição em operação normal, durante falhas esperadas ou durante falha rara. São adequados para instalação em áreas classificadas de gás dos tipos Zonas *20, 21* ou *22.*

EPL Db: equipamentos para atmosferas de poeiras combustíveis, possuindo um nível de proteção alto, o qual não seja uma fonte de ignição em condição normal de operação, durante falhas esperadas. São adequados para instalação em áreas classificadas de gás dos tipos Zonas *21* ou *22.*

EPL Dc: equipamentos para atmosferas de poeiras combustíveis, possuindo um nível de proteção elevado, que não seja uma fonte de ignição em operação normal. São adequados para instalação em áreas classificadas de gás do tipo Zona *22.*

CAPÍTULO 17
SALA DE BATERIAS

17.1 SALA DE BATERIAS

Acumuladores liberam hidrogênio durante o processo de carregamento, portanto deve ser analisada a possibilidade de formação de uma área classificada sobre as baterias de acumuladores.

As salas de baterias de acumuladores, com ventilação forçada e que atendam aos critérios de potência de recarga e temperatura, devem ser consideradas como área classificada de Zona 2, Grupo II, Subgrupo C e Classe de Temperatura T1.

Essas salas devem contar com um sistema de ventilação forçada para permitir a diluição do hidrogênio.

Os itens que compõem uma sala de bateria são os seguintes: baterias e suportes; detector de gás H2 *Ex*; detector de chama *Ex*; exaustores *Ex*; acionador manual de alarme *Ex*; sinalizador de áudio visual de alarme *Ex*; luminárias *Ex*; e aterramento.

Nota 1: convém que todo motor Ex-n, de ventilador associado com um duto utilizado para a exaustão do ar do espaço da sala de baterias, seja instalado na parte externa do duto, utilizando meios adequados para evitar a entrada de gás dentro do motor, como, por exemplo, distanciamento por correia.

Nota 2: Caso o ambiente *não possua ventilação forçada adequada*, necessita ser classificado como Zona 1, Grupo II, Subgrupo C e Classe de Temperatura T1.

Salas de baterias podem ser consideradas como Zona 2, para efeito de segregação com salas adjacentes, quando atendidos os requisitos aplicáveis da IEC 61892-7 (ABNT, 2020g) e classificadora aplicável (pressão negativa e renovação de ar com mínimo de trinta trocas de ar/hora [bateria aberta], alarmes de falha exaustão; inibição de carga profunda e partida de exaustor *standby* quando da detecção de hidrogênio etc.).

A quantidade mínima de trocas de ar no ambiente é de 12 trocas por hora, para bateria do tipo regulada à válvula (VRLA), com ar-condicionado para manter a temperatura a 25 °C (critério de número mínimo de 12 trocas/hora para área classificada; para ambientes com essas mesmas baterias VRLA; considerando área não classificada, admite-se mínimo de 6 trocas/hora).

Os critérios de potência de recarga para locação, ventilação e classificação de áreas são definidos na tabela a seguir:

Tabela 17.1 Critérios de potência de recarga para locação, ventilação e classificação de áreas

Tipo de bateria de acumuladores	Potência	Local de instalação	Requisito mínimo	Classificação da área
Ventiladas	maior que 2 kW	Sala separada	Exaustão forçada independente	Zona 2
	entre 0,2 kW e 2 kW	Sala separada	Exaustão forçada independente	Área não classificada
		Armário separado	Ventilação natural (ver Nota 1) com abertura no topo, em local bem ventilado	
	menor do que 0,2 kW	Armário separado		
		Caixa de baterias	Ventilação natural (ver Nota 1) em ambiente aberto	
VRLA ("Valve Regulated Lead Acid")	maior que 20 kW	Sala separada	Exaustão forçada independente	Zona 2
	entre 2 kW e 20 kW	Sala separada	Exaustão forçada independente	Área não classificada
		Armário separado	Ventilação natural (ver Nota 1) com abertura no topo, em local bem ventilado	
	menor do que 2 kW	Armário separado		
		Caixa de baterias	Ventilação natural (ver Nota 1) em ambiente aberto	

Fonte: ABNT (2014).

Nota 1: a ventilação natural pode ser obtida por meio de um duto de grandes dimensões, terminando a, pelo menos, 1,25 m acima do armário, em pescoço de ganso, cabeça de cogumelo ou equivalente. Orifícios ou venezianas para a entrada de ar devem ser feitos em pelo menos dois lados opostos do armário, na parte inferior.

Nota 2: bateria selada, VRLA ou de gel, é um tipo de bateria chumbo-ácido.

17.2 DUTOS

Os dutos de saída do sistema de exaustão necessitam ter suas saídas dispostas para um ambiente aberto e distante de outras tomadas de ar. O arranjo de dutos deve favorecer o fluxo de extração no teto da sala e insuflamento ou entrada natural de ar por baixo.

17.3 ACUMULADORES

Para acumuladores do tipo ventilados ou regulados à válvula, quando reunidas várias baterias de acumuladores menores que, no somatório, ultrapassem os valores indicados na tabela já apresentada, o valor total deve ser considerado para efeito de localização, classificação de áreas e requisitos de ventilação.

Acumuladores do tipo regulados à válvula (VRLA) liberam menor quantidade de hidrogênio sob condições específicas. Os requisitos indicados na tabela apresentada são válidos apenas caso seja mantida a temperatura ambiente máxima de 25 ºC e não haja modo de carga profunda. Caso contrário, devem ser utilizados os critérios para as baterias ventiladas.

Somente devem ser utilizadas baterias do tipo regulada à válvula de alta integridade, com vida útil superior a dez anos nas condições previstas no projeto, conforme IEC 60896-22 (IEC, 2004).

17.4 SALA DE BATERIAS

Em salas de baterias de acumuladores, devem ser instalados apenas as luminárias e detectores de hidrogênio certificados. Outros equipamentos, como tomadas, cornetas de comunicação, telefones, carregadores, UPS e interruptores, devem ser instalados fora da sala de baterias.

Os armários e caixas de baterias devem conter somente as próprias baterias de acumuladores. A localização de baterias deverá atender a IEC 61892-7 (ABNT, 2020g).

Baterias do tipo ventiladas, conectadas a retificador/carregador, devem ser instaladas de acordo com a potência de recarga do carregador, calculada a partir da máxima corrente de carga e a tensão nominal da bateria, conforme IEC 61892-7 (ABNT, 2020g).

- Potência acima de 2 kW, em sala de baterias exclusiva ou em armário bem ventilado, em área externa.
- Potência entre 0,2 e 2 kW, conforme dito, ou instalado em caixa ou armário em área externa, ou sala de máquinas ou compartimento bem ventilado.
- Potência abaixo de 0,2 kW, conforme falado, ou instalado ao ar livre se protegido contra queda de objetos, ou caixa de bateria em ambiente adequado.

As salas de baterias devem ser mantidas com *pressurização negativa*, de modo a prevenir contaminação para compartimentos adjacentes. O aterramento TAP/BEP deve ser mantido com a equalização dos potenciais das massas, conectadas à malha de terra.

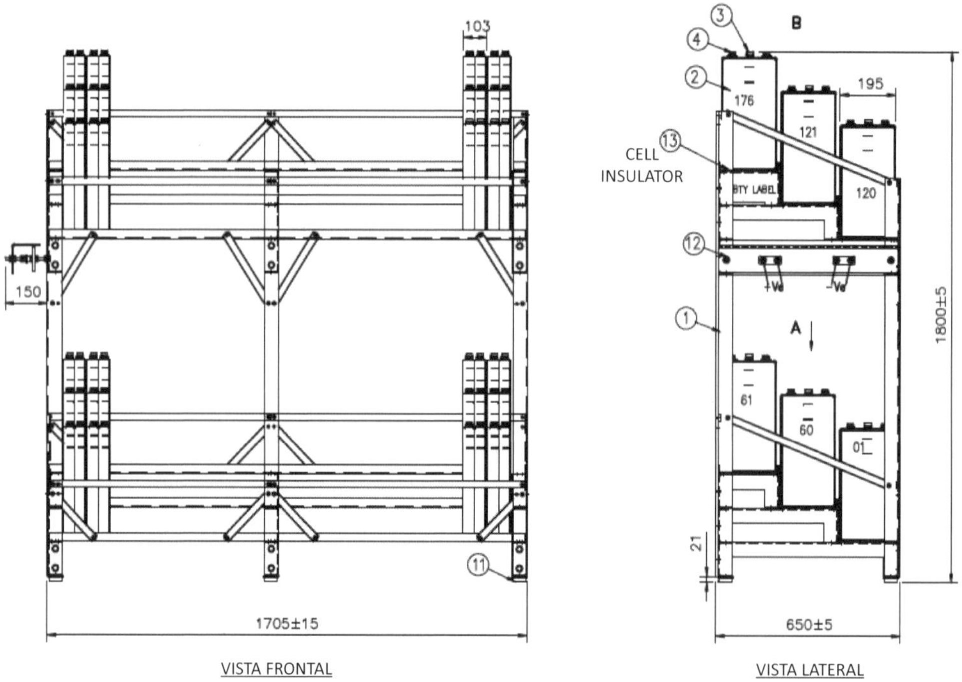

Lista de Material para 01 Conjunto				
15	PLAQUETA DE CARACTERÍSTICAS	PV 11756-047529.22_FL01		
14	ISOLADOR DE MONOBLOCOS	FOLHA DE POLIPROPILENO		
13	ETIQUETA DE MARCAÇÃO	PVC		
12	TERMINAL DE SAÍDA	F R P – ACRILICO		
11	PÉ ISOLADOR DA ESTANTE	PLÁSTICO DE ALTO IMPACTO		
10	CABO DE INTERLIGAÇÃO	CABO ISOLADO (PVC)	$16mm^2$	L= 1300
9	CABO DE INTERLIGAÇÃO	CABO ISOLADO (PVC)	$16mm^2$	L= 1100
8	CABO DE INTERLIGAÇÃO	CABO ISOLADO (PVC)	$16mm^2$	L= 1000
7	CABO DE INTERLIGAÇÃO	CABO ISOLADO (PVC)	$16mm^2$	L= 500
6	BARRA INTERLIG. ENTRE MONOBLOCOS	COBRE	E C GRADE	NIQUELADO
5	BARRA DO MONOBLOCO	COBRE	E C GRADE	NIQUELADO
4	PARAFUSOS SEXTAVADOS E ARRUELAS	AÇO INOX		
3	VÁLVULA	POLIPROPILENO		
2	ETIQUETA DE MARCAÇÃO	POLIPROPILENO		
1	ESTANTE 2 NÍVEIS 2 DEGRAUS	AÇO	PINTURA EPÓXI A PÓ	
POS.	DESCRIÇÃO	MATERIAL	ESPECIFICAÇÃO	TRATAMENTO

Figura 17.1 Estante de bateria. Fonte: Composição do autor.

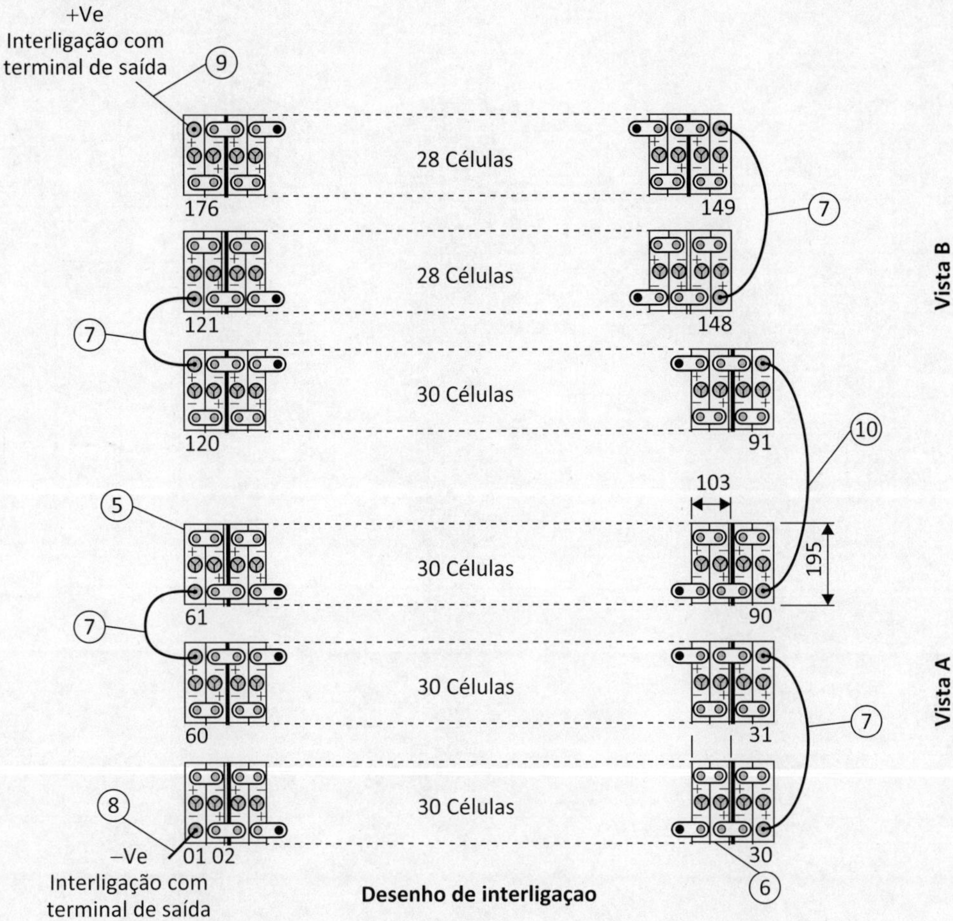

Figura 17.2 Desenho de interligação. Fonte: Composição do autor.

CAPÍTULO 18
INSPEÇÃO *EX*

18.1 INSPEÇÃO *EX*

Neste capítulo, a ênfase será na inspeção detalhada. A simples aquisição de equipamentos com certificação *Ex* não é suficiente para garantir a segurança das instalações e das pessoas que nelas trabalham. As etapas de inspeção e manutenção *Ex* podem ser consideradas muito importantes no quesito de segurança que engloba as instalações *Ex*.

A norma ABNT NBR IEC 60079-17 (ABNT, 2017c) específica três graus de inspeção que podem ser aplicados nas inspeções feitas em áreas classificadas: visual, apurado e detalhado.

- *Inspeção visual*: para verificar defeitos evidentes de forma visível em equipamentos *Ex*.
- *Inspeção apurada*: inspeção que engloba os aspectos cobertos pela inspeção visual e, além disso, identifica defeitos, como parafusos frouxos ou a existência de prensas-cabo que não apertam.
- *Inspeção detalhada*: verifica defeitos que somente são visíveis com a abertura dos invólucros, com a consulta de documentos de projeto e utilizando instrumentos de teste.

Os principais documentos a serem consultados para iniciar uma inspeção detalhada são:

1) Planta de classificação de áreas;
2) Folhas de dados;

3) Certificados de conformidade;
4) Desenhos;
5) Normas técnicas;
6) Lista de instrumentos;
7) Lista de equipamentos;
8) Planta do aterramento geral;
9) Planta do sistema de proteção contra descargas atmosféricas SPDA.

18.1.1 PLANTA DE CLASSIFICAÇÃO DE ÁREAS

A planta de classificação de áreas fornece a base de dados para a correta especificação de equipamentos elétricos, instrumentação e telecomunicações, além das informações para a inspeção periódica das instalações elétricas e de instrumentação pelas equipes de manutenção, de acordo com as listas de verificação da Norma ABNT NBR IEC 60079-17 (ABNT, 2017c).

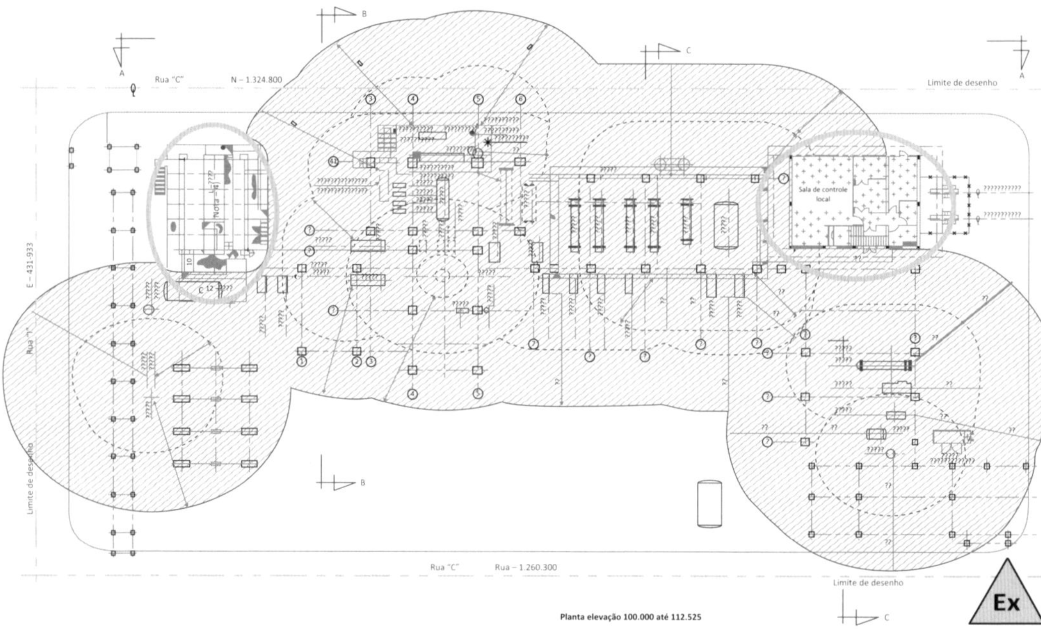

Figura 18.1 Planta de classificação de áreas. Fonte: Composição do autor.

18.1.2 FOLHA DE DADOS

A folha de dados é um documento do qual se obtêm, no exemplo a seguir, as seguintes informações no item Geral: a identificação TAG PDIT- 630333A, a classificação de áreas Zona 2/Gr. IIA/T2, serviço, fluxograma, elemento sensor, tipo de transmissor (alimentação elétrica, classificação do invólucro –Exia IIC T4 Ga, graus de proteção IP66, EPL Gc) e outros dados, como acessórios e as condições de operações.

GERAL	1	IDENTIFICAÇÃO	PDIT-6300008A	PDIT-6300008B
	2	SERVIÇO	FT-6310001A	FT-6310001B
	3	FLUXOGRAMA	DE-4300.22-6300-944-CBL-002	DE-4300.22-6300-944-CBL-002
	4	N DA LINHA - TOMADA DE ALTA PRESSÃO	12*-PE-6300-021-BA	12*-PE-6300-022-BA
	5	N DA LINHA - TOMADA DE BAIXA PRESSÃO	12*-PE-6300-021-BA	12*-PE-6300-022-BA
	6	CLASSIFICAÇÃO DA ÁREA	Zona 2 / Gr IIA / T2	Zona 2 / Gr IIA / T2
ELEMENTO SENSOR	7	TIPO	SILÍCIO RESSONANTE	SILÍCIO RESSONANTE
	8	MATERIAL DO CORPO	AISI316	AISI316
	9	CONEXÃO AO PROCESSO	FLANGEADA@IEC 61518	FLANGEADA@IEC 61518
	10	PRESSÃO ESTÁTICA MÁXIMA ADMISSÍVEL	160 kgf/cm²	160 kgf/cm²
	11	TIPO DE MEDIÇÃO	PRESSÃO DIFERENCIAL	PRESSÃO DIFERENCIAL
	12	TIPO DE MONTAGEM	TUBO 2*	TUBO 2*
	13	MATERIAL DO DIAFRAGMA	HASTELLOY C	HASTELLOY C
TRANSMISSOR	14	TIPO	MICROPROCINTELIGENTE	MICROPROCINTELIGENTE
	15	ALIMENTAÇÃO ELÉTRICA	24 Vcc – 2 FIOS	24 Vcc - 2 FIOS
	16	SINAL DE SAÍDA	4 A 20 mA + HART (NOTA 10)	4 A 20 mA + HART (NOTA 10)
	17	FAIXA AJUSTÁVEL	(0 - 0,01 / 0 - 1)kgf/cm²	(0 - 0,01 / 0 - 1)kgf/cm²
	18	FAIXA CALIBRADA (NOTA 8)	0 - 0,6 kgf/cm²	0 - 0,6 kgf/cm²
	19	PRECISÃO	0,055%DO SPAM	0,055%DO SPAM
	20	CLASSIFICAÇÃO DO INVÓLUCRO	Ex ia IIC T4 Ga	Ex ia IIC T4 Ga
	21	GRAU DE PROTEÇÃO DO INVÓLUCRO	IP 66	IP 66
	22	MATERIAL DO INVÓLUCRO	ALUMÍNIO FUNDIDO	ALUMÍNIO FUNDIDO
	23	CONEXÃO ELÉTRICA	2X1/2*NPT-F	2X1/2*NPT-F
	24	SUPRESSÃO DE ZERO		
	25	ELEVAÇÃO DE ZERO		
	26	LINEARIZAR SINAL DE SAÍDA	NÃO APLICÁVEL	NÃO APLICÁVEL
	27	SILA SER ATENDIDO	NÃO APLICÁVEL	NÃO APLICÁVEL
	28			
	29			
ACESSÓRIOS	30	INDICADOR LOCAL DO SINAL SAÍDA	SIM, UNID. ENGENHARIA	SIM, UNID. ENGENHARIA
	31	PLAQUETA DE INDENTIFICAÇÃO	SIM (NOTA 1)	SIM (NOTA 1)
	32	HANDHELD (CALIBRADOR)	NOTA 7	NOTA 7
	33	"MANIFOLD"	NÃO	NÃO
	34	SUPORTE	SIM P/ TUBO 2	SIM P/ TUBO 2
	35	SELO DIAFRAGMA CAPILAR	NÃO	NÃO

Figura 18.2 Folha de dados. Fonte: Composição do autor.

18.1.3 CERTIFICADO DE CONFORMIDADE

O certificado de conformidade trata de um ato em que um terceiro demonstra existir garantia adequada de que um produto, processo ou serviço devidamente identificado está em conformidade com uma norma ou outro documento normativo especificado.

CEPEL

CENTRO DE PESQUISAS DE ENERGIA ELÉTRICA

Organismo de Certificação Credenciado pelo INMETRO

INMETRO

Certificado de Conformidade

Certificate of Conformity / Certificado de Conformidad

Número: CEPEL-EX-333/04X Emissão: 16/07/2004 Validade: 15/07/2005

Produto: MOTOR DE INDUÇÃO TRIFÁSICO, CARCAÇA ALETADA de 315 a 630, 100 kW a 3150 kW , até 6000 V, 50 e 60 Hz.

Tipo/Modelo: LINHA HGF

Número do Relatório de Ensaio: UNIAP-EX-1198/2000-R

MARCAÇÃO: BR-Ex nA II T3 IP55

Figura 18.3 Certificado de conformidade. Fonte: Acervo pessoal do autor.

18.1.4 DESENHO TÍPICO

O desenho que segue traz as dimensões (geralmente em milímetros), tipo de fixação, peso total, placa de identificação e a cor.

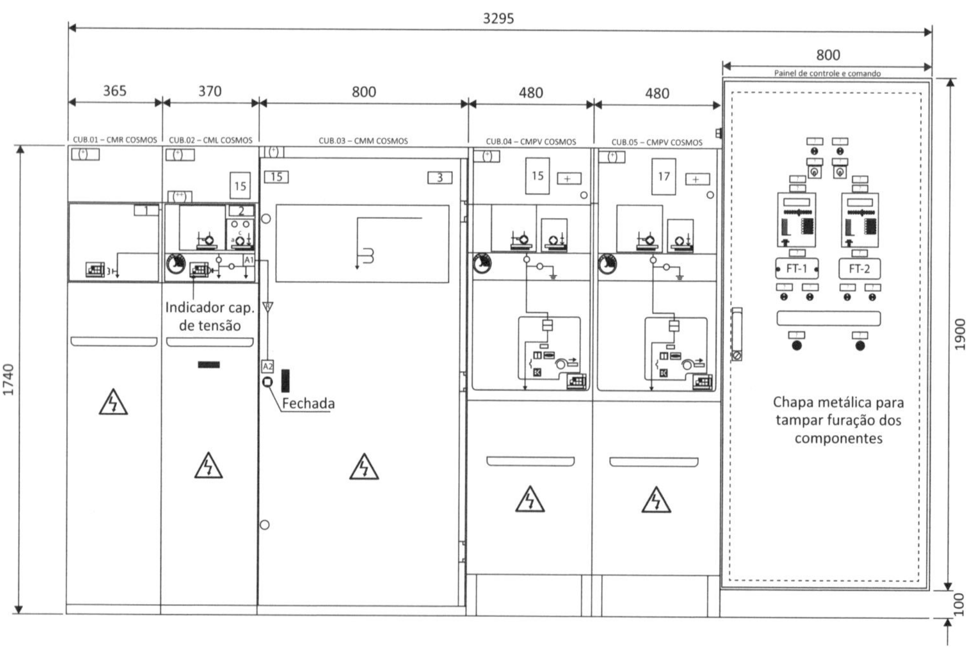

Figura 18.4 Dimensional eletromecânico frontal CLP. Fonte: Composição do autor.

18.1.5 NORMAS APLICADAS

As normas são orientações compulsórias que devem ser seguidas durante todo processo da inspeção *Ex*.

NORMA BRASILEIRA

ABNT NBR IEC 60079-17

Primeira edição
30.03.2005

Válida a partir de
29.04.2005

Equipamentos elétricos para atmosferas explosivas
Parte 17: Inspeção e manutenção de instalações elétricas em áreas classificadas (exceto minas)

Electrical apparatus for gas explosive atmospheres
Part 17: Inspection and maintenance of electrical installation in hazardous areas (other than mines)

Figura 18.5 Norma ABNT NBR IEC 60079-17. Fonte: ABNT (2017c).

18.1.6 LISTA DE INSTRUMENTOS

A lista de instrumentos fornece o local e a unidade na planta onde está instalado o instrumento, assim como o TAG e a descrição (se é motor ou detector de gás e/ou), assim como o fornecedor/fabricante, tipo de proteção, modelo, lista de verificação (LV NR10), órgão certificador e o número do certificado de conformidade.

TAG	DESCRIÇÃO	FORNECEDOR/ FABRICANTE	TIPO DE PROTEÇÃO	MODELO	LV NR-10	ORGÃO CERTIFICADOR	N DO CERTIFICADO (cadastro Meridian)	DATA BOOK
ZSH-4703.21100A	CHAVE FIM DE CURSO	WESTLOCK	Ex d	SI-3	ESBC-LV-EX-302	NCC Certificações do Brasil	NCC 16.0122	–
ZSH-4703.21100B	CHAVE FIM DE CURSO	WESTLOCK	Ex d	SI-3	ESBC-LV-EX-307	NCC Certificações do Brasil	NCC 16.0122	–
ZSL-4703.21100A	CHAVE FIM DE CURSO	WESTLOCK	Ex d	SI-3	ESBC-LV-EX-301	NCC Certificações do Brasil	NCC 16.0122	–
ZSL-4703.21100B	CHAVE FIM DE CURSO	WESTLOCK	Ex d	SI-3	ESBC-LV-EX-308	NCC Certificações do Brasil	NCC 16.0122	–
ZSL-4703.24100A	CHAVE FIM DE CURSO	WESTLOCK	Ex d	SI-3	ESBC-LV-EX-296	NCC Certificações do Brasil	NCC 16.0122	–
ZSL-4703.24100B	CHAVE FIM DE CURSO	WESTLOCK	Ex d	SI-3	ESBC-LV-EX-297	NCC Certificações do Brasil	NCC 16.0122	–

Figura 18.6 Lista de instrumentos. Fonte: Composição do autor.

18.1.7 LISTA DE EQUIPAMENTOS

A lista de equipamentos fornece o local e a unidade na planta onde está instalado o equipamento, assim como o TAG e a descrição (se é motor ou detector de gás e/ou), também o fornecedor/fabricante, tipo de proteção, modelo, lista de verificação (LV NR10), órgão certificador e o número do certificado de conformidade.

18.1.8 PLANTA DO ATERRAMENTO E EQUALIZAÇÃO DOS POTENCIAIS

A planta do aterramento geral é o documento que comprova a segurança com relação aos potenciais elétricos que poderiam surgir nos equipamentos e instrumentos instalados e aterrados em ambientes com atmosferas explosivas e vir a causar danos humanos e patrimoniais. A equalização dos potenciais elétricos visa garantir que as cargas elétricas oriundas de fontes de energia estática ou dinâmica sejam direcionadas à terra, de forma que a velocidade de captação de cargas elétricas nos meios condutores ou isolantes seja menor do que a velocidade de escoamento para o solo, razão pela qual o solo deverá manter sua resistência muito baixa, e isso só é possível pelo sistema de aterramento.

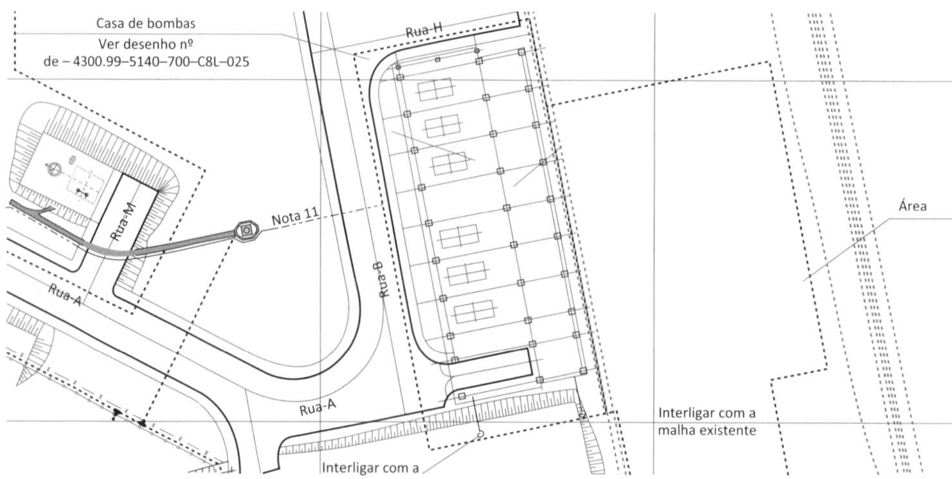

Figura 18.7 Planta de aterramento geral. Fonte: Composição do autor.

18.1.9 DOCUMENTO DO SPDA

A planta do SPDA deverá ter atenção redobrada por se tratar de evento em alta frequência, logo, a malha de aterramento, além de atender a essa solicitação, deverá também ser integrada ao sistema de aterramento de baixa frequência.

18.2 INÍCIO DA INSPEÇÃO

A atividade de inspeção é iniciada após análise de todos os documentos citados, examinando primeiro a lista de instrumentos e de equipamentos, pois é dela que obteremos as informações do quantitativo, da sua localização e do seu posicionamento na planta industrial.

Os instrumentos e equipamentos deverão ser adequados para o local onde foram instalados (a inspeção *Ex* inicia quando todos equipamentos e instrumentos estão montados e a unidade preparada para partir), logo, os dados de placa de cada um desses componentes deverão ser examinados cuidadosamente e comparados com a folha de dados e deverão atender aos critérios tipo zona/grupo/temperatura etc. (conforme a planta de classificação de áreas).

Nota 1: cada instrumento ou equipamento deverá possuir uma Lista de Verificação – LV. A ABNT NBR IEC 60079-17 (ABNT, 2017c) dispõe de tabela orientativa.

Nota 2: o inspetor *Ex* é o responsável por confeccionar as Listas de Verificação – LV e de aplicá-las na inspeção detalhada na planta, verificando, item a item, instrumentos e equipamentos, como:

- Caixas de junções analógicas ou digitais, sistemas de alarmes, exaustores, ventiladores etc.;
- Painéis de instrumentação, elétricos e de comandos e sala de baterias;
- Caixas de ligação de motores, geradores, compressores, transformadores etc.;
- Conexões (prensa-cabos, unidades seladoras, bornes, conduletes, eletrodutos rígidos ou flexíveis, niples e buchas), aterramentos e equalização de potenciais.

Esses itens deverão ser cuidadosamente verificados assim como as classificações de invólucros – IP e corrigidos caso haja desvios, isto é, não conformidades.

LOGO DA EMPRESA	RELATÓRIO	FORMULÁRIO: RL-003	Rev. 0
	CLIENTE: ESTUDANTE		FOLHA: 1 de 2
	PROGRAMA: APRENDIZAGEM		—
	ÁREA: ESPELL		–
ESPELL	TÍTULO: LV - LISTA DE VERIFICAÇÃO ABNT NBR IEC 60079-17		0 ESPELL

ESPELL ENGENHARIA	OBRA: 2933	CONTRATO: 29332933

TAG DO EQUIPAMENTO:	GRAU DE INSPEÇÃO	DATA	REGISTRO Nº:
PIT-8703.24107B	☐ APURADA ☒ DETALHADA ☐ VISUAL	23/04/2020	ESPELL-LV-EX-033

DESENHO:

DE-0000.0000.0000- Classificação de Áreas - XXXXXXXXX - Planta e Cortes

A	INSTRUMENTAÇÃO PIT -TRANSMISSOR INDICADOR DE PRESSÃO	Ex-d
1	O equipamento é adequado a classificação (Zona) do local)?	X
2	O grupo do equipamento está correto?	X
3	A classe de temperatura do equipamento está correta?	X
4	O equipamento possui placa de marcação Ex INMETRO?	X
5	A identificação do circuito do equipamento está disponível?	X
6	Desenhos e folhas de dados conferem?	X
7	O sensor de pressão PE está conectado correntamente na variável do processo?	X
8	O transmissor de pressão PT se conecta ao sensor de pressão PE?	X
9	Verificou-se o relatório do exame dimesional das principais cotas?	X
10	A fiação e componentes dos comandos elétricos estão corretamente ligados e identificados?	X
11	O indicador de pressão PI apresenta sinal analógico (contínua, descontínua) ou digital em conformidade com o registrador de pressão PR ?	NA
12	Não há modificações não autorizadas visíveis?	X
13	Parafusos, dispositivos de entrada de cabos, unidade seladora, estão Ok?	X
14	O aterramento das massas está conforme projeto?	X
15	O controlador de pressão PC mantem o valor da variável de processo igual ao valor estabelecido em seu mecanismo, enviando um sinal de saída ao elemento final de controle?	NA
B	INSTALAÇÃO	Ex-d
1	Não há danos óbvios nos cabos?	X
2	A selagem de dutos, tubos, eletrodutos estão satisfatórios?	X
3	Prensa-cabos é adequado (tipo, aperto do cabo, estado)?	X
4	Conexões de aterramento Ok? (Apertadas, os condutores possuem suficiente seção reta)?	X
5	Componentes de instalação estão Ok?	X

OBSERVAÇÕES:

LAUDO: ☒ Aprovado ☐ Reprovado

LEGENDA: **N/A** - Não Aplicável **X** - Aplicável

INSPETOR	CONTROLE DA QUALIDADE	GERENTE DA QUALIDADE
Ricardo Rando Eng. Eletr. CREA SP: 000000000 Insp. de EX e IFEL/IN - SNQC 00000 ESPELL ENGENHARIA		

Figura 18.8 Modelo de LV. Fonte: Composição do autor.

	RELATÓRIO	FORMULÁRIO: RL-003	Rev. 0
	CLIENTE: ESTUDANTE		FOLHA: 2 de 2
	PROGRAMA: APRENDIZAGEM		—
	ÁREA: ESPELL		–
ESPELL	TÍTULO: LV - LISTA DE VERIFICAÇÃO ABNT NBR IEC 60079-17		ESPELL ESPELL
ESPELL ENGENHARIA	OBRA: 2140/A595	CONTRATO:	293.329.332.933

TAG DO EQUIPAMENTO:	GRAU DE INSPEÇÃO	DATA	REGISTRO Nº:
PIT-8703.24107B	[ ] APURADA [X] DETALHADA [ ] VISUAL	23/04/2020	ESPELL-LV-EX-033

DESENHO:
DE-2933.2933.2933 - Classificação de Áreas - Pátio de Bombas - Planta e Cortes

6	Teste de isolamento completado ?	NA
7	Teste de tensão aplicada entre cada circuito e as partes metálicas e entre os circuitos principais executado?	NA
C	DETALHES DO AMBIENTE	Ex-d
1	O equipamento está protegido contra interpérie/vibrações?	X
2	Não há acumulo indevido de poeira ou sujeira?	X
3	O isolamento elétrico está limpo?	X

OBSERVAÇÕES:

LAUDO: [X] Aprovado [ ] Reprovado

LEGENDA: **N/A** - Não Aplicável **X** - Aplicável

INSPETOR	CONTROLE DA QUALIDADE	GERENTE DA QUALIDADE
Ricardo Rando Eng. Eletr. CREA SP: 0682173239 Insp. de EX e IFEL/IN - SNQC 29103 CCSN - Consórcio Sacs Niplan		
Data: 24/04/2020	Data: 24/04/2020	Data: 24/04/2020

Figura 18.8 Modelo de LV. Fonte: Composição do autor.

18.3 CONSIDERAÇÕES

Em atmosferas explosivas, o aterramento não deve ser negligenciado. Assegurar que todas as massas metálicas estejam equalizadas em um mesmo potencial elétrico é um critério a ser preservado, com o objetivo de garantir a segurança das pessoas e do patrimônio.

É comum alguns instrumentos de controle e processo possuírem sua carcaça não aterrada na malha de aterramento, seguindo a orientação dos fabricantes. É prática comum o cabo de aterramento acompanhar o cabo dos alimentadores, ou seja, o instrumento é aterrado em um único ponto em função da interferência de modo comum que poderia ocorrer caso fosse aterrado em dois pontos.

Após essas etapas, a finalização da inspeção *Ex* fica condicionada à emissão de relatórios.

Deverão ser providenciados relatórios para cada disciplina em separado, ou seja, instrumentação, elétrica e um terceiro relatório para a disciplina de aterramento e da equalização dos potenciais distribuídos, todos com evidências fotográficas da inspeção.

CAPÍTULO 19
ATERRAMENTO EM SISTEMA FOTOVOLTAICO

Em unidades com áreas classificadas, a instalação de sistemas de iluminação e/ou, utilizando energia solar é uma prática que vem ganhando espaço a cada dia. O sistema fotovoltaico autônomo isolado é o mais comum de se ver em áreas classificadas. Já o sistema fotovoltaico conectado à rede tem suas estruturas localizadas fora das áreas classificadas, como casa de controle, subestações, prédios administrativos etc. Sobre esses dois tipos de projetos – o sistema fotovoltaico isolado *off grid* e o sistema fotovoltaico conectado à rede *on grid* – faremos alguns comentários.

19.1 SISTEMAS FOTOVOLTAICOS

Por definição, um *sistema fotovoltaico* diz respeito a um gerador de eletricidade cuja fonte primária é a *radiação solar*. A palavra sistema representa o conjunto dos equipamentos necessários para que o gerador de eletricidade faça o seu trabalho e entregue a energia elétrica gerada.

É possível a instalação de um sistema fotovoltaico em qualquer localidade que receba luz suficiente para provocar o *efeito fotovoltaico*, o efeito físico responsável pela transformação da energia luminosa solar em energia elétrica aproveitável.

É justamente devido à sua alta confiabilidade que os sistemas fotovoltaicos são utilizados em áreas inóspitas, como no caso de torres de links de telecomunicação, ou mesmo no espaço, alimentando os equipamentos eletroeletrônicos dos satélites.

Figura 19.1 Satélite artificial *Glory*. Fonte: NASA.

19.2 CLASSIFICAÇÃO DOS SISTEMAS FOTOVOLTAICOS

- *Sistema fotovoltaico isolado*: quando a energia gerada alimenta diretamente as cargas, sem contato com a rede pública de distribuição de energia elétrica.
- *Sistema fotovoltaico conectado à rede*: quando a energia gerada é injetada na rede pública de distribuição de energia elétrica, alimentando indiretamente as cargas ligadas à rede.

Nos dois casos, o sistema fotovoltaico pode possuir um subsistema de armazenamento de energia, o popular *banco de baterias*.

19.3 SISTEMAS FOTOVOLTAICOS ISOLADOS

O termo "isolado" nesse tipo de sistema fotovoltaico diz respeito a estar isolado da rede, ou seja, sem contato com a rede da distribuidora de energia; portanto a energia elétrica gerada deve ser entregue diretamente ao equipamento eletroeletrônico.

Os sistemas fotovoltaicos isolados se subdividem em dois grupos:

- *Sistemas fotovoltaicos isolados puros*: possuem somente o gerador fotovoltaico como fonte de energia, utilizando como fonte primária (o combustível) somente a energia solar.

- *Sistemas fotovoltaicos híbridos:* possuem um gerador auxiliar, que utiliza outra tecnologia de obtenção de eletricidade, como um gerador a combustível líquido *(moto gerador)*, ou um *aerogerador* (gerador de eletricidade a partir da força do vento).

Figura 19.2 Gerador híbrido: eólico e fotovoltaico. Fonte: Tropical Energia.

19.4 SISTEMAS FOTOVOLTAICOS HÍBRIDOS

Na maioria dos sistemas fotovoltaicos híbridos (ou geradores híbridos, com sistema fotovoltaico e outra fonte), o gerador solar é primário e a outra fonte é secundária. A maioria desses sistemas tem armazenamento energético, geralmente um banco de baterias que é suprido majoritariamente pelo arranjo fotovoltaico.

Quando o gerador híbrido possui um *motogerador*, geralmente este só entra em ação no caso de baixa carga do banco de baterias, e o dispositivo controlador da carga da bateria ativa o gerador que, por meio de um retificador (que transforma a corrente alternada do gerador em corrente contínua), recarrega o banco de baterias.

Essa solução é muito empregada em torres de telecomunicação.

Nos geradores híbridos que dispõem de *microaerogeradores*, geralmente a recarga do banco de baterias é dividida entre o arranjo fotovoltaico e o *microaerogerador*. No caso de falha de algum dos componentes, a recarga será comprometida, mas é possível o funcionamento do sistema por um período maior, devido à recarga parcial do banco de baterias.

19.5 SISTEMAS FOTOVOLTAICOS PUROS

Nos sistemas fotovoltaicos puros, mais conhecidos como *sistemas fotovoltaicos autônomos*, há somente o arranjo fotovoltaico como fonte de energia para as cargas, seja diretamente, com a alimentação vindo das células fotovoltaicas para o equipamento eletroeletrônico, seja indiretamente, com a alimentação do equipamento mediante banco de baterias.

19.5.1 SISTEMA FOTOVOLTAICO ISOLADO PURO (AUTÔNOMO) SEM ARMAZENAMENTO ELÉTRICO

Esse tipo de sistema fotovoltaico não possui um banco de baterias e toda a energia gerada é imediatamente consumida pela carga (o equipamento eletroeletrônico alimentado). Naturalmente, esse tipo de aplicação só funciona durante o dia, nas horas de maior intensidade da radiação solar, e não há trabalho durante a noite ou durante dias com baixa insolação.

Contudo, é uma opção barata para aplicações que precisam funcionar desacompanhadas, e que possam funcionar somente durante o dia, como é o caso dos sistemas de coleta de água para utilização rural. Durante o dia, a água é coletada do reservatório natural (seja subterrâneo ou rio/cacimba), e acumulada nos reservatórios acima do nível do solo.

Assim, a acumulação da energia solar se dá pelo trabalho realizado, pois é possível utilizar um reservatório elevado, armazenando a água em altura tal que permita a pressão sobre a tubulação que a leve até o destino, tendo-se, assim, na energia potencial da água, uma forma de armazenamento da energia solar.

Figura 19.3 Sistema de bombeamento solar. Fonte: Solar Energy International.

Nesse tipo de sistema fotovoltaico, comumente chamado de bombeamento fotovoltaico ou bombeamento solar, utiliza-se, geralmente, uma bomba d'água própria para funcionamento mediante alimentação por módulos fotovoltaicos (placas solares), que possuem um dispositivo de condicionamento de potência (um regulador de tensão/corrente/frequência, conforme as características construtivas da bomba) que adequa a energia elétrica recebida do arranjo fotovoltaico às necessidades do motor da bomba.

Figura 19.4 Kit bomba solar do fabricante brasileiro Anauger.

Fonte: adaptada de Anauger.

É possível adaptar uma bomba comum, utilizando um sistema fotovoltaico autônomo com armazenamento elétrico, mas os custos costumam ser muito maiores que a utilização de uma bomba solar, principalmente devido às baterias.

19.5.2 SISTEMA FOTOVOLTAICO ISOLADO PURO (AUTÔNOMO) COM ARMAZENAMENTO ELÉTRICO

Esse é o tipo mais comum de sistema fotovoltaico isolado, utilizado na maioria dos locais, em razão de sua capacidade de fornecer energia às cargas dia e noite, devido à presença do banco de baterias.

No sistema fotovoltaico autônomo com banco de baterias (que, a partir de agora, será chamado apenas de sistema fotovoltaico autônomo – SFA), as cargas são alimentadas pelo banco de baterias, e o arranjo fotovoltaico, por sua vez, alimenta o banco de baterias, repondo a energia consumida pelas cargas, dando a autonomia necessária para os períodos de baixa ou nula insolação (noites e dias muito nublados).

Na prática, quando se fala de sistema fotovoltaico autônomo – SFA, o modelo padrão que vem à mente é constituído pelo subsistema de geração (o painel fotovoltaico), subsistema de acumulação (banco de baterias) e subsistema de condicionamento de potência e controle (controlador de carga e inversor, quando se alimenta cargas em corrente alternada).

19.5.2.1 Constituição típica de um SFA

Um SFA típico é constituído basicamente pelos seguintes componentes (Figura 19.5):

- *Painel fotovoltaico*: é o conjunto de módulos fotovoltaicos associados eletricamente;
- *Banco de baterias*: o conjunto de acumuladores de energia (baterias) associados eletricamente, formando uma única unidade de armazenamento;
- *Controlador de carga*: é o componente responsável pelo gerenciamento da carga (e eventualmente da descarga) do banco de baterias.
- *Inversor autônomo*: é o componente responsável por transformar a corrente contínua, gerada pelo painel fotovoltaico e armazenada no banco de baterias, em corrente alternada, que poderá ser utilizada pelos equipamentos eletroeletrônicos a serem energizados mais comuns.

Figura 19.5 Sistema fotovoltaico autônomo em Paraibuna/SP. Fonte: Blue Sol (c2021).

O dimensionamento de um SFA é feito em cinco etapas:

1. Análise da energia consumida pelas cargas em um dia de uso contínuo (considerando a potência e o tempo de utilização de cada equipamento eletroeletrônico);
2. Dimensionamento do banco de baterias para alimentar essas cargas por, pelo menos, dois dias consecutivos (autonomia mínima de dois dias);
3. Dimensionamento do painel fotovoltaico para repor a energia de um dia de consumo, cobrindo todas as possíveis perdas, considerando o menor valor de radiação solar registrado para a região (mediante consulta em bancos de dados de disponibilidade solar);

4. Seleção dos componentes de condicionamento de potência e controle;
5. Cabeamento, dispositivos de seccionamento e proteção (disjuntores, fusíveis, DPS), aterramento e equalização dos potenciais.

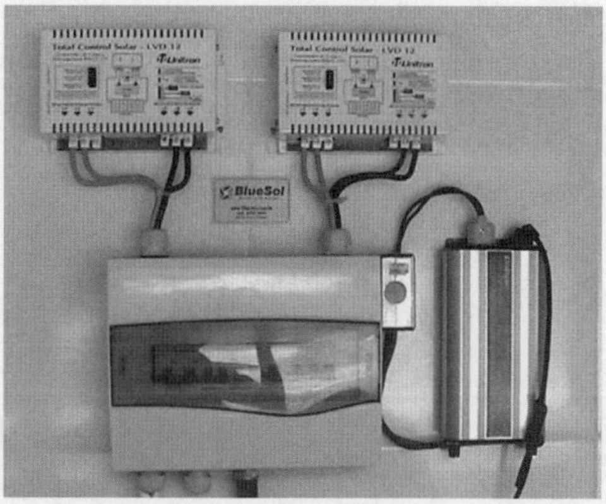

Figura 19.6 Detalhamento dos dispositivos de condicionamento de potência e controle e quadro seccionamento do SFA da Figura 19.5. Fonte: Blue Sol (c2021).

É muito importante definir e delimitar o consumo energético, sob pena de subdimensionar o SFA, o que poderia provocar falta de energia antes do período de autonomia previsto. A autonomia mínima é uma questão de segurança, definida durante o projeto, pois impacta diretamente os custos globais. Quanto mais autonomia (portanto mais segurança energética), mais caro será o SFA, principalmente devido à alta capacidade requerida para o banco de baterias.

O tamanho do painel fotovoltaico varia de acordo com os níveis de radiação solar da localidade onde o SFA será instalado. Quanto mais radiação solara localidade oferecer, menor será a potência total do conjunto de módulos e vice-versa.

Figura 19.7 Sistema Fotovoltaico Isolado em área classificada, fonte: Acervo pessoal do autor.

19.6 ATERRAMENTO E EQUALIZAÇÃO DOS POTENCIAIS

Cada SFA deverá possuir aterramento isolado que permita drenar para o solo possíveis descargas atmosféricas. A equalização dos potenciais das massas condutoras deverá ser integrada a esse aterramento.

No caso de vários SFA implantados em uma localidade, deverá ser previsto um sistema de aterramento que incorpore todos os módulos, de maneira que eletricamente estejam conectados em um mesmo potencial. As baterias chumbo ácidas deverão estar localizadas fora da cota da área classificada e possuir ventilação adequada. Para SFA, não tem sentido aplicar esquemas de aterramento.

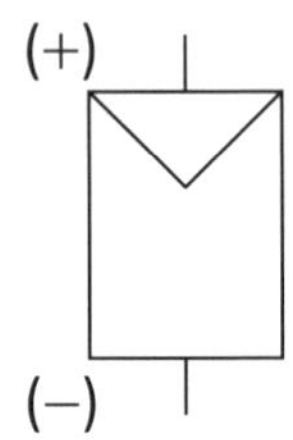

Figura 19.7 Símbolo de módulo fotovoltaico. Fonte: Blue Sol (c2021).

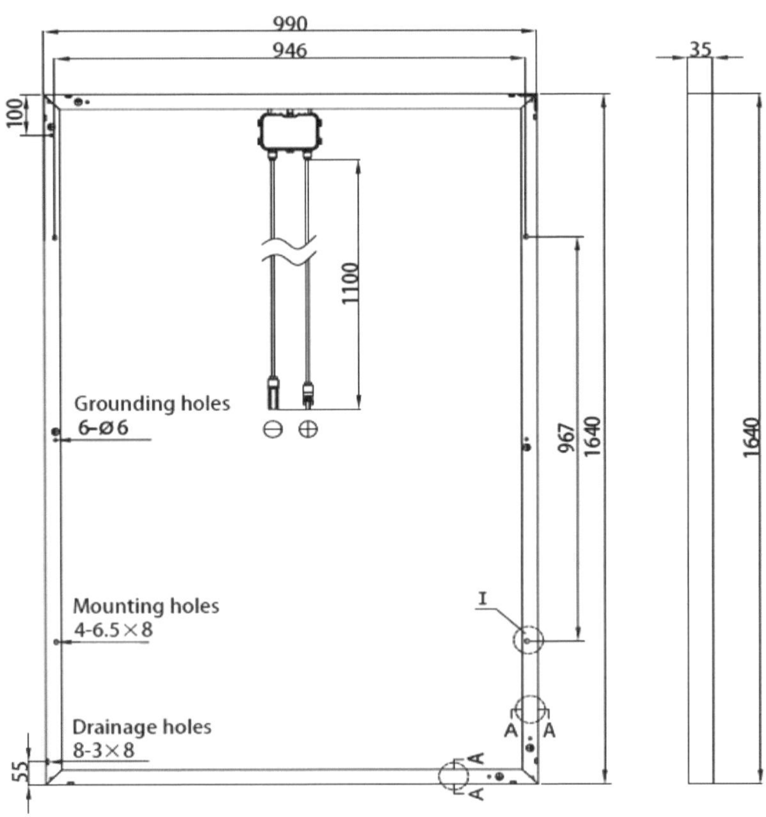

Figura 19.8 Parte traseira do módulo fotovoltaico *groundholes.* Fonte: Blue Sol (c2021).

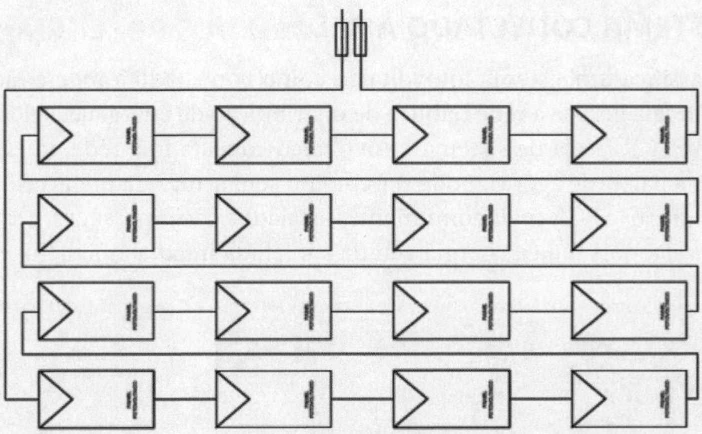

Figura 19.9 Ligação de módulos em série. Fonte: Blue Sol (c2021).

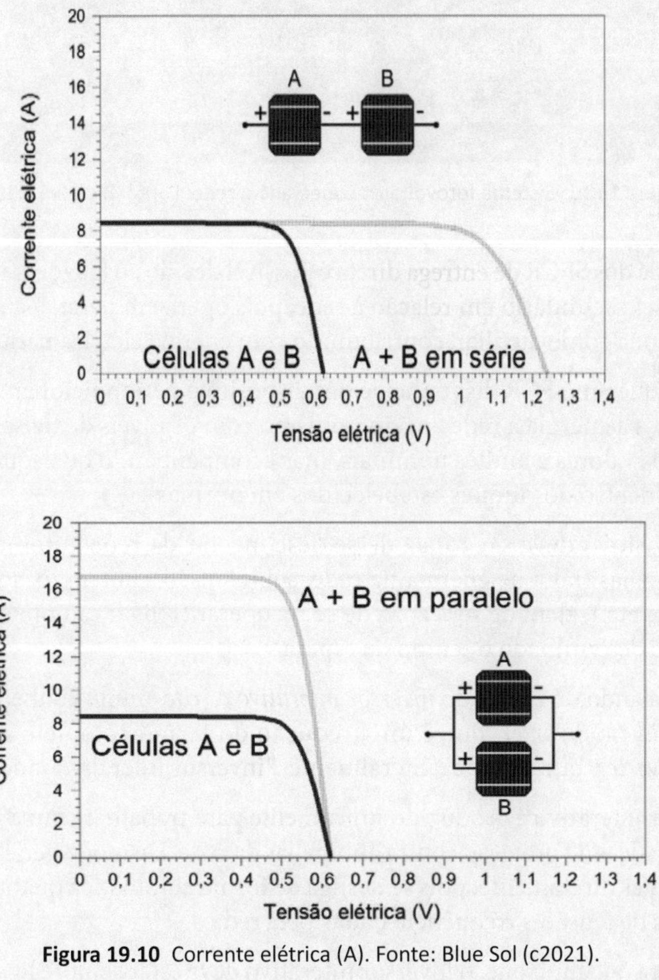

Figura 19.10 Corrente elétrica (A). Fonte: Blue Sol (c2021).

19.7 SISTEMA CONECTADO À REDE

O que classifica um sistema fotovoltaico como conectado à rede é tão somente a entrega da energia gerada à rede pública de distribuição de energia elétrica, nada mais. Por isso, um SFCR (sigla de sistema fotovoltaico conectado à rede, que será como o chamaremos a partir de agora), pode ser com ou sem armazenamento elétrico (banco de baterias), mas os SFCR mais comumente instalados não o possuem, e são chamados de *entrega direta*, pois toda a energia gerada é injetada imediatamente na rede.

Figura 19.11 Sistema fotovoltaico conectado à rede. Fonte: Blue Sol (c2021).

A existência dos SFCR de entrega direta é possível devido ao fato desse tipo de sistema fotovoltaico ser secundário em relação à rede, pois opera em paralelismo permanente, ou seja, funciona como auxiliar, contribuindo com energia elétrica para a rede pública.

É exigido que um SFCR disponha de um dispositivo de condicionamento de potência que forneça a energia à rede em sincronismo com os níveis de tensão e frequência, respeitando os valores e limites nominais, mas acompanhando quaisquer variações de seus valores (dentro dos limites estabelecidos em normas).

Esse dispositivo deve ser capaz de se desconectar da rede automaticamente em caso de anomalias (falta de energia na rede, sobretensão, subtensão, sobrefrequência, subfrequência etc.), além de ser capaz de se recuperar (religar) automaticamente, mas somente após determinado o tempo de espera.

Estamos falando do chamado *inversor interativo à rede*, muito conhecido pelo termo em inglês *grid-tie inverter*, que é uma redução do termo completo *utility grid-tied interactive inverter*, que significa, literalmente, "inversor interativo vinculado à rede".

O inversor interativo é produzido unicamente para trabalhar com a rede, devido às suas características de proteção contra anomalias da rede. De modo geral, não é capaz de alimentar cargas diretamente, pois se desliga de forma automática quando não percebe as referências de tensão e frequência dadas pela rede.

Assim, para que funcione, o inversor interativo deve estar sempre ligado à rede, pois já possui toda a inteligência necessária para prover o sincronismo com a rede.

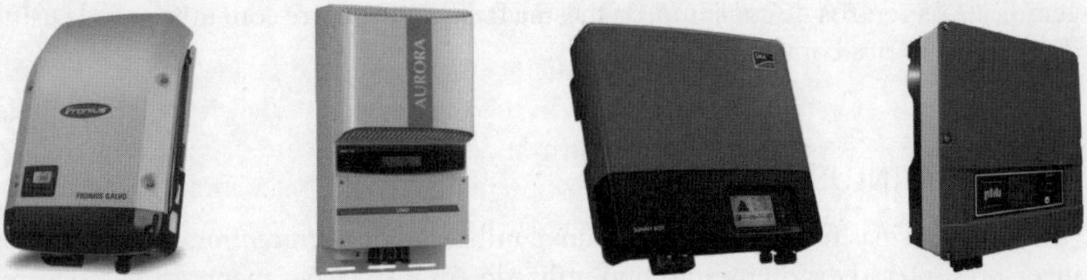

Figura 19.12 Inversores interativos de entrega direta, dos fabricantes Fronius, ABB, SMA e PHB. Fontes: Sites dos respectivos fabricantes.

19.8 USINAS FOTOVOLTAICAS

Devido aos altos custos dos bancos de baterias, bem como à sua baixa durabilidade, as grandes plantas de geração de energia elétrica por fonte solar, popularmente chamadas de usinas solares fotovoltaicas, são *sempre* de entrega direta.

Figura 19.13 Miniusina fotovoltaica MGD Noronha I, em Fernando de Noronha (montagem do arranjo fotovoltaico). Fonte: Blue Sol/WEG (c2021).

19.8.1. USINAS DE GRANDE PORTE

Em usinas de grande porte, com arranjos fotovoltaicos compostos por centenas de milhares de módulos fotovoltaicos e que ocupam grandes áreas, é comum a utilização de unidades de condicionamento de potência muito robustas, que geralmente são compostas por conjuntos de módulos inversores interativos de maior potência (entenda-se: circuitos de inversores de grande porte incorporados a um equipamento maior), que já possuem o transformador de acoplamento para a entrega da energia gerada em média tensão.

Quando as usinas são instaladas muito afastadas dos centros de consumo da energia elétrica, serão acopladas a uma subestação elevadora, montada no mesmo local, que elevará a média tensão fornecida pela planta de geração para níveis de tensão ainda maior, de forma a, por meio de uma linha de transmissão, transportar a potência (e energia) gerada até os centros de consumo, da mesma forma que ocorre com uma grande usina de energia elétrica convencional.

19.8.2 MINIUSINAS

Em miniusinas fotovoltaicas é comum a utilização de *eletrocentros*, compostos por inversores interativos do mesmo tipo utilizado em instalações menores (como as residenciais e comerciais de pequeno porte), com a entrega da energia à rede em média tensão, por meio de um (ou mais) transformador(es) elevador(es).

Os chamados eletrocentros nada mais são que casas de força que recebem todos os componentes do SFCR (incluindo os quadros de comando e dispositivos de monitoramento remoto), perfazendo, portanto, um centro de controle da miniusina solar.

Figura 19.14 Eletrocentro da miniusina solar de Ilha Solteira (visão panorâmica). Fonte: Blue Sol/CESP (c2021).

19.9 EXEMPLO DE APLICAÇÃO DE UM SISTEMA CONECTADO À REDE

Pela conta de energia é possível conhecer a demanda – consumo, taxas, impostos, custos, se baixa tensão, se ligação monofásica, bifásica ou trifásica etc. Esses dados são importantes para definir o tamanho do sistema fotovoltaico e, com o endereço, podemos obter os valores da radiação solar no local no site do Centro de Referência para Energia Solar e Eólica Sérgio de S. Brito – CRESESB (c2014).

19.9.1 EXEMPLO BÁSICO DE DIMENSIONAMENTO

1. Valor do consumo e média mensal C_{mm}: supondo 310 KWh/mês;
2. Custo de disponibilidade C_d: 50 KWh/mês (sistema bifásico);
3. Valor da radiação solar HSP: 4,89 KWh/m^2/dia (horas de sol pico);
4. A energia de compensação Ec será a média de consumo mensal C_{mm} menos o custo de disponibilidade C_d.
   - E_c: 310 – 50 = 260 KWh/mês

5. A energia de compensação diária E_{cd} será:
   - E_{cd}:260/30 = 8,66 KWh/dia

Qual é o tamanho ideal do sistema fotovoltaico então?

6. Potência pico ideal do sistema fotovoltaico P_{peak} dividido pelo valor da radiação solar HSP
   - P_{peak}: 8,66/4,89 = 1,77 KWp

Se projetarmos um sistema fotovoltaico que gere 1,77 KWp por 4,89 horas de radiação por KWh/m^2/dia, logo, por mês, ele vai gerar 260 KWh.

7. Em um sistema de 1,77 Kwp, quantos números de módulos nm fotovoltaicos são necessários?
   - nm: 1,33 KW = 1770 Wp/240 Wp (potência de um módulo fotovoltaico) = 7,37 módulos, ou seja, 8 módulos fotovoltaicos de 240 Wp
8. O inversor interativo a ser utilizado nesse exemplo pode ser um modelo de 2 KW, ou seja, 2000 W.

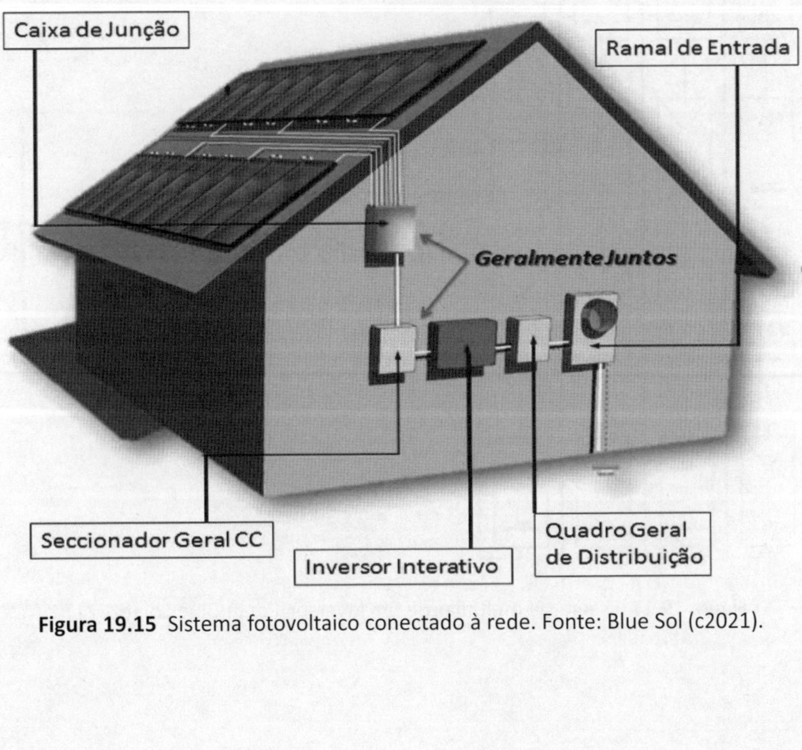

Figura 19.15 Sistema fotovoltaico conectado à rede. Fonte: Blue Sol (c2021).

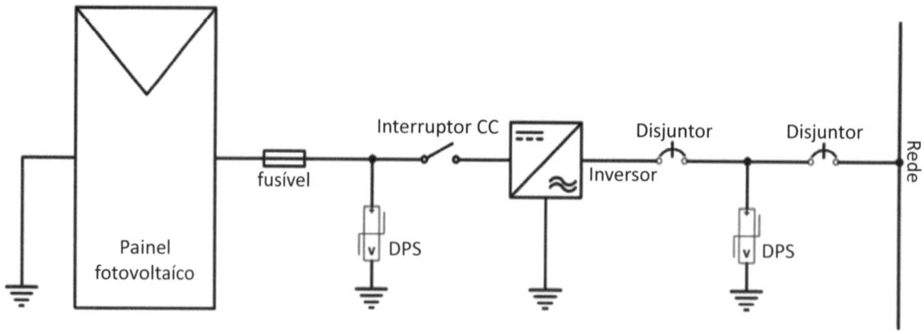

- Cabos (condutores da corrente elétrica)
- Disjuntores e "interruptores em carga"
- Fusíveis e *varistores* (DPS)

Figura 19.16 Diagrama unifilar. Fonte: Blue Sol (c2021).

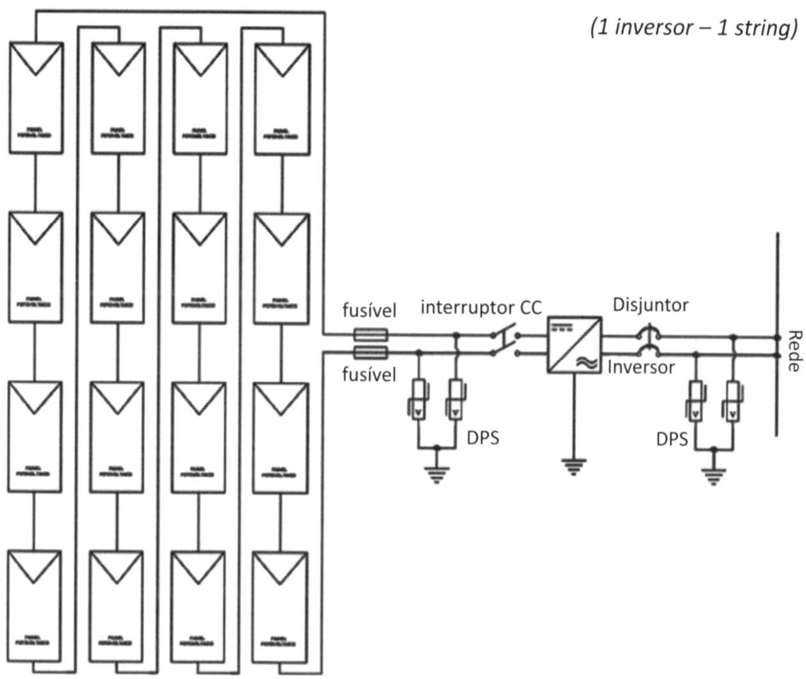

Figura 19.17 Diagrama multifilar de um inversor. Fonte:Blue Sol (c2021).

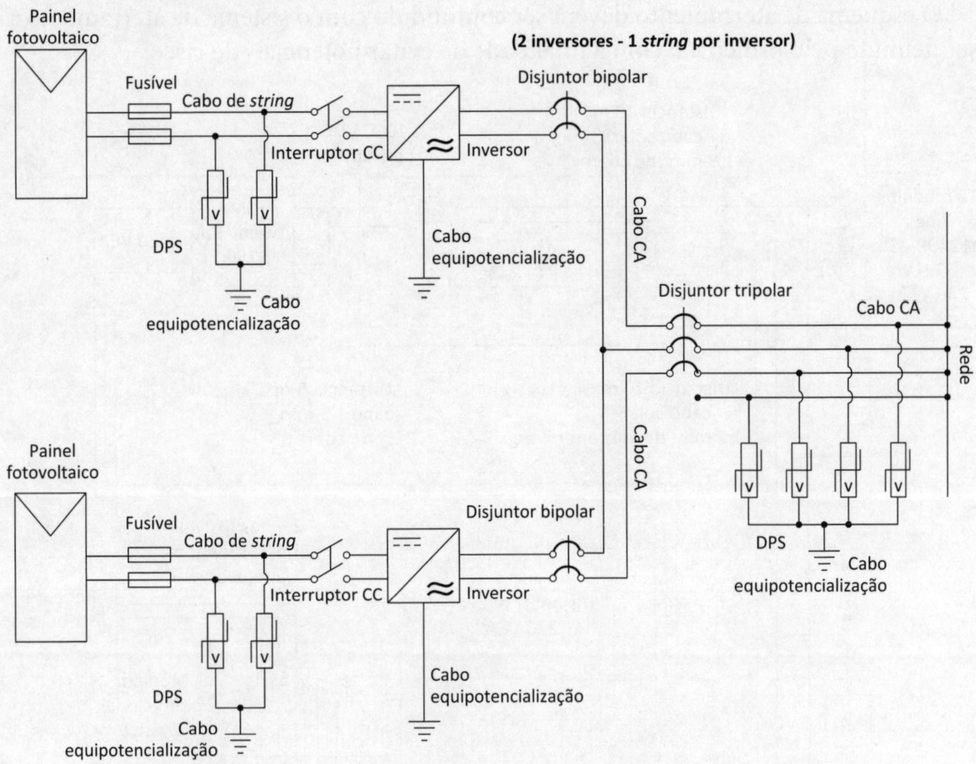

Figura 19.18 Diagrama multifilar de dois inversores. Fonte: Blue Sol (c2021).

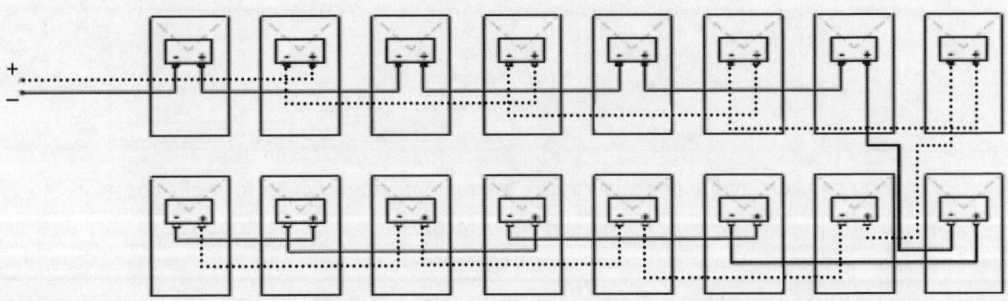

Figura 19.19 Interconexão entre módulos em série *1 string*. Fonte: Blue Sol (c2021).

19.10 ATERRAMENTO E EQUALIZAÇÃO DE POTENCIAIS

O esquema de aterramento a ser adorado deverá ser TN-S ou TN-CS.

Pelo cabo PE, deverá ser realizada a equalização das massas (módulos fotovoltaicos) e da atuação dos protetores. Esses caminhos (massas e proteções) não deverão ser confundidos, mas definidos por meio de barras de TAP/BEP para cada caso específico (caminhos distintos).

O esquema de aterramento deverá ser confundido com o sistema de aterramento a ser definido pelo projetista, com a finalidade de evitar potenciais de risco.

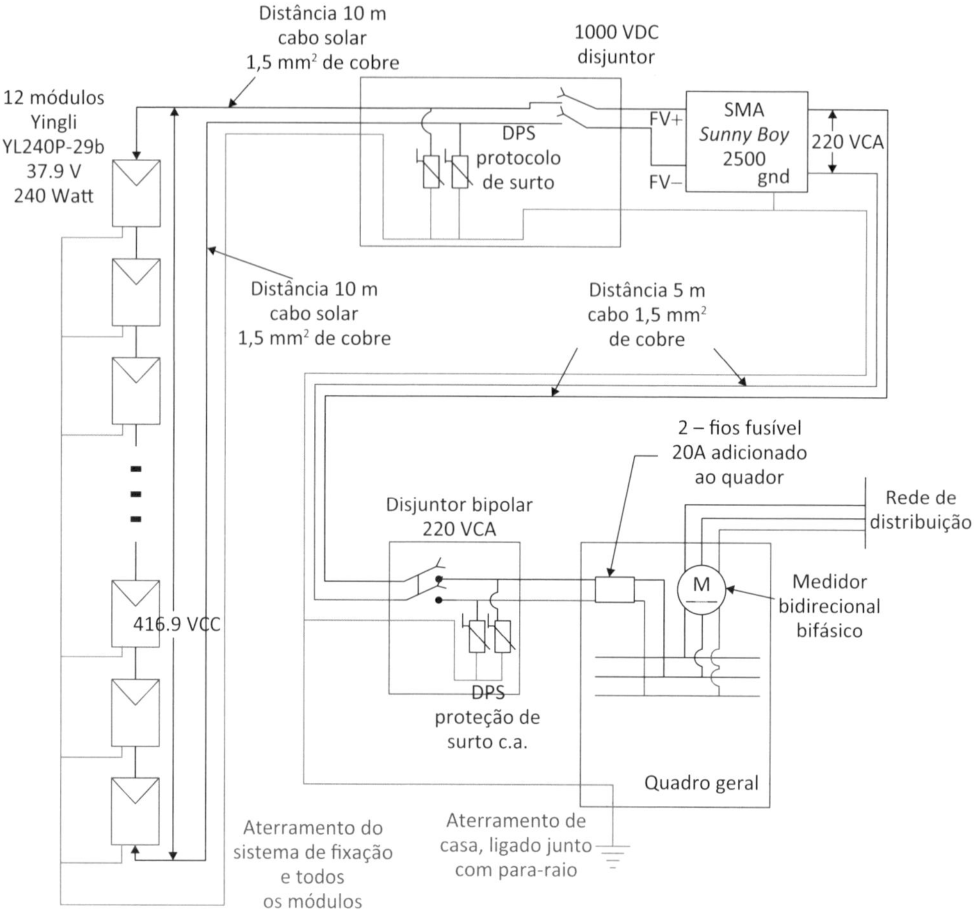

Figura 19.20 Circuito de equalização e aterramento dos módulos fotovoltaicos.
Fonte: Blue Sol (c2021).

Segue, abaixo, algumas considerações da ABNT NBR 5410 (ABNT, 2018b).

NBR 5410, item 5.1.2.2.3.6 (ABNT, 2018b):

"Todo circuito deve dispor de condutor de proteção, em toda sua extensão."

NBR 5410, item 6.4.3.1.5 (ABNT, 2018b):

"Um condutor de proteção pode ser comum a dois ou mais circuitos, desde que esteja instalado no mesmo conduto que os respectivos condutores de fase [...]."

NBR 5410, item 5.4.3.6 (ABNT, 2018b):

> Em toda edificação alimentada por linha elétrica em esquema TN-C, o condutor PEN deve ser separado, a partir do ponto de entrada da linha na edificação, ou a partir do quadro de distribuição principal, em condutores distintos para as funções de neutro e de condutor de proteção. A alimentação elétrica, até aí TN-C, passa então a um esquema TN-S (globalmente, o esquema é TN-C-S).

NBR 5410, item 6.4.2.1.3 (ABNT, 2018b):

> Junto ou próximo do ponto de entrada da alimentação elétrica deve ser provido um barramento, denominado "barramento de equipotencialização principal" (BEP), ao qual todos os elementos relacionados em 6.4.2.1.1 possam ser conectados, direta ou indiretamente.
>
> Nota 2: Admite-se que a barra PE do quadro de distribuição principal da edificação acumule a função de BEP. Para tanto, este quadro deve ser localizado o mais próximo possível do ponto de entrada da linha elétrica na edificação.

CAPÍTULO 20

ELETRICIDADE ESTÁTICA EM ATMOSFERAS EXPLOSIVAS: RISCOS, CONTROLE E MITIGAÇÃO POR ATERRAMENTO E EQUIPOTENCIALIZAÇÃO

Roberval Bulgarelli

Neste Capítulo, são apresentadas recomendações, boas práticas, lições aprendidas e experiências, consolidadas em nível internacional, para evitar os riscos relacionados com a geração ou o acúmulo de eletricidade estática em áreas classificadas, por meio de técnicas efetivas de aterramento e equipotencialização de equipamentos e instalações de processo.

20.1 INTRODUÇÃO SOBRE OS RISCOS DE EXPLOSÃO EM ÁREAS CLASSIFICADAS

Na indústria de processo, a geração de eletricidade estática é contínua, decorrente da constante movimentação de fluidos, incluindo líquidos, gases e vapores inflamáveis ou poeiras combustíveis. O centelhamento causado pelo acúmulo de cargas eletrostáticas em áreas classificadas é reconhecidamente uma das fontes de ignição que provocam grandes explosões e acidentes catastróficos, resultando em destruição das instalações, perdas de vidas humanas e impactos negativos significativos ao meio ambiente.

A possibilidade de riscos de ignição relacionados com a geração e o acúmulo da eletricidade estática ocorre frequentemente nas instalações industriais contendo atmosferas explosivas, decorrentes de fatores como a intensa e contínua movimentação de grandes quantidade de fluidos (sólidos, líquidos e gasosos), a existência inadvertida de condutores isolados ou a utilização de materiais não metálicos ou não condutivos em áreas classificadas, associados com deficiências nos sistemas de equipotencialização ou de aterramento.

No caso de instalações elétricas em atmosferas explosivas, o risco de ignição que pode decorrer da geração de faíscas é oriundo do acúmulo indevido de eletricidade estática, o qual pode levar a existência de elevadas diferenças de potenciais de tensão, capazes de produzir centelhamentos.

É reconhecido que as movimentações de grandes volumes de líquidos, gases e poeiras no interior das tubulações e dos equipamentos de processo e do transporte pneumático na indústria do petróleo, petroquímica, química, sucroalcooleira, portuária, de fertilizantes e de alimentos, geram uma grande quantidade de eletricidade estática. Estas são capazes de gerar diferenças de potenciais eletrostáticos que podem provocar centelhas, as quais, por sua vez, podem representar uma *fonte de ignição* em atmosferas explosivas que estejam presentes em áreas classificadas contendo gases inflamáveis ou poeiras combustíveis.

Diversos casos de acidentes já foram registrados em atmosferas explosivas decorrentes de falhas de aterramento ou de equipotencialização de equipamentos móveis ou fixos, sejam equipamentos metálicos ou não metálicos. Essas falhas proporcionaram o *acúmulo* de cargas eletrostáticas, que por sua vez deram origem a centelhas que serviram como fontes de ignição de atmosferas explosivas existentes. Isso ocasionou grandes explosões, muitas delas com consequências fatais para as pessoas presentes nos locais desses acidentes e com consequências catastróficas também para o meio ambiente.

Como exemplo da forma que a eletricidade estática pode provocar grandes explosões de atmosferas explosivas, pode ser lembrado o acidente ocorrido em 1937 com o dirigível *Hindenburg*, que explodiu quando estava se preparando para aterrissar. Segundo pesquisas realizadas recentemente,[1] os cabos do dirigível, que estavam sendo conectados pelo pessoal de terra, provocaram descargas eletrostáticas que foram geradas nesse momento de aterramento ou equipotencialização com as instalações em "terra". Tais descargas foram responsáveis pela ignição da grande quantidade de hidrogênio contido na estrutura do dirigível. De acordo com essas pesquisas, a presença de atmosfera explosiva de hidrogênio, utilizado para possibilitar o empuxo da aeronave, nos dutos de ventilação ocorreu provavelmente devido à existência de vazamentos em válvulas do sistema daquele gás mais leve que o ar, altamente combustível. Naquele icônico acidente, morreram 35 do total de 100 pessoas que estavam a bordo.

Figura 20.1 Dirigível *Hindenburg,* 1937. Fonte: Domínio público.

1 cf. Gericke (2020), disponível em https://p.dw.com/p/29GH.

Pode também ser citada como exemplo das graves consequências de eletricidade estática em atmosferas explosivas, a explosão ocorrida em 2015 no navio Cidade de São Mateus do tipo *Floating Processing, Storage and Offloading (FPSO)*, que resultou na morte de nove pessoas. De acordo com o relatório de análise do acidente elaborado pela Agência Nacional do Petróleo, Gás Natural e Biocombustíveis (ANP), uma das possíveis fontes de ignição foi o fluxo de água através de mangueiras de combate a incêndio, fabricadas com material não condutivo. Isso pode ter contribuído respectivamente para a geração e o acúmulo de cargas eletrostáticas, cujo nível de potencial pode ter ocasionado uma centelha capaz provocar a explosão. De acordo com esse mesmo relatório de investigação elaborado pela ANP:

> Analisando os fatos ocorridos no acidente em questão, observa-se uma entre as situações que se configuram como uma potencial fonte de eletricidade estática: a utilização de mangueira de incêndio para lavar o local no qual havia se formado a poça de condensado. Os fatos que ocorreram anteriormente à explosão mostram grande relação probabilística entre a fonte de ignição com a eletricidade estática (ANP, 2015).

Nos casos de aplicação em áreas classificadas, um dos principais recursos a serem considerados nos projetos e nas instalações elétricas, de instrumentação, de telecomunicações, mecânicas e de equipamentos de processo em atmosferas explosivas, é a instalação de sistemas efetivos de *aterramento* ou de *equipotencialização*, que permitam o escoamento contínuo das cargas eletrostáticas, evitando o seu acúmulo.

O aterramento de equipamentos em atmosferas explosivas deve ser considerado inclusive em equipamentos não metálicos, tais como invólucros plásticos de equipamentos elétricos e juntas isolantes de equipamentos elétricos, mecânicos ou de processo, de forma a evitar o acúmulo de cargas eletrostáticas devido aos efeitos de fricção ou pela passagem ou movimentação de fluidos.

De forma a abordar adequadamente os riscos e as respectivas medidas mitigadoras de eletricidade estática em atmosferas explosivas, foram elaboradas, em nível internacional, pelos países participantes do Comitê Técnico TC 31 da IEC (*Equipment for Explosive Atmospheres*), incluindo o Brasil, as IEC TS 60079-32-1 (Atmosferas explosivas – Parte 32-1: Riscos eletrostáticos – Orientações) e IEC 60079-32-2 (Atmosferas explosivas – Parte 32-2: Riscos eletrostáticos – Ensaios).

Essa série de artigos sobre os riscos, controle e mitigação de eletricidade estática em atmosferas explosivas aborda esse tema sob o ponto de vista da *segurança* em instalações elétricas e mecânicas em atmosferas explosivas, descrevendo os mecanismos de geração e acúmulo de cargas eletrostáticas, além dos requisitos, boas práticas e procedimentos de projeto, operação, manutenção e inspeção necessários para a sua solução.

20.2 A GERAÇÃO DA ELETRICIDADE ESTÁTICA EM ATMOSFERAS EXPLOSIVAS

Podem ser citados como exemplos de equipamentos instalados em atmosferas explosivas, sobre os quais existe a preocupação sobre o risco de ignição devido à geração ou acúmulo de cargas eletrostática: tanques de armazenamento, vagões ou caminhões para transporte de materiais inflamáveis ou combustíveis, correias transportadoras, esteiras ou pontes rolantes, elevadores de canecas, contêineres ou equipamentos de processo ou tubulações fabricadas com materiais não metálicos (isolantes ou não condutivos), mangueiras fabricadas com materiais não condutivos, caminhões vácuo e equipamentos para transporte pneumático.

No caso de os dois materiais serem condutivos, ocorre a recombinação das cargas eletrostáticas e nenhuma quantidade significativa de carga eletrostática permanece em nenhum dos dois materiais após a separação.

Nos casos em que um ou ambos os materiais sólidos forem do tipo *não condutivo*, a recombinação eletrostática não ocorre completamente e os materiais separados retém parte de sua carga eletrostática. Em função da distância entre as cargas ser extremamente pequena no momento do contato ou da separação, o potencial gerado pode alcançar tensões da ordem de muitos kV, independentemente da pequena quantidade de cargas eletrostáticas envolvidas, o que pode dar origem a centelhas e a fontes de ignição.

Figura 20.2 Equipamentos de Processo. Fonte: Acervo pessoal do autor.

A eletricidade estática normalmente pode ser causada por dois materiais isolantes diferentes em movimento e que estejam em contato ou atrito. Os elétrons mais afastados do núcleo de um material são transferidos para o outro material, de forma que o material que perde elétrons se torna positivamente carregado. Essa condição pode permanecer por algum tempo, uma vez que os materiais são isolantes e não proporcionam um caminho efetivo de retorno dos elétrons.

Os materiais plásticos de invólucros com tipo de proteção Ex"e" (Segurança aumentada – Norma ABNT NBR IEC 60079-7) normalmente recebem adição de carbono, que é um material condutor de cargas eletrostáticas, de forma a atender aos requisitos de resistência máxima superficial indicados na Norma ABNT NBR IEC 60079-0 ($10^9\ \Omega$ a $10^{11}\ \Omega$, dependendo da umidade relativa do ar). Além disso, esse tipo de equipamento normalmente apresenta, em suas instruções especificas de instalação o alerta de que a limpeza deve ser feita com um pano úmido, de forma a evitar a geração de cargas eletrostáticas.

Peças de vestuário fabricadas em nylon que são removidas do corpo são capazes de gerar cargas eletrostáticas em um nível de potencial suficiente para causar a ignição de gases inflamáveis, havendo registros históricos de ocorrência desse tipo de fonte de ignição.

Figura 20.3 Tanque de Armazenamento. Fonte: Acervo pessoal do autor.

As rápidas movimentações de fluidos, como em jatos ou "*spray*" podem também gerar cargas eletrostáticas. Um jato de aerossol a partir de um recipiente pode gerar, no bocal, tensões eletrostáticas da ordem de 5 kV. De forma similar, tensões da ordem de 10 kV ou mais podem ser geradas no bocal de um equipamento de limpeza com vapor de alta pressão.

Figura 20.4 Tubulações e Equipamentos de Processo. Fonte: Acervo pessoal do autor.

O fluxo de líquidos ou gases inflamáveis ou de poeiras combustíveis através de tubulações e de equipamentos de processo provoca a geração de cargas eletrostáticas, as quais se concentram nas superfícies dos materiais, podendo causar potenciais eletrostáticos de magnitude da ordem de muitos milhares de Volt (kV). Essa tensão eletrostática é inaceitável em áreas classificadas e deve ser eliminada como forma de assegurar que todas a tubulações e equipamentos de processo, elétricos e de automação estejam devidamente equipotencializados ou aterrados.

A utilização de materiais não metálicos, tais como equipamentos com invólucros plásticos ou sistemas de bandejamento com coberturas plásticas com elevada resistência superficial podem gerar ou acumular uma quantidade inaceitável de carregamento eletrostático em áreas classificadas, caso não sejam tomadas medidas de controle para evitar estas situações de risco potencial de fontes de ignição. Dependendo do nível de carregamento eletrostático e dependendo da energia mínima de ignição de substâncias inflamáveis, os elevados potenciais eletrostáticos são capazes de gerar centelhas que podem causar a explosão de atmosferas explosivas.

O carregamento eletrostático em *líquidos* é essencialmente o mesmo processo que ocorre em *sólidos*, mas pode depender da presença de íons ou de partículas microscópicas carregadas eletrostaticamente. Os íons ou partículas de uma polaridade podem ser adsorvidas na interface entre os líquidos e estas, então, atraem íons de polaridade oposta, que formam uma camada difusa de carga eletrostática no líquido, próxima da interface.

De acordo com os requisitos apresentados na ABNT IEC TS 60079-32-1, o carregamento eletrostático por contato pode ocorrer nas interfaces de materiais sólido/sólido, líquido/líquido ou sólido/líquido. Os gases inflamáveis não podem ser carregados, mas nos casos em que um gás inflamável contiver partículas sólidas ou gotículas de líquidos em suspensão, essas podem ser carregadas eletrostaticamente por contato, de forma que o gás inflamável pode acumular cargas eletrostáticas, com riscos de geração de centelhas.

No caso de materiais sólidos dissimilares inicialmente não carregados eletrostaticamente , uma pequena quantidade de carga eletrostática é transferida de um material para o outro, quando esses entram em contato. Os dois materiais são, dessa forma, carregados eletrostaticamente com cargas opostas e, consequentemente, passa a existir um campo elétrico entre eles. Se os materiais são então separados, um trabalho é realizado para superar o efeito de atração ocasionado nesse momento pelas cargas elétricas opostas e pela diferença de potencial gerada entre eles. Essa diferença de potencial tende a carregar eletrostaticamente pontos residuais de contato.

20.3 OS RISCOS DE IGNIÇÃO RELACIONADOS COM A GERAÇÃO E O ACÚMULO DE ELETRICIDADE ESTÁTICA EM ATMOSFERAS EXPLOSIVAS

A geração e o acúmulo de cargas eletrostáticas podem dar origem a riscos e problemas em uma ampla gama de indústrias e ambientes de trabalho, podendo provocar a ignição e explosão em indústrias de processos químicos, farmacêuticos, petroquímicos, silos de armazenamento de grãos e de processamento de alimentos.

Uma das fontes primárias da geração de cargas eletrostáticas é o carregamento por contato entre diferentes materiais, ocasionando a eletrificação por contato. Nos frequentes casos em que dois materiais ou substâncias previamente não carregadas entrarem em contato, como nos casos de transferência de materiais líquidos, sólidos ou na forma de poeira, ocorre geralmente uma transferência de cargas eletrostáticas na área de fronteiras em comum entre esses materiais. Além disso, no momento da *separação* desses materiais, cada superfície se carrega de uma carga igual, de polaridade oposta, gerando eletricidade estática.

Como exemplos de mecanismos de geração de eletricidade estática em áreas classificadas podem ser citados o *fluxo* de líquidos inflamáveis ou poeiras combustíveis em tubulações e equipamentos de processo, o contato e separação de sólidos, por exemplo, no movimento de correias transportadoras ou em filmes plásticos sobre rolos, a movimentação de pessoas e o fenômeno de indução, devido a objetos que atingem um elevado potencial elétrico ou ficam carregados eletrostaticamente por estarem no interior de um campo elétrico.

O acúmulo de cargas eletrostáticas em tubulações e equipamentos de processo devido à movimentação de fluidos em seu interior é representada simplificadamente na figura a seguir.

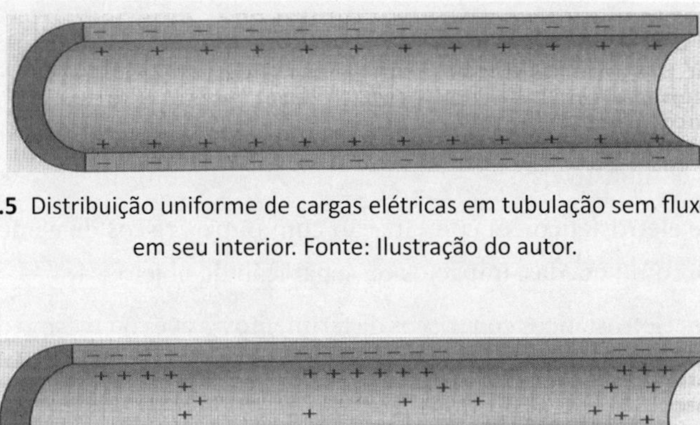

Figura 20.5 Distribuição uniforme de cargas elétricas em tubulação sem fluxo de fluido em seu interior. Fonte: Ilustração do autor.

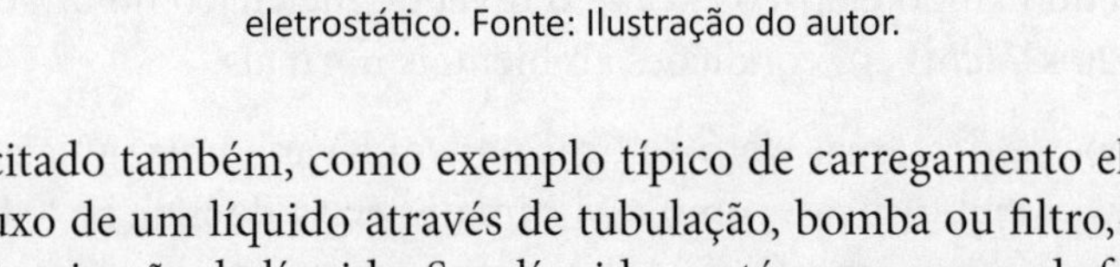

Figura 20.6 Concentração de cargas elétricas em tubulação com fluxo de fluido gerando potencial eletrostático. Fonte: Ilustração do autor.

Pode ser citado também, como exemplo típico de carregamento eletrostático em líquidos, o fluxo de um líquido através de tubulação, bomba ou filtro, ocasionando a agitação e a atomização do líquido. Se o líquido contém uma segunda fase imiscível na forma de sólidos finos em suspensão ou líquidos finamente dispersos ou bolhas de ar, o carregamento eletrostático é elevado, em função da grande área de interface.

Os objetos condutivos podem também se tornar carregados por meio de indução, nos casos em que esses objetos tenham estado no interior de um campo elétrico produzido por outros objetos carregados, ou devido à condutores com um alto potencial elétrico presentes ao seu redor.

Todos os objetos podem também se tornar carregados eletrostaticamente se partículas carregadas ou moléculas ionizadas se acumularem sobre estes objetos.

Dentre os problemas associados à geração e o acúmulo da eletricidade estática em áreas classificadas podem ser citados os seguintes:

- Falhas no sistema de aterramento e equipotencialização de máquinas, equipamentos de processo e de instalações industriais;
- Riscos eletrostáticos causados por movimentação de pessoas;
- O armazenamento, manuseio e movimentação de sólidos e poeiras combustíveis, incluindo o transporte pneumático;
- O armazenamento, manuseio e movimentação de líquidos inflamáveis;
- A manipulação de gases e vapores inflamáveis em altas pressões e vazões.

Podem ser citados como exemplos dos riscos de ignição causados pela geração ou pelo acúmulo de cargas eletrostáticas em áreas classificadas:

- Ignição ou explosão de atmosferas explosivas contendo gases inflamáveis ou poeiras combustíveis;
- Choque eletrostático em combinação com outros riscos de geração de fontes de ignição, como quedas, impactos ou separação de objetos;
- Choques eletrostáticos com riscos de ferimentos graves ou mesmo de perda de vida;
- Danos a componentes eletrônicos.

Uma descarga eletrostática ocorre quando o potencial do campo eletrostático ultrapassa a rigidez dielétrica do material dielétrico. Uma descarga eletrostática ocorre quando a força do campo elétrico excede o nível de dielétrico do ar atmosférico (da ordem de 10 a 20 kV/cm) em condições ambientais normais.

Diversos tipos de descargas eletrostáticas podem levar a uma ignição eletrostática, dependendo das características, como a Mínima Energia de Ignição (MIE), dos gases inflamáveis ou poeiras combustíveis que estiverem presentes no local da instalação, em área classificada.

Figura 20.7 *Scraper*: Lançador e Recebedor de PIG. Fonte: Acervo pessoal do autor.

Além dos riscos relacionados à geração de fontes de ignição em áreas classificadas, a eletricidade estática pode também apresentar problemas operacionais durante os processos de fabricação e manuseio, por exemplo, provocando a aderência dos materiais uns aos outros, ou atraindo poeiras ou materiais particulados.

Figura 20.8 Foto: Plataforma Marítima. Fonte: Acervo pessoal do autor.

20.4 OS RISCOS DA ELETRICIDADE ESTÁTICA ASSOCIADOS AOS CONDUTORES ISOLADOS

A eliminação das fontes de ignição com elevado potencial eletrostático em atmosferas explosivas pode ser considerada um ponto de partida óbvio na etapa de projeto das instalações industriais e dos equipamentos de processo. Uma das principais áreas de preocupação são aquelas que podem apresentar os denominados *condutores isolados*. Esses condutores são objetos condutivos que podem permanecer eletricamente isolados de sistemas aterrados de forma acidental ou inadvertida.

A isolação elétrica de objetos metálicos representa o risco de evitar que cargas eletrostáticas que tenham se acumulado no objeto possam se dissipar com segurança para o sistema de aterramento, resultando, dessa forma, na elevação de seu potencial. No caso desses condutores isolados, eletrostaticamente carregados, se aproximem de um outro objeto que esteja aterrado ou com baixo potencial, pode haver o risco de ignição de uma atmosfera explosiva, devido à liberação de energia na forma de centelhas com energia capaz de causar uma explosão.

São tradicionalmente reconhecidos que alguns tipos de conjuntos de montagem (*skids*) interconectados no sistema de processo de uma planta, como os equipamentos de processamento de poeiras combustíveis, representam uma preocupação de fonte de ignição em áreas classificadas, uma vez que pode haver partes metálicas ou equipamentos que podem estar eletricamente isolados entre si de forma acidental ou inadvertida. De forma similar, também é tradicionalmente reconhecidos como uma preocupação o fato que trechos isolados de tubulações para transporte de líquidos, gases ou para transporte pneumático podem também representar condutores isolados, resultando na geração e subsequente acúmulo de cargas eletrostáticas capazes de causar centelhamentos em atmosferas explosivas.

Nesses casos, se houver uma falha na continuidade de terra ou de equipotencialização, as cargas eletrostáticas não serão capazes de ser adequadamente dissipadas, permitindo a existência de uma alta tensão potencial, a qual será descarregada em uma primeira oportunidade. Dessa forma, a geração e o acúmulo de cargas em equipamentos de processo ou de transporte de poeiras combustíveis, gases inflamáveis ou transporte pneumático representa um risco eletrostático em atmosferas explosivas a ser mitigado.

Pode haver, nas instalações *Ex*, diversos casos de condutores isolados, incluindo acoplamentos metálicos, flanges, acessórios de tubulação, válvulas, vasos transportáveis, containers portáteis, funis e até mesmo pessoas. Durante as operações diárias em instalações industriais em áreas classificadas, tais como na indústria do petróleo, petroquímica, farmacêutica, de alimentos, os condutores isolados são considerados como uma fonte possível de acidentes envolvendo ignição de atmosferas explosivas.

20.5 OS RISCOS DO ACÚMULO DE CARGAS ELETROSTÁTICAS EM DIESEL DE BAIXO TEOR DE ENXOFRE

Um exemplo de aplicação de meios de controle de eletricidade estática em área classificada é a adição de compostos do tipo *aditivo antiestático* em grandes tanques de armazenamento de óleo diesel do tipo S-10, com baixo teor de enxofre, da ordem de 10 ppm (partes por milhão).

O processo de hidrotramento de diesel, gasolina, nafta ou querosene de aviação, tem como base a injeção de hidrogênio (H_2) no produto a ser tratado, o qual se combina com enxofre (S), formando o gás sulfídrico (H_2s), sendo esse retirado do processo, resultando em produtos derivados do petróleo praticamente isentos de enxofre. Sistemas de hidrotramento ou hidrodessulfurização são normalmente existentes nas refinarias de petróleo, uma vez que são requeridos no processo de elaboração e *blending* (mistura) para a produção do óleo diesel S-10, com baixo teor de enxofre. Esse tipo de processo, no entanto, remove também os compostos que são "promotores naturais" da condutividade elétrica nesses tipos de derivados do petróleo.

Foram verificados casos de risco de ignição no interior destes tanques, em função dos baixos valores de condutividade desse tipo de produto, o qual não permite uma adequada "migração" para as partes aterradas (tais como o costado metálico do tanque) das cargas eletrostáticas que são normalmente geradas durante as operações de enchimento e esvaziamento desses tanques.

A condutividade elétrica consiste na capacidade do combustível em dissipar cargas eletrostáticas que são geralmente geradas durante a sua movimentação. Se a condutividade elétrica for suficientemente alta, as cargas eletrostáticas são adequadamente dissipadas, evitando o seu acúmulo e o risco de existência de fontes de ignição em atmosferas explosivas. O valor recomendado para a condutividade elétrica do óleo diesel do tipo S-10 é de, no mínimo, 25 pS/m (Siemens por metro) na temperatura e entrega do produto.

De forma a permitir essa "migração" de cargas eletrostáticas e evitar a existência de potencias eletrostáticos capazes de gerar centelhamentos, a adição de quantidade adequada dos *aditivos antiestáticos* faz com que a condutividade seja suficiente para permitir a devida dissipação do potencial eletrostático para as partes aterradas e evitar a ocorrência desse tipo de risco de ignição em atmosferas explosivas.

Deve ser ressaltado que o controle da condutividade elétrica do óleo diesel S-10 para os níveis estabelecidos (25 pS/m mín.) acelera a dissipação das cargas eletrostáticas, mas não elimina os riscos associados com a manipulação de combustíveis. As práticas de segurança recomendadas para minimizar o risco associado à manipulação de combustível devem ser rigorosamente seguidas, incluindo a utilização de baixas vazões, principalmente na etapa inicial dos processos de transferências dos produtos.

As empresas do setor de petróleo e empresas distribuidoras de derivados necessitam dispor de procedimentos específicos para a coleta periódica de amostras e análise com base em instrumentos medidores de condutividade elétrica, para fins de controle da qualidade dessa característica do óleo diesel S-10 com baixo teor de enxofre.

20.6 ATERRAMENTO E EQUIPOTENCIALIZAÇÃO

A equipotencialização é a técnica utilizada para minimizar a diferença de potencial entre dois objetos condutivos, de forma que fiquem no mesmo valor. Os objetos nesses casos não são aterrados. O aterramento, por outro lado, é a técnica de equalizar a diferença de potencial entre dois objetos condutivos e o "terra". A combinação das técnicas de equipotencialização e de aterramento é utilizada de forma a manter o potencial do sistema sob consideração no potencial zero do sistema de "terra".

Podem ser citados como os principais objetivos dos circuitos de aterramento e equipotencialização:

- Eliminar a possibilidade de choques elétricos para as pessoas;
- Proporcionar a devida operação de dispositivos de proteção de forma que o tempo de duração das correntes de falta seja minimizado;
- Equalizar o potencial de tensão de partes metálicas não destinadas à condução de corrente;
- Evitar o acúmulo de cargas eletrostáticas geradas pela movimentação de fluidos nos equipamentos de processo.

As atividades de equipotencialização e de aterramento de aeronaves durante o processo de reabastecimento evita o acúmulo de cargas eletrostáticas que são geradas pela movimentação do querosene ou da gasolina de aviação, as quais poderiam, em caso contrário, causar a ignição dos vapores combustíveis.

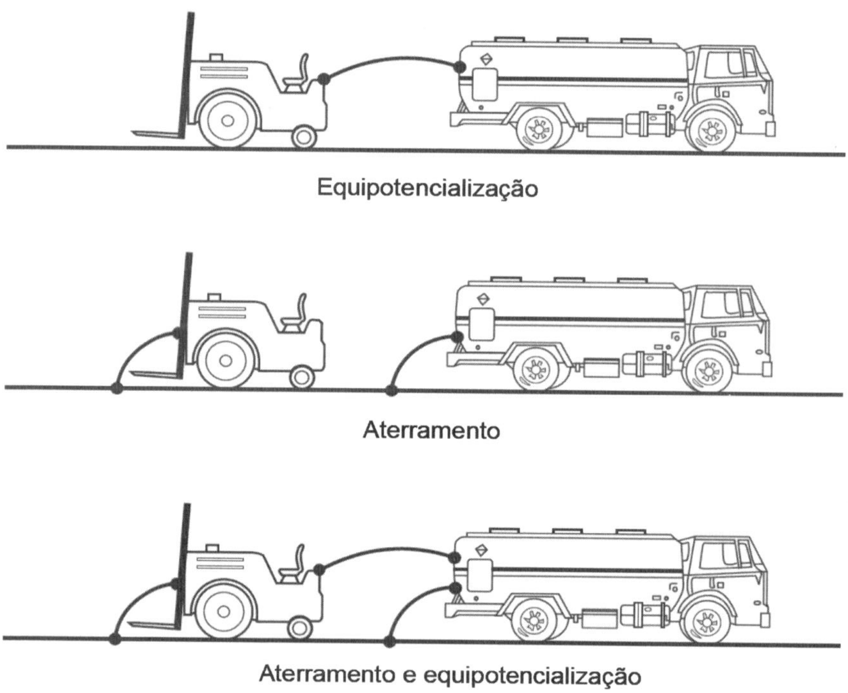

Figura 20.9 Aterramento e equipotencialização para controle de eletricidade estática em atmosferas explosivas. Fonte: ABNT (c2020).

Em áreas classificadas, a eliminação das fontes de ignição pode ser considerada como um requisito fundamental, de forma que a implantação de um sistema efetivo de aterramento e de equipotencialização representa um critério básico de projeto.

Além de evitar o acúmulo de eletricidade estática, o sistema de aterramento contribui também para a devida atuação de dispositivos de proteção contra faltas a "terra", no caso da ocorrência de falhas do isolamento para a "terra" em equipamentos e circuitos elétricos, os quais rapidamente desligam o circuito. Caso contrário poderia ocorrer a existência de pontos quentes com temperatura excessiva (acima da classe de temperatura do local da instalação) ou que poderiam ser gerados arcos elétricos devido à falha do isolamento.

Figura 20.10 Aterramento e Equipotencialização. Fonte: Acervo pessoal do autor.

20.7 ATERRAMENTO DE CAMINHÕES E VAGÕES PARA CONTROLE DE ELETRICIDADE ESTÁTICA

Os caminhões de transporte de produtos inflamáveis reconhecidamente apresentam características de geração de acúmulo de cargas eletrostáticas, durante as operações de enchimento e descarregamento (pela parte de cima ou de baixo), bem como durante a movimentação destes fluidos durante o deslocamento (transporte) e por ações do vento sobre a sua superfície externa. Essas características que configuram risco eletrostático são agravadas em função das características isolantes dos pneus, fabricados com borracha que não apresenta características condutivas adequadas.

De forma a não permitir o acúmulo de cargas eletrostáticas em caminhões de transporte de produtos inflamáveis, além de uma série de procedimentos de segurança a serem atendidos pelos equipamentos e pelo pessoal de operação, uma das medidas efetivas é o aterramento do veículo em uma estrutura aterrada e a monitoração da continuidade desse aterramento durante as operações de enchimento e descarregamento.

Dentre as principais ações que devem ser executadas na operação de caminhões contendo produtos inflamáveis capazes de gerar atmosferas explosivas podem ser citadas as seguintes:

- Assegurar que o caminhão esteja continuamente conectado a um objeto ou estrutura aterrada;
- Não deve ser "presumido" que uma estrutura esteja "aparentemente" aterrada, o que deve de fato ser confirmado;
- Assegurar que o caminhão possua uma conexão com o sistema de aterramento que seja continuamente monitorada durante as operações de carregamento e de descarregamento;
- Sempre que possível, deve ser verificado se uma interrupção manual na conexão de aterramento de fato provoque a operação de um intertravamento automático que pare a operação de transferência de produtos;
- Um caminhão devidamente aterrado assegura que as mangueiras não acumulam eletricidade estática somente nos casos que estas tenham sido fabricadas de material condutivo e que estejam em adequadas condições de manutenção, submetidas a procedimentos de inspeções periódicas ou testes regulares.

Figura 20.11 Enchimento e Descarregamento. Fonte: Acervo pessoal do autor.

20.8 LIMITAÇÃO DE ÁREA SUPERFICIAL DE PARTES OU EQUIPAMENTOS NÃO METÁLICOS

A abordagem básica para o controle da eletricidade estática em atmosferas explosivas é a seleção de materiais metálicos ou condutivos que possuam uma resistência de isolamento menor que 1 GΩ. Como alternativa a área superficial de partes não metálicas devem ser limitadas.

De acordo com as Normas Técnicas Brasileiras adotadas ABNT NBR ISO 80079-36, ABNT NBR IEC 60079-0 e ABNT NBR IEC 6007914, respectivamente sob os pontos de vista de avaliação, fabricação, certificação de equipamentos "Ex" e de instalação de equipamentos em áreas classificadas, o acúmulo de cargas eletrostáticas em equipamentos elétricos *Ex* destinados à instalação em áreas classificadas do Grupo II (Gases inflamáveis) pode ser evitado pela limitação de sua área de superfície, de acordo com tabela indicada a seguir, dependendo do nível de proteção de equipamento (EPL) pretendido.

Tabela 20.1 Limitação de áreas de superfícies de equipamentos para instalação em áreas classificadas

Máxima área de superfície (mm^2)			
EPL	Grupo IIA	Grupo IIB	Grupo IIC
Ga	5 000	2 500	400
Gb	10 000	10 000	2 000
Gc	10 000	10 000	2 000

Esses valores admissíveis para as áreas superficiais podem ser aumentados por um fator de quatro, se a área exposta de material não metálico estiver rodeada e em contato de estruturas condutoras aterradas.

20.9 UMIDIFICAÇÃO DE MATERIAIS SÓLIDOS PARA EVITAR O CARREGAMENTO ELETROSTÁTICO

Dentre as ações que podem ser tomadas para evitar o carregamento eletrostático em áreas classificadas, pode ser citada a umidificação de materiais sólidos, de forma a reduzir a sua resistividade superficial. A resistividade superficial de alguns materiais sólidos isolantes pode ser reduzida a níveis dissipativos se a umidade relativa for mantida acima de 65 %, na maioria dos casos, dependendo das características do material isolante existente.

Mesmo que o ar úmido seja não condutivo, a água ou a umidade presente no ar pode adsorver sobre a superfície de muitos materiais isolantes, dependendo da natureza hidroscópica do material. Isso pode ser suficiente para evitar o acúmulo de cargas eletrostáticas, desde que exista um caminho adequado para que essas cargas possam ser dissipadas para a "terra".

Entretanto, embora a superfície de alguns materiais (por exemplo o vidro ou fibras) possam adsorver umidade suficiente para assegurar uma condutividade superficial que seja suficiente para evitar o acúmulo de cargas eletrostáticas, outros materiais não apresentam essa característica, tal como o PTFE (politetrafluoroetileno ou "teflon") ou o polietileno, sendo capazes de acumular cargas eletrostáticas mesmo na presença de elevados níveis de umidade relativa do ar.

Também quando a umidade relativa do ar cai para valores abaixo de cerca de 30 %, os materiais que são susceptíveis a umidificação geralmente voltam a se tornar isolantes, ocasionando o acúmulo de cargas eletrostáticas. O aumento da umidade relativa do ar, dessa forma, não é efetivo em todos os casos e, em geral, não pode ser utilizado como a *única* medida de proteção contra o acúmulo de cargas eletrostáticas em áreas classificadas. Esse requisito é particularmente importante em locais com elevado risco de presença de atmosferas explosivas, tais como em Zona 0 ou Zona 20.

20.10 VALORES DE RESISTÊNCIA DE "TERRA" PARA FINS DE CONTROLE DE ELETRICIDADE ESTÁTICA EM ATMOSFERAS EXPLOSIVAS

Em instalações elétricas em atmosferas explosivas, é recomendado que as partes metálicas dos equipamentos elétricos ou de processo possuam um bom contato à "terra" e apresentem uma resistência da ordem de 10 Ω. Embora valores da ordem de até 1 MΩ sejam aceitáveis para as conexões metálicas, para fins da dissipação da eletricidade estática, os valores acima de 10 Ω podem dar uma indicação inicial de surgimento de problemas (por exemplo, corrosão ou uma conexão com mau contato), sendo recomendada uma verificação de campo das instalações nesses casos. É importante que todas as conexões de "terra" e de equipotencialidade sejam confiáveis, permanentes, não sujeitas a deterioração e submetidas a rotinas de inspeção elétrica e mecânica.

As partes condutivas móveis requerem conexões especiais para o aterramento, sendo recomendado que tenham uma resistência à "terra" não superior a 1 MΩ.

Em áreas de Zona 2 e Zona 22, onde o risco de geração de cargas eletrostáticas pode ser suficientemente baixo, a ligação à "terra" dos componentes metálicos, para controle exclusivo da eletricidade estática, pode não ser necessária em todos os casos, desde que haja um adequado sistema de equipotencialização.

Por princípio e critério geral de projeto, materiais condutivos ou dissipativos devem ser utilizados na fabricação dos equipamentos, de forma a evitar o acúmulo de eletricidade estática.

Sob o ponto de vista de permitir a dissipação da eletricidade estática, o valor máximo para a resistência à "terra" de todas as partes de tais equipamentos é de 1 MΩ, embora valores de até 100 MΩ possam ser aceitáveis, de acordo com as especificações indicadas na ABNT IEC TS 60079-32-1 (ABNT, 2020h).

Como pode ser verificado, esses valores de resistência à "terra" ou equipotencialização, sob o ponto de vista de riscos eletrostáticos em áreas classificadas, são suficientes para evitar o acúmulo de eletricidade estática capazes de gerar centelhamento, e muito mais elevados que os "tradicionais" valores de 10 Ω (valor da resistência ôhmica da malha de terra) que muitas vezes é *indevidamente* levado em consideração para a avaliação de acúmulo ou dissipação de cargas eletrostáticas em equipamentos de processo e flanges de tubulações em áreas classificadas.

Um resumo das resistências máximas de terra é apresentado na Tabela 20.2, sob o ponto de vista de evitar o acúmulo de cargas eletrostáticas, de acordo com a ABNT IEC TS 60079-32-1 (ABNT, 2020h).

Tabela 20.2 Resistências máximas de aterramento para o controle de eletricidade estática em áreas classificadas

Tipo de instalação	Máxima resistência de aterramento	Comentários
Valor padrão	**1 MΩ**	Valor básico de referência: 10 Ω.
Grandes equipamentos industriais metálicos fixos (vasos de reação, silos para armazenamento de poeira etc.)	**1 MΩ**	O aterramento é **normalmente** inerente à estrutura. Aterramentos especiais podem ser requeridos para itens montados em suportes estruturais não condutivos.
Tubulações metálicas	**1 MΩ**	O aterramento é normalmente inerente à estrutura. Aterramentos especiais são requeridas entre as conexões se a resistência exceder o critério de 1 MΩ.
Partes metálicas móveis (tambores, tanques rodoviários e ferroviários etc.)	**1 MΩ**	Conexões à terra são normalmente requeridas durante as etapas de carregamento e descarregamento. Uma conexão de 10 Ω entre o ponto de aterramento e as conexões temporárias com as partes metálicas móveis é recomendada.
Instalações de componentes metálicos com elementos isolantes (válvulas etc.)	**1 MΩ**	Em casos especiais, um limite de 100 Ω pode ser aceito, mas em geral, se o critério de 1 MΩ não puder ser satisfeito, uma conexão especial à terra deve ser usada.
Itens fabricados com materiais dissipativos	**1 MΩ a 100 MΩ**	Materiais no limite de fronteira para materiais isolantes podem não precisar de ser conectados à terra, na ausência de processos geradores de elevada carga eletrostática.
Pisos em áreas classificadas	**1 MΩ a 100 MΩ**	Resistência da superfície do piso para a terra.
Veículos durante o reabastecimento	**100 MΩ**	Resistência de terra do posto de abastecimento.
	10 GΩ	Resistência de terra entre bocal de carregamento e o pátio através de um único pneu.
	1 MΩ	Resistência de terra entre o bocal de carregamento e o terra através de uma mangueira condutiva de abastecimento. No caso de mangueiras de abastecimento equipotencializadas eletricamente, o valor limite permitido é de 100 Ω.

Tipo de instalação	Máxima resistência de aterramento	Comentários
Calçados utilizados para aterramento de pessoas em áreas classificadas	100 MΩ	Resistência entre a barra metálica para o toque da mão da pessoa e uma placa de metal localizada embaixo da sola de um dos calçados.
Aeronaves durante o reabastecimento	25 Ω	De acordo com as normas da aviação.

É reconhecido não ser possível aterrar efetivamente materiais isolantes. Por esse motivo, outras medidas de controle mitigadoras para evitar o acúmulo de cargas eletrostáticas são necessárias para que esses materiais sejam utilizados com segurança em áreas onde uma atmosfera explosiva possa estar presente.

20.11 REQUISITOS DE INSPEÇÃO DE ATERRAMENTO E DE EQUIPOTENCIALIZAÇÃO DE EQUIPAMENTOS E INSTALAÇÕES EM ATMOSFERAS EXPLOSIVAS

Sobre os requisitos de aterramento e equipotencialização em áreas classificadas, a Norma técnica brasileira adotada ABNT NBR IEC 6007917 (Inspeção e manutenção de instalações elétricas em atmosferas explosivas) especifica que medidas adequadas devem ser adotadas para assegurar que o aterramento e a ligação de equalização de potencial nessas áreas de risco sejam mantidos em condições adequadas, de acordo com indicado nos itens de verificação nas inspeções *Ex* indicados na *Tabela 1* (item B6 e B7), *Tabela 2* (itens B6 e B7) e *Tabela 3* (itens B3 e B4) daquela Norma, indicados a seguir.

20.11.1 ABNT NBR IEC 60079-17 – TABELA 1 – PROGRAMA DE INSPEÇÃO PARA EQUIPAMENTOS "EX" COM TIPOS DE PROTEÇÃO EX "D", EX "E", EX "N" OU EX "T"

B.6: As conexões de aterramento, incluindo quaisquer conexões de aterramento suplementares estão satisfatórias (por exemplo, as conexões estão apertadas e os condutores são de seção nominal transversal suficiente). Verificação física ou visual, dependendo do grau de inspeção "Ex" aplicado.

B.7: A impedância da malha de falta (em sistemas TN) ou resistência de aterramento (sistemas IT) está satisfatória.

20.11.2 ABNT NBR IEC 60079-17 – TABELA 2 – PROGRAMA DE INSPEÇÃO PARA EQUIPAMENTOS "EX" COM TIPOS DE PROTEÇÃO EX "I"

B.6: A continuidade de aterramento está satisfatória (por exemplo, as conexões estão apertadas e os condutores possuem seção transversal adequada) para circuitos não isolados galvanicamente.

B.7: As conexões de aterramento mantêm a integridade do tipo de proteção "Ex".

20.11.3 ABNT NBR IEC 60079-17 – TABELA 3 – PROGRAMA DE INSPEÇÃO PARA EQUIPAMENTOS "EX" COM TIPOS DE PROTEÇÃO EX "P" OU EX "PD"

B.3: As conexões de aterramento, incluindo quaisquer ligações suplementares de aterramento, estão satisfatórias, por exemplo, as conexões estão apertadas e os condutores possuem seção transversal suficiente. Verificação física ou visual, dependendo do grau de inspeção "Ex" aplicado.

B.4: A impedância da malha de falta (sistemas TN) ou a resistência de aterramento (sistemas IT) está satisfatória.

Figura 20.12 *Skid* de bombeio de gás inflamável. Fonte: Acervo pessoal do autor.

20.12 NORMAS TÉCNICAS BRASILEIRAS ADOTADAS ABNT IEC TS 60079-32-1 E ABNT NBR IEC 60079-32-2

A Comissão de Estudo CE 003:031.006 do Subcomitê SCB 003:031 (Atmosferas explosivas) da ABNT/CB-003 (Eletricidade), responsável pelo acompanhamento das respectivas Normas internacionais IEC TS 60079-32-1 (Atmosferas explosivas – Parte 32-1: Riscos eletrostáticos – Orientações) e IEC 60079-32-2 (Atmosferas explosivas – Parte

32-2: Riscos eletrostáticos – Ensaios), participou, em nome do *Brazil National Committee for IEC* (Cobei), de todo o processo de elaboração, comentários, votação, aprovação e publicação daquelas Normas.

Com a publicação daquelas Normas internacionais sobre os riscos da eletricidade estática em atmosferas explosivas, a Comissão de Estudo do Subcomitê SCB 003:031 do COBEI (ABNT/CB-003) elaborou as respectivas Normas Brasileiras idênticas: ABNT TS IEC 60079-32-1 (Especificação Técnica) e ABNT NBR IEC 60079-32-2, publicadas em 2020 pela ABNT.

Essas duas novas normas técnicas brasileiras adotadas são totalmente alinhadas, harmonizadas, equivalentes e idênticas, em termos de conteúdo técnico, forma e apresentação, às duas respectivas normas internacionais da Série IEC 60079-32, sem desvios técnicos nacionais, atendendo aos requisitos especificados na ABNT DIRETIVA 3 – Adoção de documentos técnicos internacionais.

Figura 20.13 *Pipe Rack* – Áreas Classificadas. Fonte: Acervo pessoal do autor.

20.13 SOLUÇÕES DE PROBLEMAS E CONTROLE DE RISCOS RELACIONADOS À ELETRICIDADE ESTÁTICA EM ATMOSFERAS EXPLOSIVAS

A eletricidade estática é facilmente capaz de causar a ignição de gases ou vapores inflamáveis em áreas classificadas e a sua presença em processos químicos, petroquímicos e da indústria do petróleo e gás representa um elevado risco que deve ser devidamente levado em consideração e mitigado, por meio de medidas adequadas de segurança e de prevenção nas etapas de projeto dos equipamentos e das instalações, na especificação dos equipamentos e nos procedimentos de operação.

A solução para os riscos eletrostáticos em áreas classificadas geralmente não pode ser tratada de uma forma "isolada". Em particular, devem ser tomadas as ações necessárias no sentido de prover as instalações *Ex* de sistemas de aterramento, inclusive onde esses possam interferir com outros sistemas de proteção, tais como, a *proteção catódica* ou equipamentos, circuitos e sistemas intrinsecamente seguros.

No caso de sistemas de proteção catódica, os flanges terminais das tubulações, que são isolados dos flanges dos trechos da tubulação não protegidos catodicamente, devem ser adequadamente protegidos contra a ocorrência de elevados potenciais eletrostáticos, por meio da instalação adicional de supressores de surto (varistores) que descarreguem para o sistema de "terra" as eventuais tensões elevadas que possam surgir entre as faces dos flanges do trecho isolado e do trecho não isolado.

O objetivo fundamental de uma abordagem de segurança em instalações elétricas e mecânicas em atmosferas explosivas é manter no menor nível possível a carga eletrostática acumulada, gerada pelos fenômenos eletrostáticos. Esse objetivo pode ser atingido por meio da minimização da utilização de materiais isolantes ou evitar a existência de materiais condutivos isolados do sistema de "terra".

A utilização de materiais condutivos ou dissipativos pode ser considerada uma prática utilizada, de forma que uma conexão adequada e segura com o sistema de "terra" possa drenar as cargas eletrostáticas acumuladas. A resistência dos materiais dissipativos se situa na faixa entre $10^5\ \Omega$ a $10^{11}\ \Omega$.

As técnicas de *aterramento* e de *equipotencialização* são métodos considerados eficazes para evitar o acúmulo e permitir a dissipação de cargas eletrostáticas em atmosferas explosivas, prevenindo a ocorrência de riscos de ignição. Deve ser ressaltado que os materiais condutores que se tornem eventual, acidental ou inadvertidamente isolados do sistema de aterramento podem apresentar potenciais eletrostáticos muito elevados devido ao carregamento decorrente da movimentação de líquidos, como em tanques metálicos de armazenamento, estruturas metálicas existentes em tanques ou quaisquer outras partes metálicas isoladas que podem se tornar associadas à movimentação dos líquidos.

Isso pode ocasionar descargas centelhantes capazes de atuar como fontes de ignição em áreas classificadas. Portanto todas as partes condutivas de um sistema envolvendo tubulações, válvulas e equipamentos de processo destinados ao armazenamento e movimentação de líquidos devem ser adequadamente equipotencializadas e interligadas ao sistema de "terra".

Os tanques de armazenamento de produtos inflamáveis devem ser periodicamente inspecionados para assegurar que não existam partes metálicas soltas ou partes condutivas não aterradas de forma não intencional, por exemplo, partes flutuantes metálicas sobre o líquido inflamável contido no interior do tanque de armazenamento.

Dentre as soluções para os riscos de ignição decorrentes de descargas eletrostáticas em atmosferas explosivas estão o projeto de sistemas efetivos de equipotencialização e aterramento, a especificação de equipamentos de processo fabricados de materiais metálicos ou condutivos, a não existência intencional de materiais condutores isolados, a implantação de procedimentos de operação que reduzam a geração de cargas eletrostáticas, procedimentos de aterramento temporário de equipamentos de processo móveis ou transportáveis ou de veículos e adequados procedimentos de inspeção e manutenção dos sistemas de aterramento em áreas classificadas.

As cargas eletrostáticas podem também ser reduzidas por meio da implantação de adequados procedimentos de operação de processo, como a redução das vazões através das tubulações, por meio da adição de compostos antiestáticos nos líquidos de baixa condutividade, pela utilização de tubulações ou equipamentos condutivos ou fabricados de materiais com alto teor de carbono e de aterramento temporário de veículos ou de equipamentos móveis ou transportáveis.

A devida conscientização das pessoas envolvidas com atividades de projeto, montagem, inspeção, manutenção e operação de equipamentos e instalações sobre os riscos relacionados com cargas eletrostáticas em áreas classificadas certamente, tendo como base os requisitos especificados nas ABNT IEC TS 60079-32-1 e ABNT IEC 60079--32-1, contribuem para a redução de fontes de ignição que podem resultar em grandes explosões, contribuindo para a elevação dos níveis de conformidade normativa e de segurança das instalações e pessoas que trabalham em atmosferas explosivas.

20.14 AVALIAÇÃO E MITIGAÇÃO DOS RISCOS DA ELETRICIDADE ESTÁTICA EM EQUIPAMENTOS ELÉTRICOS E MECÂNICOS "EX": NORMA BRASILEIRA ADOTADA ABNT NBR ISO 8007936

A Norma Técnica Brasileira adotada idêntica ABNT NBR ISO 80079-36 (ABNT, 2018d), relaciona treze diferentes fontes possíveis de ignição em atmosferas explosivas, sendo a eletricidade estática uma delas. De acordo com aquela Norma, as centelhas capazes de gerar ignições devido à eletricidade estática podem ocorrer em atmosferas explosivas sob determinadas condições.

Norma ABNT NBR ISO 80079-36– Atmosferas explosivas – Parte 36: Equipamentos não elétricos para atmosferas explosivas – Métodos e requisitos básicos)

Naquela Norma Técnica Brasileira adotada idêntica são relacionadas *TREZE* possíveis fontes de ignição que podem causar a explosão de atmosferas explosivas de gases inflamáveis ou poeiras combustíveis:

1. Superfícies quentes;
2. Chamas ou gases aquecidos, incluindo partículas quentes;
3. Faíscas geradas mecanicamente;

4. Dispositivos elétricos (centelhas geradas eletricamente);
5. Correntes parasitas ou proteção catódica de corrosão;
6. *Eletricidade estática*;
7. Descargas atmosféricas;
8. Radiofrequência ou ondas eletromagnéticas;
9. Radiação óptica;
10. Radiação ionizante;
11. Ultrassom;
12. Compressão adiabática e ondas de choque;
13. Reações exotérmicas, incluindo a autoignição de poeiras combustíveis.

O centelhamento de partes isoladas eletrostaticamente e carregadas pode facilmente levar a descargas capazes de causar uma ignição. Com partes eletrostaticamente carregadas fabricadas de materiais não condutivos (como a maioria dos plásticos), podem ocorrer descargas ramificadas.

Em alguns casos específicos, durante processos de separação rápida (como em filmes em movimento sobre roletes, correias transportadoras, operações com braços de carregamento e transferências de grandes quantidades de hidrocarbonetos) ou por combinação de materiais condutivos e não condutivos, é também possível a propagação de descargas ramificadas. Descargas propagantes podem ocorrer também em material a granel.

A Norma ABNT NBR ISO 80079-36 (ABNT, 2018d) apresenta em seus Anexo B: *Explanação do procedimento de avaliação do risco de ignição*, Anexo C: *Exemplos de avaliação de risco de ignição* e Anexo E: *Considerações sobre utilização indevida que possa ser razoavelmente prevista durante o procedimento de avaliação de risco*, os procedimentos detalhados para a avaliação de equipamentos elétricos e mecânicos destinados a serem instalados em atmosferas explosivas com relação às suas fontes potenciais de ignição (incluindo a geração ou o acúmulo da eletricidade estática), as quais necessitam ser devidamente mitigadas de forma a não se tornarem "ativas" e causarem riscos de ignição em áreas classificadas.

A Norma ABNT NBR ISO 80079-36 (ABNT, 2018d) apresenta também informações específicas sobre eletricidade estática em seus Anexo D: *Ensaios de carregamento com materiais não condutivos* e Anexo F: *Desenvolvimento de diferentes tipos de descargas eletrostáticas capazes de gerar ignição.*

REFERÊNCIAS

ABREU, G. A. F.; BRITTO, P. C. A.; SANTOS, C. M. F. Avaliação das Condições de Riscos de origem Elétrica em Tanques Armazenando Substâncias Inflamáveis. *In*: ENCONTRO PETROBRAS SOBRE INSTALAÇÕES ELÉTRICAS EM ATMOSFERAS EXPLOSIVAS – EPIAEx, 3., 2002, Fortaleza. *Anais* […]. Fortaleza: 2002.

AMARAL, W. N. ; RANDO, R. Qualidade das Instalações Elétricas Gás e Petróleo. *In*: RIO OIL GAS, 2010, Rio de Janeiro. *Anais* […]. Rio de Janeiro: IBP2192_10, 2010.

AMERICAN BUREAU OF SHIPPING. *Rules for Building and Classing – Steel Vessels/97*. (Part 4 – Machinery, Equipment and Systems). Texas: ABS, 1997.

AMERICAN NATIONAL STANDARDS INSTITUTE; NATIONAL FIRE PROTECTION ASSOCIATION.*NFPA 70® National Electrical Code®*. ANSI/NFPA, 1996.

AMERICAN PETROLEUM INSTITUTE (API). API, c2021. Página Inicial. Disponível em: <https://www.api.org/>. Acesso em: 24 jun. 2021.

AMERICAN PETROLEUM INSTITUTE (API). *Protection Against Ignitions Arising Out of Static, Lightning, and Stray Currents*. 6. ed. Washington, DC: API, 2003.

AMERICAN PETROLEUM INSTITUTE (API). *Safety Digest of Lessons Learned*. Washington, DC: API, 1981. v. 2-5.

ANAUGER. *Anauger Solar P100*. Anauger, c2020. Disponível em: https://anauger.com.br/linha-anauger-solar/anauger-solar-p100/. Acesso em: 13 maio 2021.

ANP. *Relatório de investigação do incidente de explosão ocorrido em 11/02/2015 no FPSO Cidade de São Mateus*. Brasil, 2015. Disponível em: www.anp.gov.br Acesso em: 24 jun. 2021.

ASSOCIAÇÃO BRASILEIRA DE NORMAS TÉCNICAS. *ABNT NBR 13571:1996*. Haste de aterramento aço-cobreada e acessórios – Especificação. São Paulo: ABNT, 1996.

ASSOCIAÇÃO BRASILEIRA DE NORMAS TÉCNICAS. *ABNT NBR 15749:2009*. Medição de resistência de aterramento e de potenciais na superfície do solo em sistemas de aterramento. São Paulo: ABNT, 2009.

ASSOCIAÇÃO BRASILEIRA DE NORMAS TÉCNICAS. *ABNT NBR IEC 61892-6:2014*. Unidades marítimas fixas e móveis – Instalações elétricas. Parte 6: Instalação. São Paulo: ABNT, 2014.

ASSOCIAÇÃO BRASILEIRA DE NORMAS TÉCNICAS. *ABNT NBR 5419*. Proteção de Estruturas Contra Descargas Atmosféricas. São Paulo: ABNT, 2015.

ASSOCIAÇÃO BRASILEIRA DE NORMAS TÉCNICAS. *ABNT NBR IEC 60079-2:2016*. Atmosferas explosivas Parte 2: Proteção de equipamento por invólucro pressurizado "p". São Paulo: ABNT, 2016a.

ASSOCIAÇÃO BRASILEIRA DE NORMAS TÉCNICAS. *ABNT 6323:2016. Galvanização por imersão a quente de produtos de aço e ferro fundido – Especificação*. São Paulo: ABNT, 2016b.

ASSOCIAÇÃO BRASILEIRA DE NORMAS TÉCNICAS. *ABNT NBR IEC 60079-6:2017*. Atmosferas explosivas Parte 6: Proteção de equipamento por imersão em líquido "o". São Paulo: ABNT, 2017a.

ASSOCIAÇÃO BRASILEIRA DE NORMAS TÉCNICAS. *ABNT NBR IEC 60079-11:2013 Versão Corrigida:2017*. Atmosferas explosivas Parte 11: Proteção de equipamento por segurança intrínseca "i". São Paulo: ABNT, 2017b.

ASSOCIAÇÃO BRASILEIRA DE NORMAS TÉCNICAS. *ABNT NBR IEC 60079-17:2014 Versão Corrigida: 2017*. Atmosferas explosivas Parte 17: Inspeção e manutenção de instalações elétricas. São Paulo: ABNT, 2017c.

ASSOCIAÇÃO BRASILEIRA DE NORMAS TÉCNICAS. ABNT DIRETIVA 3: Adoção de documentos técnicos internacionais. São Paulo: ABNT, 2017d. Disponível em: http://conexaodt.abnt.org.br/wp-content/uploads/2018/01/ABNTDIRETIVA3_2017.pdf. Acesso em: 24 jun. 2021.

ASSOCIAÇÃO BRASILEIRA DE NORMAS TÉCNICAS. *ABNT NBR IEC 60079-7:2018*. Atmosferas explosivas Parte 7: Proteção de equipamentos por segurança aumentada "e". São Paulo: ABNT, 2018a.

ASSOCIAÇÃO BRASILEIRA DE NORMAS TÉCNICAS. *ABNT NBR 5410:2004 Versão Corrigida: 2008*. Instalações Elétricas de Baixa Tensão. São Paulo: ABNT, 2018b.

ASSOCIAÇÃO BRASILEIRA DE NORMAS TÉCNICAS. *ABNT NBR IEC 60079-14:2016 Versão corrigida: 2018*. Atmosferas explosivas Parte 14: Projeto, seleção e montagem de instalações elétricas. São Paulo: ABNT, 2018c.

ASSOCIAÇÃO BRASILEIRA DE NORMAS TÉCNICAS. *ABNT NBR ISO 80079-36:2018*. Atmosferas explosivas Parte 36: Equipamentos não elétricos para atmosferas explosivas – Métodos e requisitos básicos. São Paulo: ABNT, 2018d.

ASSOCIAÇÃO BRASILEIRA DE NORMAS TÉCNICAS. *ABNT NBR IEC 60079-10-1:2018 Versão Corrigida: 2019.* Atmosferas explosivas. Parte 10-1: Classificação de áreas – Atmosferas explosivas de gás. São Paulo: ABNT, 2019.

ASSOCIAÇÃO BRASILEIRA DE NORMAS TÉCNICAS. *ABNT NBR ISO/IEC 80079-34:2020.* Atmosferas explosivas Parte 34: Aplicação de sistemas de gestão da qualidade para a fabricação de produtos "Ex". São Paulo: ABNT, 2020a.

ASSOCIAÇÃO BRASILEIRA DE NORMAS TÉCNICAS. *ABNT NBR IEC 60079-0:2020.* Atmosferas explosivas Parte 0: Equipamentos – Requisitos gerais. São Paulo: ABNT, 2020b.

ASSOCIAÇÃO BRASILEIRA DE NORMAS TÉCNICAS. *ABNT NBR IEC 60079-1:2016 Versão Corrigida: 2020.* Atmosferas explosivas Parte 1: Proteção de equipamento por invólucro à prova de explosão "d". São Paulo: ABNT, 2020c.

ASSOCIAÇÃO BRASILEIRA DE NORMAS TÉCNICAS. *ABNT NBR IEC 80079-20-1:2020.* Atmosferas explosivas Parte 20-1: Características de substâncias para classificação de gases e vapores – Métodos de ensaios e dados. São Paulo: ABNT, 2020d.

ASSOCIAÇÃO BRASILEIRA DE NORMAS TÉCNICAS. *ABNT NBR 7117-1:2020.* Parâmetros do solo para projetos de aterramentos elétricos. Parte 1: Medição da resistividade e modelagem geoelétrica. São Paulo: ABNT, 2020e.

ASSOCIAÇÃO BRASILEIRA DE NORMAS TÉCNICAS. *ABNT NBR IEC 60079-32-2:2020.* Atmosferas explosivas Parte 32-2: Riscos eletrostáticos – ensaios. São Paulo: ABNT, 2020f.

ASSOCIAÇÃO BRASILEIRA DE NORMAS TÉCNICAS. *ABNT NBR IEC 61892-7:2020.* Unidades marítimas fixas e móveis – Instalações elétricas. Parte 7: Áreas classificadas. São Paulo: ABNT, 2020g.

ASSOCIAÇÃO BRASILEIRA DE NORMAS TÉCNICAS. ABNT IEC/TS 60079-32-1:2020. Atmosferas explosivas Parte 32-1: Riscos eletrostáticos, orientações. São Paulo: ABNT, 2020h.

BLACKBURN, J. L. *Symmetrical Components for Power Systems Engineering.* Nova York: Marcel Dekker Inc, 1993. p. 56-57.

BLUE SOL. *Fernando de Noronha – PE.* Blue Sol Energia Solar, c2021. Disponível em: https://bluesol.com.br/projeto/fernando-de-noronha/. Acesso em: 13 maio 2021.

BLUESOL EDUCACIONAL. *Introdução aos Sistemas fotovoltaicos.* Definição e Classificação – Unidade Didática 1. Blue Sol Educacional, Curso de Projetos de Sistemas Fotovoltaicos, c2021.

BOLIN, W. D.; KUMIN, C. C. *480 V Corner Grounded Delta:* Friend or Foe? IEEE paper PCIC 88-31, set. 1988.

BORGES, G.H. *Manual de segurança intrínseca* – Ex "i" – Do projeto à instalação. Rio de Janeiro: Qualitymark, 1997.

BRASIL. Secretaria do Trabalho. *NR-10: Segurança em instalações e serviços em eletricidade.* Brasília, DF: 19 out. 2020.

BULGARELLI, R. (org.). *O Ciclo Total de Vida das Instalações Elétricas em Atmosferas Explosivas*. Jundiaí: Paco Editorial, 1998.

CENTRO DE REFERÊNCIA PARA ENERGIA SOLAR E EÓLICA SÉRGIO DE S. BRITO (CRESESB). Página inicial. Rio de Janeiro: CRESESB, c2014.

COSTA, P. F. Aterramento de Neutro com Resistor de alto Valor. *Revista Eletricidade Moderna*, p. 16-18, jul. 1989.

COSTA, P. F.; FREITAS, J. L. R. Menos Paralisações e Maior Segurança Pessoal nos Sistemas de Baixa Tensão. *Revista Eletricidade Moderna*, p. 42, 44, 46 e 48, dez. 1992.

COTRIM, A. A. M. B. *Instalações Elétricas*. 4. ed. São Paulo: Prentice Hall, 2006.

DIN 45910-231; CECC 31201: 1983:01. *Harmonisiertes Guete Bestätigungs system fuer Bauelemente der Elektronik*; Vordruck Fuer Bauartspezifikation: Festkonden satorenmit metallisierten Polypropylen folienals Dielektrikum.

FINK, D. G.; BEATY, H. M. *Standard Handbook for Electrical Engineers*. 12. ed. Nova York: McGraw-Hill, 1987.

FINK, D. G.; CARROL, J. M. *Standard Handbook for Electrical Engineers*. Nova York: Mc Graw Hill, 1968.

FRANKLIN, W.; EDMUNDO, P. Faw7 Engenharia, c2021. Disponível em: <https://www.faw7.com.br/>. Acesso em: 24 jun. 2021.

GOMES, G. L. *Sistemas de Proteção Contra Descargas Atmosféricas*. IEEE USP, maio 1996.

IEEE.*141 1993-12-02Recommended Practice for Electric Power Distribution for Industrial Plants*. IEEE Red Book; Correction Sheet – July 23, 1997; Correction Sheet June 9, 1998. IEEE, 1993.

IEEE. *142 1991-00-00 Recommended Practice for Grounding of Industrial and Commercial Power Systems*. IEEE Green Book; Correction Sheet – May 1993(ANSI/IEEE). IEEE, 1993a.

IEEE. *81-1983 Guide for Measuring Earth Resistivity, Ground Impedance, and Earth Surface Potentials of a Ground System. Part 1: Normal Measurements*. IEEE, 1983b.

IEEE. *80 2000-01-30 Guide for Safety in AC Substation Grounding*. IEEE, 2000.

IEEE. *242 2001-06-14 Recommended Practice for Protection and Coordination of Industrial and Commercial Power Systems*. IEEE, 2001.

IEEE. *1100-2005 IEEE Recommended Practice for Powering and Grounding Electronic Equipment*. IAS/ICPS/SDC – Industrial & Commercial Power Systems Standards Development Committee, 2005.

INTERNATIONAL ELECTROTECHNICAL COMMISSION. *IEC 79 – 14/IEC 60335-2-79*. Household and Similar Electrical Appliances – Safety – Rev.: 2002-07-00. Genebra: IEC, 2002.

INTERNATIONAL ELECTROTECHNICAL COMMISSION. *IEC 60896-22*. Stationary lead-acid batteries. Part 22: Valve regulated types – requirements. Genebra: IEC, 2004.

INTERNATIONAL ELECTROTECHNICAL COMMISSION.*IEC 60950-1:2005*. Information Technology Equipment – Safety – Part.1: General requirements. Genebra: IEC, 2005.

INTERNATIONAL ELECTROTECHNICAL COMMISSION. *IEC 61508-1*. Ed. 2.0 b. Functional safety of electrical/electronic/programmable electronic safety-related systems – Part 1: General requirements (see Functional Safety and IEC 61508). Genebra: IEC, 2010.

INTERNATIONAL ELECTROTECHNICAL COMMISSION. *IEC 60684-3-420 to 422 2002-05-00*. Flexible Insulating Sleeving – Part 3: Specification for Individual Types of Sleeving. Sheets 420 to 422: Polyethylene Terephthalate Textile Sleeving with Acrylic Based Coating. 2. ed. Genebra: IEC, 2017.

INTERNATIONAL ELECTROTECHNICAL COMMISSION. *IEC 61511:2018*. Functional safety – Safety instrumented systems for the process industry sector – ALL PARTS. Genebra: IEC, 2018.

INTERNATIONAL ELECTROTECHNICAL COMMISSION. *IEC 60364-4-44:2018*. Low-voltage electrical installations – Part 4-44: Protection for safety – Protection against voltage disturbances and electromagnetic disturbances. Genebra: IEC, 2018.

INTERNATIONAL ELECTROTECHNICAL COMMISSION. *IEC 60364-5-54:2021*. Low-voltage electrical installations – Part 5-54: Selection and erection of electrical equipment – Earthing arrangements and protective conductors. Genebra: IEC, 2021.

INTERNATIONAL MARITIME ORGANIZATION. Página inicial. Londres: IMO, c2019.

JAMIL, S.; JONES, R. A.; MCCLUNG, L. B. *Arc and Flash Burn Hazards at Various Levels of an Electrical System*. IEEE paper PCIC 95-34, 1995.

JORDÃO, D. M. *Manual de Instalações Elétricas em Indústrias Químicas, Petroquímicas e de Petróleo*. 2. ed. Rio de Janeiro: Qualitymark, 1998.

JORDÃO, D. M. *Pequeno manual de instalações elétricas em atmosferas potencialmente explosivas*. São Paulo: Blucher, 2012.

KINDERMANN, G.; CAMPAGNOLO, J. M. *Aterramento Elétrico*. 4. ed. Porto Alegre: Sagra Luzzatto, 1998.

LEGRAND. *Electrical Equipment for Hazardous Areas*. Catalogue 92/93.

LEITE, D. M.; LEITE, C. M. *Proteção Contra Descargas Atmosféricas*. São Paulo: MM, 1997.

MAMEDE FILHO, J. *Instalações Elétricas Industriais*. Rio de Janeiro: LTC, 2017.

MIRANDA, R. *Instalações Elétricas Industriais*. São Paulo: Cromosete, 1994.

MORENO, H.; COSTA, F. P. *Aterramento Elétrico*. International Copper Association Brazil, 1999.

NATIONAL AERONAUTICS AND SPACE ADMINISTRATION (NASA). *Glory*. Understanding Earth's Energy Balance. NASA, c2021. Disponível em: https://www.

nasa.gov/mission_pages/Glory/multimedia/HighRes_Glory_Still04.html. Acesso em: 13 maio 2021.

NATIONAL FIRE PROTECTION ASSOCIATION.*NFPA-77* – Recommended Practice on Static Electricity – Rev.: 2000-08-18. NFPA, 2000.

NATIONAL FIRE PROTECTION ASSOCIATION.*NFPA 780 2000-00-00* – Standard for the Installation of Lightning Protection Systems.NFPA, 2001.

NATIONAL FIRE PROTECTION ASSOCIATION.*NFPA 499* – Recommended Practice for the Classification of Combustible Dusts and of Hazardous (Classified) Locations for Electrical Installations in Chemical Process Areas. NFPA, 2021.

NELSON, J. P.; SEN, P. K. *High Resistance Grounding of Low Voltage Systems:* a Standard for the Petroleum and Chemical Industry. IEEE paper PCIC 96-03, 1996.

NORWEGIAN ELECTRICAL SAFETY DIRECTORATE. *Guidelines for Earthing in Maritime Installations.*Jul. 1993.

PAULINO, J. S. et al. *Proteção de Equipamentos Elétricos e Eletrônicos Contra Surtos Elétricos em Instalações.* Lagoa Santa: Clamper, 2016.

RANDO, R. Aterramento Elétrico. *In*: ENCONTRO PETROBRAS SOBRE INSTALAÇÕES ELÉTRICAS EM ATMOSFERAS EXPLOSIVAS – EPIAEx, 3., 2002, Fortaleza. *Anais* [...]. Fortaleza: 2002.

RANDO, R. *Aterramento e Proteção Contra Descargas Atmosféricas em Áreas Classificadas.* Dissertação (Mestrado em Sistema Elétrica Industrial e Automação) – EFEI/UNIFEI, Itajubá, 2003.

RANDO, R. Considerações sobre Aterramento de Equipamentos Elétricos em Áreas com Substâncias Inflamáveis. *In*: ENCONTRO PETROBRAS SOBRE INSTALAÇÕES ELÉTRICAS EM ATMOSFERAS EXPLOSIVAS – EPIAEx, 4., 2004, Curitiba. *Anais* [...]. Curitiba: 2004.

RANDO, R. Qualidade das Instalações Elétricas Gás e Petróleo. *In*: ENCONTRO PETROBRAS SOBRE INSTALAÇÕES EM ATMOSFERAS EXPLOSIVAS, 6., Rio de Janeiro. *Anais* [...]. Rio de Janeiro, 2010.

RANGEL JR., E. Segurança para Eletricistas. *In*: ENCONTRO DE ENGENHARIA ELÉTRICA, 6., Rio de Janeiro. *Anais* [...]. Rio de Janeiro: Petrobras, dez. 2001.

SCEPP. *Painel pressurizado Ex-p*. São Paulo: SCEPP, c2016.

SCHNEIDER. *Técnicas de Interrupção de Circuitos.* Apostila gerada no "Programa de Formação Técnica Continuada" da Schneider Electric. 2000.

STABILE, M. *Custos na Construção Civil.* 3.ed. Rio de Janeiro: Boletim de Custos Ltda., 1989.

SUBCOMITÊ, SCB 003:031. Atmosferas explosivas da ABNT/CB-003 (Eletricidade). Disponível em: http://cobei-sc-31-atmosferas-explosivas.blogspot.com. Acesso em: 24 jun. 2021.

STEINMETZ, Berg. *Theory and Calculation of Alternating Current Phenomena*. 1. ed. New York: Electrical World and Engineer, 1897.

SUZUKI HELIO KANJI. *Instruções Gerais para Instalações em Atmosferas Explosivas – Instru-Ex*. E&PCORP/ENGP/IPSA, 1999.

TELBRA EX INDÚSTRIA E COMÉRCIO. *Caixa de passagem Ex d – TCLX*. São Paulo: Telbra, c2020. Disponível em: https://telbra.com.br/images/pdf/exd/caixa-de-passagem-e-derivacao.pdf. Acesso em: 13 maio 2021.

TELBRA EX INDÚSTRIA E COMÉRCIO. *Luminária tipo tartaruga led – TLTW009*. São Paulo: Telbra, c2020. Disponível em: https://telbra.com.br/images/pdf/exd/luminaria-exd-led-tartaruga-2.pdf. Acesso em: 13 maio 2021.

TELBRA EX INDÚSTRIA E COMÉRCIO. *Sistema completo de monitoramento de carga e descarga TMX-22ST*. São Paulo: Telbra, c2020. Disponível em: https://telbra.com.br/images/pdf/exd/painel-de-monitoramento-de-carga-e-descarga-aterramento.pdf. Acesso em: 13 maio 2021.

VELEY, V. F.; DULIN, J. J. *Matemática para Eletrônica*. São Paulo: Hemus, 1982.

APÊNDICES

1. CONCEITOS

1.1 ATERRAMENTO

Aterramento é o saber fazer uma conexão com toda a terra.

A conexão terra é na realidade a interface entre o sistema de aterramento e toda a terra, e é por essa interface que é feito o contato elétrico entre ambos (terra e sistema de aterramento).

Constitui-se basicamente de três componentes:

- As conexões elétricas que ligam um ponto do sistema aos eletrodos;
- Eletrodos de aterramento (qualquer corpo metálico colocado no solo);
- Terra que envolve os eletrodos.

Aterramento elétrico, com certeza, é um assunto que gera um número enorme de dúvidas quanto às normas e procedimentos no que se refere ao ambiente elétrico industrial.

Muitas vezes, o desconhecimento das técnicas para realizar um aterramento eficiente ocasiona a queima de equipamentos, ou pior, o choque elétrico nos operadores desses equipamentos.

A função principal está sempre associada à proteção das pessoas e dos equipamentos.

Nas instalações elétricas, são considerados dois tipos de aterramento:

- O aterramento funcional, que consiste na ligação à terra de um dos condutores do sistema, geralmente o neutro, e está relacionado com o funcionamento correto, seguro e confiável da instalação;
- O aterramento de proteção que consiste na ligação à terra das massas e dos elementos condutores, estranhos à instalação, visando à proteção contra choques elétricos.

Um dado importante na elaboração do projeto de aterramento é o do conhecimento das características do solo, principalmente sua resistividade elétrica.

Essa, além da importância para a engenharia elétrica, em termos de proteção e segurança, auxilia também em outras áreas como a da Geologia, na localização de jazidas de minerais, lençol de água, petróleo, gás etc.

1.2 SURTOS

Trata-se de uma perturbação anormal da corrente ou tensão normalmente esperada em um sistema. São causados por manobras na rede, descargas atmosféricas, interferências eletromagnéticas e outros fatores.

O controle dos surtos dentro de um sistema elétrico é obtido com filtros protetores contra sobretensões, como para-raios de linha, supressores e capacitores. Os modernos equipamentos eletrônicos possuem linhas de comunicação de dados com outros equipamentos sujeitos a surtos.

O aterramento é essencial para a correta operação dos protetores contra sobretensões instalados em redes de alta e baixa tensão, pois esses dispositivos drenam as correntes dos surtos para a terra, funcionando como uma válvula de escape para as correntes geradas pelas sobretensões.

1.3 BLINDAGENS

Um sistema composto de *equipamentos eletrônicos sensíveis* (EES) está sujeito a interferências provocadas por campos magnéticos. A blindagem é um recurso utilizado para minimizar essas interferências, necessitando de aterramento para estabelecer um *potencial em torno de 0 Ω* na blindagem ou para proporcionar *um caminho externo* para as correntes induzidas.

1.4 SEGURANÇA CONTRA O CHOQUE ELÉTRICO

Instalações elétricas em geral apresentam materiais metálicos não energizados como meio de evitar contato das pessoas com partes energizadas, como barramentos de quadros elétricos e interior de equipamentos, contudo, se houver uma falha no isolamento desses sistemas, os usuários estarão sujeitos a choques elétricos com o risco consequente.

O aterramento é utilizado para assegurar que o potencial das partes metálicas aterradas fique sempre abaixo do nível dos potenciais perigosos, garantindo, assim, a proteção das pessoas.

1.5 CURTO-CIRCUITO FASE À TERRA

Esse tipo de curto-circuito em redes elétricas provoca o desbalanceamento do sistema trifásico e a sobrecarga nos equipamentos e cabos de rede, comprometendo a segurança da rede elétrica e das pessoas.

Para que seja desenergizado o trecho da rede afetada, é necessário que a corrente que circula pelo curto-circuito seja superior ao valor de operação dos disjuntores e fusíveis de proteção. O aterramento do neutro dos transformadores e massas metálicas fornece um caminho de baixa impedância para essa corrente de curto-circuito, possibilitando a operação da proteção.

1.6 EFEITO CORONA

Quando o gradiente na superfície do condutor supera a rigidez dielétrica do ar em torno de 30 kV/cm, origina-se uma descarga saindo do condutor e perfurando os primeiros centímetros da camada de ar. Esse fenômeno representa a perda de energia nas linhas de transmissão, e as descargas dão origem a um ruído característico em uma faixa ampla de frequências, desde as mais baixas (ruído característico) até as mais altas (interferência nas comunicações de rádio, televisão, radar). No entanto a energia liberada dessa descarga eventualmente oferece risco de incêndio ou explosão em *atmosferas explosivas*. Por essa razão, os condutores de descida do *sistema de proteção contra descargas atmosféricas* devem preferencialmente evitar a passagem por uma área classificada.

Nota: Caso haja necessidade de descumprimento dessa recomendação, os dimensionamentos dos condutores devem ser de tal modo que evitem a formação dessas descargas (efeito corona).

1.7 TERRA DE PLATAFORMA MARÍTIMA

Para efeito geral, é a massa de casco metálico da embarcação ou estrutura metálica de qualquer plataforma fixa. A estrutura contínua de módulos que são montados e soldados, com uma conexão permanente à estrutura principal, geralmente chamada de "jaqueta", é considerada como terra. Módulos de perfuração e outras partes que não sejam soldadas à estrutura metálica principal deverão ser providas de ligação à malha de aterramento, para torná-los potencialmente equivalentes à terra.

1.8 BAIXA TENSÃO

Define-se como sendo instalações elétricas alimentadas sob uma tensão nominal igual ou inferior a 1.000 Volts em corrente alternada com frequências inferiores a 400 Hz ou 1.500 Volts em corrente contínua – ABNT NBR 5410 (ABNT, 2018b).

1.9 DISPOSITIVO À CORRENTE DIFERENCIAL-RESIDUAL (DR)

Os dispositivos à corrente diferencial – abreviadamente dispositivo DR – constituem-se o meio mais eficaz de proteção de pessoas e de animais domésticos contra o choque elétrico e são hoje mundialmente utilizados. Estão entre os principais meios automáticos de proteção contra contatos diretos e, na grande maioria dos casos, são o meio mais adequado para proteção contra contatos indiretos. Por outro lado, podem exercer a proteção contra incêndios e também constituir-se em vigilantes da qualidade da instalação.

1.10 DISPOSITIVO DE PROTEÇÃO DE SURTO (DPS)

A ABNT NBR5419-4 (ABNT, 2015) define DPS como "Dispositivo destinado a limitar as sobretensões e desviar correntes de surto".

1.11 CERTIFICADO DE COMPETÊNCIAS PESSOAIS EX

Documento emitido por um organismo de certificação reconhecido no sistema IECEx, evidenciando que a pessoa foi avaliada e atende aos critérios estabelecidos pelas Unidades de Competências Ex-001 a Ex-010.

1.12 CERTIFICADO DE CONFORMIDADE EX

Documento emitido por um organismo de certificação que evidencia que o equipamento *Ex*, empresa de prestação de serviço *Ex* ou pessoas com competências pessoais *Ex* atende aos requisitos especificados nas normas da série ABNT NBR IEC 60079 (ABNT, 2016, 2017a, 2017b, 2018a, 2020b, 2020c), ABNT NBR ISO/IEC 80079 (ABNT, 2020a) ou nos documentos operacionais aplicáveis.

2. ABREVIATURAS

ABNT – Associação Brasileira de Normas Técnicas.

API – American Petroleum Institute.

ANSI – American National Standards Institute.

BEL – Barra de Equalização Local.

BEP – Barra de Equalização de Potencial.

Ex – Esse termo identifica um equipamento, componente ou instalação, um serviço ou ainda uma competência pessoal, todos relacionados com áreas classificadas, nas quais é possível a existência de *atmosferas explosivas.*

ESD – Descarga Eletrostática.

EES – Equipamento Eletrônico Sensível.

FPSO – Floating Production Storage and Offloading (Unidade Flutuante de Produção, Armazenamento e Transferência).

FSO – Floating Storage and Offloading (Unidade Flutuante de Armazenamento e Transferência).

IEC – International Electrotechnical Commission (Comissão Eletrotécnica Internacional).

IECEx – Sistemas Internacionais de Avaliação da Conformidade.

IEEE – Institute of Electrical and Eletronic Engineers (Instituto de Engenheiros Elétricos e Eletrônicos).

NEC – National Electrical Code (Código Elétrico Nacional).

NEMA – National Electrical Manufacturers Association (Associação Nacional das Industrias Elétricas).

NFPA – National Fire Protection Association (Associação Nacional de Proteção de Incêndio).

PE – Earth Protection (Proteção de Terra).

SOLAS – Safety of Life at Sea (Convenção Internacional para a Salvaguarda da Vida Humana no Mar).

TAP – Terminal de Aterramento Principal.

3. GLOSSÁRIO DE ATERRAMENTO

Aço: liga metálica composta principalmente por ferro (Fe) e carbono (C), podendo ainda receber outros elementos de liga com finalidades específicas, como maior resistência à corrosão e maior resistência mecânica.

Aço galvanizado: é o aço já tratado que recebe uma galvanização de zinco com objetivo de melhorar a resistência a corrosão.

Aço cobreado: aço com revestimento de cobre cuja finalidade é evitar a corrosão e manter a compatibilidade galvânica com peças de cobre, bronze e latão.

Barra chata ou redonda: perfil metálico laminado, comercialmente encontrado em diversas medidas, para aterramento utilizar as de cobre ou de aço galvanizado.

Cabo: condutor elétrico, sendo o mais utilizado em aterramentos o de cobre eletrolítico, com têmpera meio-duro, flexível e de boa resistência mecânica.

Cobre, cobreado: principal metal utilizado para aterramentos; possui alta condutibilidade elétrica e boa resistência a corrosão.

Eletrodo de aterramento: condutor aterrado propositalmente com a finalidade de dissipar no solo correntes elétricas oriundas de curtos-circuitos, surtos, raios, energia estática etc.

Fita: elemento metálico laminado, semelhante à barra chata, porém de espessura menor que a largura, de modo que seja flexível.

Galvanização: processo de deposição à quente de um revestimento metálico sobre uma base de outro metal como o do zinco sobre o aço.

Zinco: símbolo químico metálico (Zn) utilizado em processos de galvanização, para proteção do aço carbono contra corrosão.

ANEXOS

	RELATÓRIO	Formulário Nº: RL-001	
espell ENGENHARIA	CLIENTE: LOG		FOLHA: 1 de 11
	PROGRAMA: APRENDIZAGEM		–
	ÁREA: EXPLOSIVA		A4 210 X 297
ESPELL	TÍTULO: RELATÓRIO DE INSPEÇÃO TÉCNICA "EX" (EQUIPAMENTOS)		NP-1
			ESPELL

ESPELL ENGENHARIA	Nº OBRA: 3329	Nº CONTRATO: 766.555	
DOCUMENTO DE REF.:	DE-293345-0987 – Classificação de Áreas – Área dos Scrapers – Planta e Cortes	DATA: 24/10/2020	REGISTRO Nº: RIT-EX-ESPELL-001

REV.	DESCRIÇÃO E/OU FOLHAS ATINGIDAS
0	EMISSÃO ORIGINAL

	REV. 0	REV. A	REV. B	REV. C	REV. D	REV. E	REV. F	REV. G	REV. H
DATA	23/10/2020								
PROJETO									
EXECUÇÃO	RANDO								
VERIFICAÇÃO									
APROVAÇÃO									

AS INFORMAÇÕES DESTE DOCUMENTO SÃO PROPRIEDADE DA ESPELL.

FORMULÁRIO PERTENCENTE A ESPELL ENGENHARIA

<table>
<tr><td rowspan="4"></td><td colspan="2">RELATÓRIO</td><td colspan="2">Formulário Nº: RL-001</td></tr>
<tr><td>CLIENTE:</td><td colspan="2">LOG</td><td>FOLHA: 2 de 11</td></tr>
<tr><td>PROGRAMA:</td><td colspan="2">APRENDIZAGEM</td><td>–</td></tr>
<tr><td>ÁREA:</td><td colspan="2">EXPLOSIVA</td><td>A4 210 X 297</td></tr>
<tr><td>ESPELL</td><td>TÍTULO:</td><td colspan="2">RELATÓRIO DE INSPEÇÃO TÉCNICA “EX” (EQUIPAMENTOS)</td><td>NP-1
ESPELL</td></tr>
<tr><td colspan="2">ESPELL ENGENHARIA</td><td>Nº OBRA: 3329</td><td colspan="2">Nº CONTRATO: 766.555</td></tr>
<tr><td>DOCUMENTO DE REF.:</td><td colspan="2">DE-293345-0987 – Classificação de Áreas – Área dos Scrapers – Planta e Cortes</td><td>DATA: 24/10/2020</td><td>REGISTRO Nº: RIT-EX-ESPELL-001</td></tr>
</table>

INDICE **PÁGINA**

ESPELL ENGENHARIA	RELATÓRIO	Formulário Nº: RL-001	
	CLIENTE: LOG		FOLHA: 3 de 11
	PROGRAMA: APRENDIZAGEM		–
	ÁREA: EXPLOSIVA		A4 210 X 297
ESPELL	TÍTULO: RELATÓRIO DE INSPEÇÃO TÉCNICA "EX" (EQUIPAMENTOS)		NP-1 ESPELL
ESPELL ENGENHARIA	Nº OBRA: 3329	Nº CONTRATO: 766.555	
DOCUMENTO DE REF.: DE-293345-0987 – Classificação de Áreas – Área dos Scrapers – Planta e Cortes		DATA: 24/10/2020	REGISTRO Nº: RIT-EX-ESPELL-001

1 OBJETIVO

1.1. A inspeção tem como objetivo assegurar que as instalações em atmosferas explosivas estejam de acordo com os requisitos de proteções proporcionados pelos equipamentos "Ex", bem como estejam adequados, em termos dos agentes agressivos presentes no ambiente industrial.

2 APLICAÇÃO

2.1. Serviço relativo à inspeção técnica "EX", na área de processo.

3 REFERÊNCIA

- DE-293345-0987 – Classificação de Áreas – Área dos processos – Planta e Cortes rev.D;
- ABNT NBR IEC 60079-17 – Inspeção e manutenção de instalações elétricas "Ex";
- NR-10 – Norma Regulamentadora nº 10 – Segurança em Instalações e Serviços em Eletricidade.

4 DESCRIÇÃO

4.1. Inspeção de instalação elétrica em áreas classificadas, não iclui requisitos de instalação elétrica, nem requisitos relativos a ensaios e certificações de equipamentos elétricos.

4.2. Todas as CJA's (8001/8002/8004) e CJD (8001), PN-MV-8510.002, Tomadas 110/220V, Botoeiras, Luminárias, Válvulas (UV-8703.24102A, UV-8703.24102B, XV-8703.24116A, XV-8703.24116B, XV-8703.24115, XV-8703.24113, XV-8703.24114, XV-8703.2411, XV-8703.24112), PIT's (8703-24112/84111/24110/84115/24116), TE-8703.24111, TIT-8703.24111, FT-8703.24111, FE-8703.2411, DT-8703.24111, XA-8315501, XIS-8703.24104, XIS-8703.24105, assim uma avaliação detalhada e também inspecionado o sistema de aterramento e da equalização dos potenciais distribuídos e do SPDA – Sistema de Proteção Contra Descargas Atmosféricas. Alguns pontos observados foram fotografados para efeito de documentação.

<table>
<tr><td rowspan="4">espell ENGENHARIA</td><td colspan="2">RELATÓRIO</td><td colspan="2">Formulário Nº: RL-001</td></tr>
<tr><td>CLIENTE:</td><td colspan="2">LOG</td><td>FOLHA: 4 de 11</td></tr>
<tr><td>PROGRAMA:</td><td colspan="2">APRENDIZAGEM</td><td>–</td></tr>
<tr><td>ÁREA:</td><td colspan="2">EXPLOSIVA</td><td>A4 210 X 297</td></tr>
<tr><td>ESPELL</td><td>TÍTULO:</td><td colspan="2">RELATÓRIO DE INSPEÇÃO TÉCNICA “EX” (EQUIPAMENTOS)</td><td>NP-1
ESPELL</td></tr>
<tr><td colspan="2">ESPELL ENGENHARIA</td><td>Nº OBRA: 3329</td><td colspan="2">Nº CONTRATO: 766.555</td></tr>
<tr><td colspan="2">DOCUMENTO DE REF.: DE-293345-0987 – Classificação de Áreas – Área dos Scrapers – Planta e Cortes</td><td>DATA: 24/10/2020</td><td colspan="2">REGISTRO Nº: RIT-EX-ESPELL-001</td></tr>
</table>

5 PONTOS INSPECIONADOS

CJA (8001 / 8002 / 8004), CJD (8001), PN-MV-8510.002, Tomadas 110/220/480V, Botoeiras, Luminárias, Válvulas (UV-8703.24102A, UV-8703.24102B, XV-8703.24116A, XV-8703.24116B, XV-8703.2411, XV-8703.24113, XV-8703.24114, XV-8703.24115, XV-8703.24112), PIT's (8703-84112/84111/84110/84115/84116), TE-8703.24111, TIT-8703.24111, FT-8703.24111, FE-8703.2411, DT-8703.24111, XA-8315501, XIS-8703.24104, XIS-8703.24105, aterramento elétrico, equalização dos potenciais distribuídos e SPDA – Sistema de Proteção Contra Descargas Atmosféricas.

5.1 Descrição relevante de pontos vistoriados conforme ABNT NBR IEC 60079-17:

Item	Verificar se:	Grau da Inspeção detalhada
1	O equipamento é adequado à classificação de áreas?	X
2	O grupo do equipamento está correto?	X
3	A identificação do circuito do equipamento está correta?	X
4	A identificação do circuito do equipamento está disponível?	X
5	Não há modificações não autorizadas visíveis?	X
6	Os parafusos, os dispositivos de entrada de cabos (direta ou indireta) e os elementos de fechamento de entradas não utilizadas são do tipo correto e estão ompletes e apertados?	X
7	As conexões elétricas estão apertadas?	X
8	Os invólucros com respiração restrita estão satisfatórios?	X
9	As conexões de aterramento, incluindo qualquer ligação de continuidade de aterramento, estão satisfatórias (isto é, as conexões estão apertadas e os condutores possuem seção reta adequada)?	X
10	Os cabos que não estão em uso estão devidamente terminados?	X
11	O circuito de segurança intrínseca está isolado da terra ou aterrado em somente um ponto (referir a documentação).	X
12	As unidades de barreira de segurança, os relés e outros dispositivos limitadores de energia são do tipo aprovados, instalados de acordo com os requisitos da certificação e firmemente aterrados onde necessário.	X
13	Está mantida a separação entre os circuitos intrinsecamente seguros e os circuitos não intrinsecamente seguros em caixas de distribuição ou painel de relés.	X

	RELATÓRIO	Formulário Nº: RL-001	
	CLIENTE: LOG		FOLHA: 5 de 11
	PROGRAMA: APRENDIZAGEM		–
	ÁREA: EXPLOSIVA		A4 210 X 297
ESPELL	TÍTULO: RELATÓRIO DE INSPEÇÃO TÉCNICA "EX" (EQUIPAMENTOS)		NP-1
			ESPELL
ESPELL ENGENHARIA	Nº OBRA: 3329	Nº CONTRATO: 766.555	
DOCUMENTO DE REF.:	DE-293345-0987 – Classificação de Áreas – Área dos Scrapers – Planta e Cortes	DATA: 24/10/2020	REGISTRO Nº: RIT-EX-ESPELL-001

Área dos processos

	RELATÓRIO	Formulário Nº: RL-001	
	CLIENTE: LOG		FOLHA: 6 de 11
	PROGRAMA: APRENDIZAGEM		–
	ÁREA: EXPLOSIVA		A4 210 X 297
ESPELL	TÍTULO: RELATÓRIO DE INSPEÇÃO TÉCNICA "EX" (EQUIPAMENTOS)		NP-1 ESPELL
ESPELL ENGENHARIA	Nº OBRA: 3329	Nº CONTRATO: 766.555	
DOCUMENTO DE REF.: DE-293345-0987 – Classificação de Áreas – Área dos Scrapers – Planta e Cortes		DATA: 24/10/2020	REGISTRO Nº: RIT-EX-ESPELL-001

FOTOS		
Item	CJA 8001 / 8002 / 8004 – CJD 8001	Descrição "Ex"
01	  	Satisfatório

<table>
<tr><td rowspan="4">espell ENGENHARIA</td><td colspan="2">RELATÓRIO</td><td colspan="2">Formulário Nº: RL-001</td></tr>
<tr><td colspan="3">CLIENTE: LOG</td><td>FOLHA: 7 de 11</td></tr>
<tr><td colspan="3">PROGRAMA: APRENDIZAGEM</td><td>–</td></tr>
<tr><td colspan="3">ÁREA: EXPLOSIVA</td><td>A4 210 X 297</td></tr>
<tr><td rowspan="2">ESPELL</td><td colspan="3" rowspan="2">TÍTULO: RELATÓRIO DE INSPEÇÃO TÉCNICA “EX” (EQUIPAMENTOS)</td><td>NP-1</td></tr>
<tr><td>ESPELL</td></tr>
<tr><td colspan="2">ESPELL ENGENHARIA</td><td>Nº OBRA: 3329</td><td colspan="2">Nº CONTRATO: 766.555</td></tr>
<tr><td>DOCUMENTO DE REF.:</td><td>DE-293345-0987 – Classificação de Áreas – Área dos Scrapers – Planta e Cortes</td><td>DATA: 24/10/2020</td><td colspan="2">REGISTRO Nº: RIT-EX-ESPELL-001</td></tr>
</table>

Item	PN-MV-8510.002	Descrição “Ex”
02	 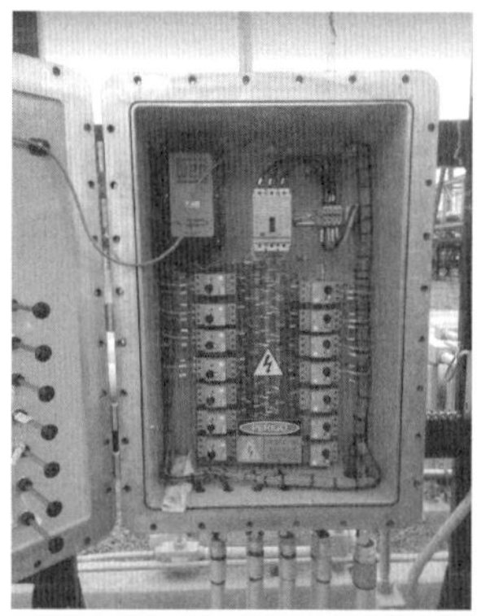	Satisfatório

Item	Tomadas 110/220/480V – Botoeiras	Descrição “Ex”
03	 	Satisfatório

ESPELL	RELATÓRIO	Formulário Nº: RL-001		
	CLIENTE: LOG			FOLHA: 8 de 11
	PROGRAMA: APRENDIZAGEM			–
	ÁREA: EXPLOSIVA			A4 210 X 297
ESPELL	TÍTULO: RELATÓRIO DE INSPEÇÃO TÉCNICA "EX" (EQUIPAMENTOS)			NP-1 ESPELL
ESPELL ENGENHARIA		Nº OBRA: 3329	Nº CONTRATO: 766.555	
DOCUMENTO DE REF.:	DE-293345-0987 – Classificação de Áreas – Área dos Scrapers – Planta e Cortes		DATA: 24/10/2020	REGISTRO Nº: RIT-EX-ESPELL-001

Item	CJA 8001 / 8002 / 8004 – CJD 8001	Descrição "Ex"
04	  	Satisfatório

Item	Tomadas 110/220/480V – Botoeiras	Descrição "Ex"
05	  	Satisfatório

	RELATÓRIO		**Formulário Nº:** RL-001	
	CLIENTE: LOG			**FOLHA:** 9 de 11
	PROGRAMA: APRENDIZAGEM			–
	ÁREA: EXPLOSIVA			A4 210 X 297
ESPELL	**TÍTULO:** RELATÓRIO DE INSPEÇÃO TÉCNICA "EX" (EQUIPAMENTOS)			NP-1 ESPELL
ESPELL ENGENHARIA		**Nº OBRA:** 3329	**Nº CONTRATO:** 766.555	
DOCUMENTO DE REF.:	DE-293345-0987 – Classificação de Áreas – Área dos Scrapers – Planta e Cortes		**DATA:** 24/10/2020	**REGISTRO Nº:** RIT-EX-ESPELL-001

Item	Sala de Baterias	Descrição "Ex"
06	 	Satisfatório

Item	Instrumentação	Descrição "Ex"
07	 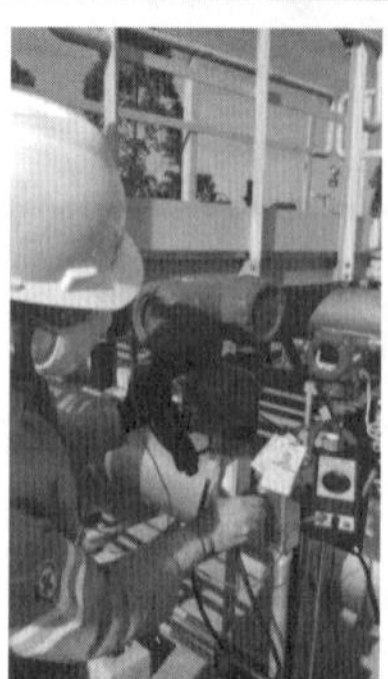 	

	RELATÓRIO	Formulário Nº: RL-001	
ESPELL ENGENHARIA (logo)	CLIENTE: LOG		FOLHA: 10 de 11
	PROGRAMA: APRENDIZAGEM		–
	ÁREA: EXPLOSIVA		A4 210 X 297
ESPELL	TÍTULO: RELATÓRIO DE INSPEÇÃO TÉCNICA "EX" (EQUIPAMENTOS)		NP-1
			ESPELL
ESPELL ENGENHARIA	Nº OBRA: 3329	Nº CONTRATO: 766.555	
DOCUMENTO DE REF.:	DE-293345-0987 – Classificação de Áreas – Área dos Scrapers – Planta e Cortes	DATA: 24/10/2020	REGISTRO Nº: RIT-EX-ESPELL-001

Item	Detectores	Descrição "Ex"
07	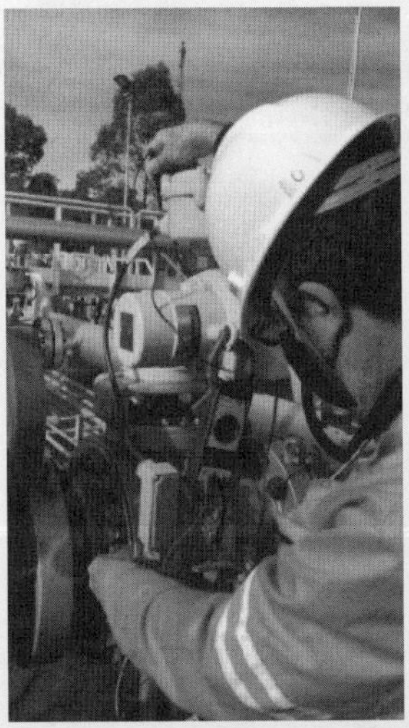 	Satisfatório
Item	**Detectores**	**Descrição "Ex"**
08	 	Satisfatório

	RELATÓRIO		Formulário Nº: RL-001	
	CLIENTE: LOG			FOLHA: 11 de 11
	PROGRAMA: APRENDIZAGEM			–
	ÁREA: EXPLOSIVA			A4 210 X 297
ESPELL	TÍTULO: RELATÓRIO DE INSPEÇÃO TÉCNICA "EX" (EQUIPAMENTOS)			NP-1 ESPELL
ESPELL ENGENHARIA		Nº OBRA: 3329	Nº CONTRATO: 766.555	
DOCUMENTO DE REF.:	DE-293345-0987 – Classificação de Áreas – Área dos Scrapers – Planta e Cortes		DATA: 24/10/2020	REGISTRO Nº: RIT-EX-ESPELL-001

6 RESUMO FINAL

6.1. Como verificado o estado geral das instalações na área dos PROCESSOS está satisfatório e atende os critérios estabelecidos pelas normas referenciadas.

Inspetor de Área Classificada
Ricardo Rando Eng. Eletr. CREA SP: 00000000 Insp. de EX e IFEL/IN – SNQC 00000 ESPELL ENGENHARIA
Data: 23/10/2020

ESPELL ENGENHARIA (logo)	RELATÓRIO		Formulário Nº: RL-002	
	CLIENTE: ESTUDANTES		FOLHA: 1 de 12	
	PROGRAMA: APRENDIZAGEM		–	
	ÁREA: PROCESSOS		A4 210 X 297	
ESPELL	TÍTULO: RELATÓRIO DE INSPEÇÃO TÉCNICA "EX" (ATERRAMENTO)		3329	
			ESPELL	
ESPELL ENGENHARIA	Nº OBRA: 2933		Nº CONTRATO: 29332933	
DOCUMENTO DE REF.:	DE-2933-2933-2933 – Classificação de Áreas – Área dos Processos – Planta e Cortes	DATA: 24/10/2020	REGISTRO Nº: RIT-EX-ESPELL-002	

REV.	DESCRIÇÃO E/OU FOLHAS ATINGIDAS
0	EMISSÃO ORIGINAL

	REV. 0	REV. A	REV. B	REV. C	REV. D	REV. E	REV. F	REV. G	REV. H
DATA	23/10/2020								
PROJETO									
EXECUÇÃO	RANDO								
VERIFICAÇÃO									
APROVAÇÃO									

	RELATÓRIO		Formulário Nº: RL-002	
	CLIENTE: ESTUDANTES			FOLHA: 2 de 12
	PROGRAMA: APRENDIZAGEM			–
	ÁREA: PROCESSOS			A4 210 X 297
ESPELL	TÍTULO: RELATÓRIO DE INSPEÇÃO TÉCNICA "EX" (ATERRAMENTO)			3329
				ESPELL
ESPELL ENGENHARIA	Nº OBRA: 2933		Nº CONTRATO: 766.555	
DOCUMENTO DE REF.:	DE-2933-2933-2933 – Classificação de Áreas – Área dos Processos – Planta e Cortes		DATA: 24/10/2020	REGISTRO Nº: RIT-EX-ESPELL-002

INDICE **PÁGINA**

<table>
<tr><td rowspan="3">espell ENGENHARIA</td><td colspan="2">RELATÓRIO</td><td colspan="2">Formulário Nº: RL-002</td></tr>
<tr><td colspan="3">CLIENTE: ESTUDANTES</td><td>FOLHA: 3 de 12</td></tr>
<tr><td colspan="3">PROGRAMA: APRENDIZAGEM</td><td>–</td></tr>
<tr><td rowspan="2">ESPELL</td><td colspan="3">ÁREA: PROCESSOS</td><td>A4 210 X 297</td></tr>
<tr><td colspan="3">TÍTULO: RELATÓRIO DE INSPEÇÃO TÉCNICA "EX" (ATERRAMENTO)</td><td>3329
ESPELL</td></tr>
<tr><td colspan="2">ESPELL ENGENHARIA</td><td>Nº OBRA: 2933</td><td colspan="2">Nº CONTRATO: 766.555</td></tr>
<tr><td>DOCUMENTO DE REF.:</td><td colspan="2">DE-2933-2933-2933 – Classificação de Áreas – Área dos Processos – Planta e Cortes</td><td>DATA: 24/10/2020</td><td>REGISTRO Nº: RIT-EX-ESPELL-002</td></tr>
</table>

1 OBJETIVO

1.1. A inspeção tem como objetivo assegurar que as instalações em atmosferas explosivas estejam de acordo com os requisitos de proteções proporcionados pelos equipamentos "Ex", bem como estejam adequados em termos dos agentes agressivos presentes no ambiente industrial.

2 APLICAÇÃO

2.1. Serviços relativos à inspeção técnica "EX", na área dos processos.

3 REFERÊNCIA

- DE-2933-2933-2933 - Classificação de Áreas - Área dos Processos - Planta e Cortes.
- ABNT NBR IEC 60079-17 - Inspeção e manutenção de instalações elétricas "Ex".
- NR-10 - Norma Regulamentadora nº 10 - Segurança em Instalações e Serviços em Eletricidade.

4 DESCRIÇÃO

4.1. Todas caixas de junções, painéis de válvulas motorizadas e instrumentos foram inspecionados conforme norma ABNT NBR IEC 60079-17, assim foi possível fazer uma avaliação detalhada do aterramento e da equalização dos potenciais. Os pontos observados foram fotografados para efeito de documentação.

5 PONTOS INSPECIONADOS

5.1 Foram inspecionados os seguintes pontos, sendo eles:

- Aterramento;
- Equalização dos Potenciais Distribuídos.

5.2 Descrição dos pontos vistoriados:

ESPELL ENGENHARIA (logo)	RELATÓRIO	Formulário Nº: RL-002	
	CLIENTE: ESTUDANTES		FOLHA: 4 de 12
	PROGRAMA: APRENDIZAGEM		–
	ÁREA: PROCESSOS		A4 210 X 297
ESPELL	TÍTULO: RELATÓRIO DE INSPEÇÃO TÉCNICA "EX" (ATERRAMENTO)		3329
			ESPELL

ESPELL ENGENHARIA	Nº OBRA: 2933	Nº CONTRATO: 766.555	
DOCUMENTO DE REF.:	DE-2933-2933-2933 – Classificação de Áreas – Área dos Processos – Planta e Cortes	DATA: 24/10/2020	REGISTRO Nº: RIT-EX-ESPELL-002

FOTOS		
Item	**Caixa de Junção Analógica**	**Equalização dos potenciais**
01	 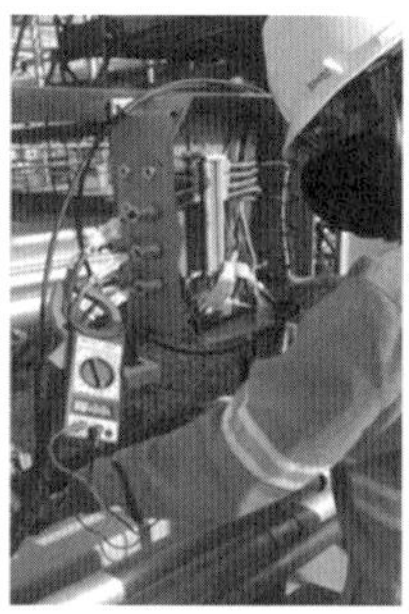	Satisfatório
Item	**Caixa de Junção Analógica**	**Equalização dos potenciais**
02		Satisfatório

	RELATÓRIO		**Formulário Nº:** RL-002	
	CLIENTE: ESTUDANTES		**FOLHA:** 5 de 12	
	PROGRAMA: APRENDIZAGEM		–	
	ÁREA: PROCESSOS		A4 210 X 297	
ESPELL	**TÍTULO:** RELATÓRIO DE INSPEÇÃO TÉCNICA “EX” (ATERRAMENTO)		3329 ESPELL	
ESPELL ENGENHARIA	**Nº OBRA:** 2933	**Nº CONTRATO:** 766.555		
DOCUMENTO DE REF.:	DE-2933-2933-2933 – Classificação de Áreas – Área dos Processos – Planta e Cortes	**DATA:** 24/10/2020	**REGISTRO Nº:** RIT-EX-ESPELL-002	

Item	**Caixa de Junção Analógica**	**Equalização dos potenciais**
03		Satisfatório

Item	**Caixa de Junção Digital**	**Equalização dos potenciais**
04		Satisfatório

	RELATÓRIO		Formulário Nº: RL-002	
	CLIENTE: ESTUDANTES			FOLHA: 6 de 11
	PROGRAMA: APRENDIZAGEM			–
	ÁREA: PROCESSOS			A4 210 X 297
ESPELL	TÍTULO: RELATÓRIO DE INSPEÇÃO TÉCNICA "EX" (ATERRAMENTO)			3329
				ESPELL
ESPELL ENGENHARIA	Nº OBRA: 2933		Nº CONTRATO: 766.555	
DOCUMENTO DE REF.:	DE-2933-2933-2933 – Classificação de Áreas – Área dos Processos – Planta e Cortes		DATA: 24/10/2020	REGISTRO Nº: RIT-EX-ESPELL-002

Item	Caixa de Junção Digital	Equalização dos potenciais
05		Satisfatório
Item	**PN-MV**	**Equalização dos potenciais**
06	 	Satisfatório

ESPELL	RELATÓRIO	Formulário Nº: RL-002	
	CLIENTE: ESTUDANTES		FOLHA: 7 de 12
	PROGRAMA: APRENDIZAGEM		–
	ÁREA: PROCESSOS		A4 210 X 297
	TÍTULO: RELATÓRIO DE INSPEÇÃO TÉCNICA "EX" (ATERRAMENTO)		3329 ESPELL
ESPELL ENGENHARIA	Nº OBRA: 2933	Nº CONTRATO: 766.555	
DOCUMENTO DE REF.:	DE-2933-2933-2933 – Classificação de Áreas – Área dos Processos – Planta e Cortes	DATA: 24/10/2020	REGISTRO Nº: RIT-EX-ESPELL-002

Item	PN-MV	Equalização dos potenciais
07	 	Satisfatório

	RELATÓRIO	Formulário Nº: RL-002	
	CLIENTE: ESTUDANTES		FOLHA: 8 de 12
	PROGRAMA: APRENDIZAGEM		–
	ÁREA: PROCESSOS		A4 210 X 297
ESPELL	TÍTULO: RELATÓRIO DE INSPEÇÃO TÉCNICA "EX" (ATERRAMENTO)		3329 ESPELL
ESPELL ENGENHARIA	Nº OBRA: 2933	Nº CONTRATO: 766.555	
DOCUMENTO DE REF.:	DE-2933-2933-2933 – Classificação de Áreas – Área dos Processos – Planta e Cortes	DATA: 24/10/2020	REGISTRO Nº: RIT-EX-ESPELL-002

Item	Instrumentação	Equalização dos potenciais
08	 	Satisfatório

	RELATÓRIO	Formulário Nº: RL-002	
	CLIENTE: ESTUDANTES		FOLHA: 9 de 12
	PROGRAMA: APRENDIZAGEM		–
	ÁREA: PROCESSOS		A4 210 X 297
ESPELL	TÍTULO: RELATÓRIO DE INSPEÇÃO TÉCNICA "EX" (ATERRAMENTO)		3329
			ESPELL
ESPELL ENGENHARIA	Nº OBRA: 2933	Nº CONTRATO: 766.555	
DOCUMENTO DE REF.:	DE-2933-2933-2933 – Classificação de Áreas – Área dos Processos – Planta e Cortes	DATA: 24/10/2020	REGISTRO Nº: RIT-EX-ESPELL-002

Item	Instrumentação	Equalização dos potenciais
09	 	Satisfatório

<table>
<tr><td rowspan="4"></td><td colspan="2">RELATÓRIO</td><td colspan="2">Formulário Nº: RL-002</td></tr>
<tr><td>CLIENTE:</td><td colspan="2">ESTUDANTES</td><td>FOLHA: 10 de 12</td></tr>
<tr><td>PROGRAMA:</td><td colspan="2">APRENDIZAGEM</td><td>–</td></tr>
<tr><td>ÁREA:</td><td colspan="2">PROCESSOS</td><td>A4 210 X 297</td></tr>
<tr><td>ESPELL</td><td>TÍTULO:</td><td colspan="2">RELATÓRIO DE INSPEÇÃO TÉCNICA “EX” (ATERRAMENTO)</td><td>3329
ESPELL</td></tr>
<tr><td colspan="2">ESPELL ENGENHARIA</td><td>Nº OBRA: 2933</td><td colspan="2">Nº CONTRATO: 766.555</td></tr>
<tr><td>DOCUMENTO DE REF.:</td><td colspan="2">DE-2933-2933-2933 – Classificação de Áreas – Área dos Processos – Planta e Cortes</td><td>DATA: 24/10/2020</td><td>REGISTRO Nº: RIT-EX-ESPELL-002</td></tr>
</table>

Item	Instrumentação	Equalização dos potenciais
10		Satisfatório
Item	**Instrumentação**	**Equalização dos potenciais**
11		Satisfatório

ESPELL	RELATÓRIO	Formulário Nº: RL-002	
	CLIENTE: ESTUDANTES		FOLHA: 11 de 12
	PROGRAMA: APRENDIZAGEM		–
	ÁREA: PROCESSOS		A4 210 X 297
ESPELL	TÍTULO: RELATÓRIO DE INSPEÇÃO TÉCNICA "EX" (ATERRAMENTO)		3329 ESPELL
ESPELL ENGENHARIA	Nº OBRA: 2933	Nº CONTRATO: 766.555	
DOCUMENTO DE REF.:	DE-2933-2933-2933 – Classificação de Áreas – Área dos Processos – Planta e Cortes	DATA: 24/10/2020	REGISTRO Nº: RIT-EX-ESPELL-002

Item	Instrumentação	Equalização dos potenciais
12	 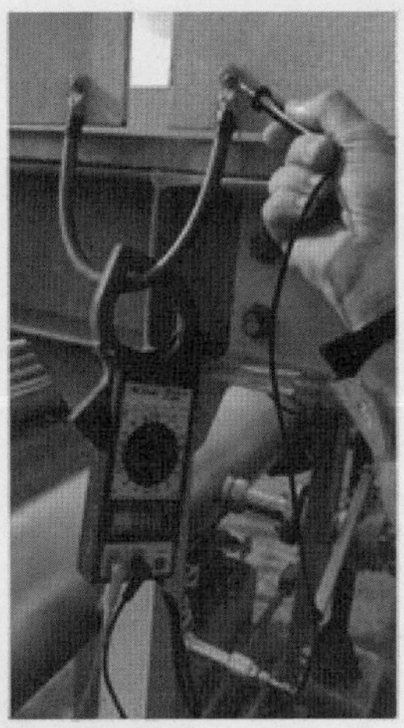 	Satisfatório

ESPELL ENGENHARIA	RELATÓRIO	Formulário Nº:	RL-002
	CLIENTE: ESTUDANTES		FOLHA: 12 de 12
	PROGRAMA: APRENDIZAGEM		–
	ÁREA: PROCESSOS		A4 210 X 297
ESPELL	TÍTULO: RELATÓRIO DE INSPEÇÃO TÉCNICA "EX" (ATERRAMENTO)		3329 ESPELL
ESPELL ENGENHARIA	Nº OBRA: 2933	Nº CONTRATO: 766.555	
DOCUMENTO DE REF.: DE-2933-2933-2933 – Classificação de Áreas – Área dos Processos – Planta e Cortes		DATA: 24/10/2020	REGISTRO Nº: RIT-EX-ESPELL-002

Item	Instrumentação	Equalização dos potenciais
12	 	Satisfatório

6 RESUMO FINAL

6.1. Como verificado o estado geral das instalações na área dos PROCESSOS é satisfatório e atende os critérios estabelecidos pelas normas referenciadas.

Inspetor de Área Classificada
Ricardo Rando Eng. Eletr. CREA SP: 00000000 Insp. de EX e IFEL/IN – SNQC 00000 ESPELL ENGENHARIA
Data: 24/10/2020

GRÁFICA PAYM
Tel. [11] 4392-3344
paym@graficapaym.com.br